普通高等教育"十一五"国家级规划教材
高等学校理工科材料类规划教材
第六届全国高校出版社优秀畅销书二等奖

MECHANICAL ENGINEERING MATERIALS

机械工程材料

（第十一版）

齐民 王伟强 主编

大连理工大学出版社
Dalian University of Technology Press

图书在版编目(CIP)数据

机械工程材料 / 齐民,王伟强主编. -- 11 版. --
大连 : 大连理工大学出版社,2022.12(2025.1 重印)
ISBN 978-7-5685-3588-5

Ⅰ. ①机… Ⅱ. ①齐… ②王… Ⅲ. ①机械制造材料
－高等学校－教材 Ⅳ. ①TH14

中国版本图书馆 CIP 数据核字(2022)第 020142 号

机械工程材料
JIXIE GONGCHENG CAILIAO

大连理工大学出版社出版

地址:大连市软件园路 80 号 邮政编码:116023
营销中心:0411-84707410 84708842 邮购及零售:0411-84706041
E-mail:dutp@dutp.cn URL:https//www.dutp.cn

大连天骄彩色印刷有限公司印刷 大连理工大学出版社发行

幅面尺寸:185mm×260mm 印张:16.25 字数:411 千字
1988 年 8 月第 1 版 2022 年 12 月第 11 版
2025 年 1 月第 3 次印刷

责任编辑:于建辉 责任校对:李宏艳
封面设计:冀贵收

ISBN 978-7-5685-3588-5 定 价:49.80 元

本书如有印装质量问题,请与我社营销中心联系更换。

前　言

在尖端技术领域,材料的性能往往是整个装备实现高性能的限制性环节。未来从事高端装备设计与制造的专业人才,必须深入了解工程材料的知识,特别是材料的性能与加工工艺之间的联系,以及这种联系背后的宏观与微观的内在关系。"机械工程材料"正是为高等学校装备设计与制造类各专业设计的材料类课程。这门课程旨在使非材料专业学生建立起材料科学与工程的总体思维方式,不仅要掌握与材料性能相关的基本概念,更重要的是建立起一种性能与成分、结构以及加工工艺之间的相互关联的理念,从而为其选择材料并使该材料达到最佳性能提供一个总体的思路。

21世纪已经进入了第3个10年,世界经济发展的形式和格局发生了重大的变革。一方面,以互联网和信息技术为核心的虚拟经济发挥了越来越重要的作用。互联网和智能手机通信技术的发展,使得人类能够快速获得一般性的知识。人工智能技术的发展甚至可以部分替代人类的一般性智力活动。这些都需要未来的高端人才要具有创造性思维。另一方面,各国真正竞争的核心依然是实体经济。高端装备设计与制造结合信息技术成为未来大国竞争实力的象征。这又要求未来的高端人才要拥有强烈的社会责任感。为适应这种变化,我们对2017年出版的《机械工程材料》(第10版)进行了修订。

本次修订首先考虑了激发学生社会责任感、创造性思维以及学习的主动性。在每一章前面的引子部分修改、补充了增加国家与民族自信的材料,如爱国科学家的故事、中国古代材料技术的贡献等内容。在绪论中重点介绍了中国古代在材料方面对世界文明发展的贡献。

在技术层面,增加了数字化内容,在每一章重点部分增加了二维码,学生通过手机扫描二维码,可以看到、读到相关知识的彩图、动画、录像及小短文,以帮助学生深入理解课程内容,拓展知识。

引言中增加了装备制造领域最新技术的简介,如增材制造技术、材料(零件)多尺度设计与制造等相关的内容,以鼓励学生去思考。部分修订了参考文献,我们向这些参考文献的作者以及没有列出的同行表示敬意。

本次修订是第10版的延续。作为"机械工程材料"课程的负责人,齐民在本次修订过程中,负责教材整体设计及主要内容调整,王伟强全程参与了教材内容的讨论及部分内容的撰写。另外,董旭峰和康慧君参与了部分内容的撰写。

感谢长期使用本教材的各个学校的老师,你们经常与我们分享教学中的经验,并对教材提出意见和建议。这是我们不断改进和丰富本教材的不竭动力。

受编者学识、能力等方面的限制,教材中一定还存在不足之处,恳请广大使用者不吝赐教,我们将不胜感谢。

编　者
2022 年 9 月

读者在使用本书的过程中所有意见和建议请发往:dutpbk@163.com
欢迎访问高教数字化服务平台:https://www.dutp.cn/hep/
联系电话:0411-84708462　84708445

目　录

第**0**章

绪 论

0.1 材料与材料科学

材料是用来制造有用器件的物质,是人类生产和生活所必需的物质基础。从日常生活用的器具到高技术产品,从简单的手工工具到复杂的航天器、机器人,都是用各种材料制造而成或由其加工的零件组装而成的。纵观人类历史,每当一种新材料出现并得以利用,都会给社会生产和人类生活带来巨大的变化。历史学家按照人类所使用材料的种类将人类历史划分为石器时代、青铜器时代、铁器时代。材料的发展水平和利用程度已成为人类文明进步的标志之一:没有半导体材料的工业化生产,就不可能有目前的计算机技术;没有高温高强度的结构材料,就不可能有今天的航空航天工业;没有光导纤维,就不可能有现代的光纤通信。21 世纪的重点领域如能源、环境、信息、生命以及空间技术等,都与材料有密切关系。

材料世界不仅是人类科技与文化的展现,更是人类的一部分。远古人类最早是利用有限的天然材料如石头、木、黏土等。古代中国人在材料开发与应用方面取得了辉煌的成就。早在前 6000～前 5000 年的新石器时代,中国人就能用黏土烧制陶器。前 200 年左右中国古人就学会了在陶器表面上釉,大大改善了陶器的密封性,称为瓷。英文中"瓷"一词 china 与中国相对应,说明当时中国瓷器的影响力巨大。前 3000 年古希腊就广泛使用青铜器,中国在前 2700 年开始广泛使用青铜器。出土的大量商代青铜器无论从体量、精美度等都处于世界领先地位。相比于陶瓷材料,金属具有高的弹性、高的强度、高的延展性,无论作为生活用具还是作为武器都有更大的优势。中国最早出土的人工冶铁制品约在前 9 世纪。到春秋末期,中国的生铁冶炼技术遥遥领先于世界其他地区。

从简单地利用天然材料、冶铜炼铁到使用热处理工艺,人类对材料的认识是逐步深入的。18 世纪中期以纺织机和蒸汽机为代表的欧洲工业革命后,人们对材料的质量和数量的要求越来越高,促进了材料科学的快速发展。1863 年,光学显微镜首次应用于金属研究,由此诞生了金相学,使人们步入了材料的微观世界,能够将材料的宏观性能与微观组织联系起来,标志着材料研究从经验走向科学。1912 年,X 射线对晶体的作用被发现,并在随后用于晶体衍射分析,使人们对固体材料微观结构的认识从最初的假想发展到科学的现实。19 世纪末，晶体的230种空间群被确定，至此人们已经可以完全用数学的方法来描述晶体的几何特征。1932年，电子显微镜的发明把人们带到了微观世界的更深层次（10^{-7} m）。1934年，位错理论的提出解决了晶体理论计算强度与实验测得的实际强度之间存在巨大差别的问题，对于人们认识材料的力学性能及设计高强度材料具有划时代的意义。一些与材料有关的基础学科（如固体物理、量子力学、化学等）的发展，有力地促进了材料研究的深化。到20世纪中期，形成了一门系统的学科——材料科学与工程。

材料科学与工程是一门以材料为研究对象的学科，它以凝聚态物理和物理化学、晶体学为理论基础，结合冶金、机械、化工等领域的研究成果，探讨材料的成分、加工工艺、组织结构及性能之间的内在规律，如图0-1所示。

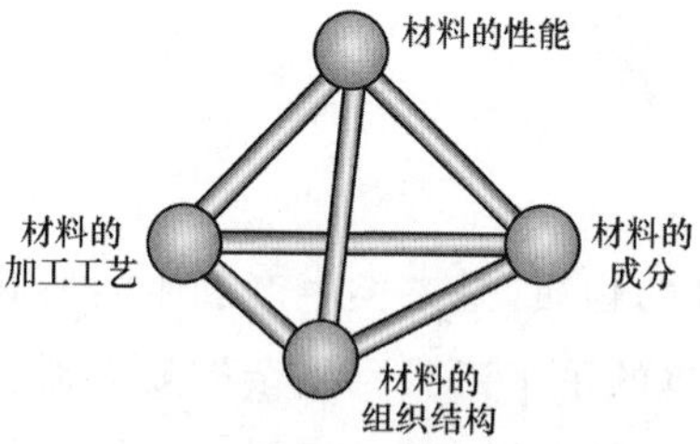

图0-1　表征材料科学与工程的四面体

材料的性能与材料的成分、原子排布及微观组织有关，还与加工工艺相关。在实际工作中，还需联系具体器件或构件的使用要求，力求用经济合理的办法制造出有效的器件或构件。

材料的性能是与材料的成分、组织结构以及加工工艺密切相关的，材料科学与工程这一学科的研究内容包括：材料的化学组成、结构与性能之间的关系，材料的形成机理和制取方法，材料物理性能的测试方法和技术，材料的损坏机理，材料的合理加工方法和最佳使用方案等。

材料的化学组成是指构成材料的基本组元及数量配比。

材料的结构包含以下几个层次：

(1)宏观结构(macro-structure)，肉眼可见，$10^{-3} \sim 10^{-2}$ m。

(2)细观结构(meso-structure)，借助放大镜可见，$10^{-5} \sim 10^{-3}$ m。

(3)微观结构(micro-structure)，借助光学显微镜可见，$10^{-7} \sim 10^{-5}$ m。

(4)纳观结构(nano-structure)，借助电子显微镜可见，$10^{-9} \sim 10^{-7}$ m。

(5)原子排列(atom arrangement)，借助高分辨电子显微镜可见，或通过X射线衍射间接分析，$10^{-10} \sim 10^{-9}$ m。

(6)原子结构(atom structure)，原子的核外电子分布，决定材料的内禀性质。

材料科学与工程所关注的结构层次主要为层次(2)～层次(5)。特别是层次(3)，有一个专门的中文名词叫微观组织，它表明了材料在光学显微镜下所观察到的形貌，如同用显微镜观察细胞一样。微观组织与材料的力学性能密切相关，19世纪末期一直到20世纪中期，微观组织的概念对于建立钢的宏观力学性能与加工工艺之间的联系起着重要的桥梁作用，直到今天仍然发挥着巨大的作用。

加工工艺是指材料在做成零件过程中采取的手段,如金属零件可能需要经过液态凝固成型(铸造)、固态变形(轧制、拉拔、挤压等)、热处理等。这些过程都会改变材料的微观组织,进而影响材料的性能。

0.2　工程材料的分类及应用

工程材料是指在机械、船舶、化工、建筑、车辆、仪表、航空航天等工程领域中用于制造工程构件和机械零件的材料。按照材料的组成、结合键的特点,可将工程材料分为金属材料、陶瓷材料、高分子材料和复合材料四大类。

金属材料是以金属键结合为主的材料,具有金属光泽和良好的导电性、导热性、延展性,是目前用量最大、应用范围最广的工程材料。金属材料分为黑色金属和有色金属两类。铁及铁合金称为黑色金属,即钢铁材料。2015 年全球粗钢产量超过 16 亿吨,在机械产品中的用量占全部材料用量的 60% 以上。黑色金属之外的所有金属及其合金称为有色金属,有色金属的种类很多,根据其特性的不同又可分为轻金属、重金属、贵金属、稀有金属等。

陶瓷材料是以共价键和离子键结合为主的材料,其性能特点是熔点高、硬度高、耐腐蚀、脆性大。陶瓷材料分为传统陶瓷、特种陶瓷和金属陶瓷三类。传统陶瓷又称普通陶瓷,是以天然材料(如黏土、石英、长石等)为原料的陶瓷,主要用作建筑材料;特种陶瓷又称精细陶瓷,是以人工合成材料为原料的陶瓷,常用作工程上的耐热、耐腐蚀、耐磨零件;金属陶瓷是金属与各种化合物粉末的烧结体,主要用作工具和模具。

高分子材料是以分子键和共价键结合为主的材料,具有优良的塑性、耐腐蚀性、电绝缘性、减振性及密度小等特点。工程上使用的高分子材料主要包括塑料、橡胶及合成纤维等,在机械、电气、纺织、汽车、飞机、轮船等制造工业和化学、交通运输、航空航天等工业中有广泛应用。

复合材料是把两种或两种以上不同性质或不同结构的材料以微观或宏观的形式组合在一起而形成的材料,通过这种组合可达到进一步提高材料性能的目的。复合材料分为金属基复合材料、陶瓷基复合材料和聚合物基复合材料。如现代航空发动机燃烧室中承受温度最高的材料就是通过粉末冶金法制备的氧化物粒子弥散强化的镍基合金复合材料。很多高级游艇、赛艇及体育器械等是由碳纤维复合材料制成的,它们具有密度小、弹性好、强度高等优点。

0.3　装备制造与机械工程材料

装备制造工业即包含传统的机床、车辆、船舶、航空航天器等的设计与制造,也包括民用家电、工业仪表、各种工业炉、化工反应装置、材料的加工制造设备、原子能装备设计与制造,甚至是机器人、芯片加工一体机的设计与制造。用于装备制造的材料通常称为机械工程材料,主要指标以力学性能为核心。

任何装备都是由不同的零件组装而成的,俗称机械。不同零件功能不同,形状各异。因此作为机械工程师,在设计装备时,主要考虑两个方面:一是整体机构运行的设计,其次是满足机构运行的各个零件的设计。这两项设计的基础就是材料力学和理论力学。材料的基本性能,又是上述材料力学与理论力学的基础。零件的设计必须基于现有材料的性能以及现有的加工技术水平。如果说机械设计课程主要是形状设计与优化,工程材料课程则主要解决同样的形状下,选择什么材料和加工工艺能够使零件性能更优、寿命更长、成本更低。

材料的性能与组成材料的化学成分有关,还与材料的加工过程有关,如图 0-1 所示。同样的材料,如果加工过程不同,会造成性能的差异。这种差异产生的原因在于材料的状态发生了变化,这些变化有时我们人类的肉眼或者简单的放大镜可见,称为宏观状态变化;大多数情况下,这种状态变化用肉眼难于分辨,必须借助于仪器才能分辨,所有需要借助于仪器才能分辨的状态变化一般统称为微观状态变化。材料的微观状态变化又称为微观组织变化,它涵盖了 $10^{-5}\sim10^{-10}$ m 的宽广尺度范围。

随着科技的发展,装备的内涵在不断发展变化中。比如早期的机床分为车、铣、刨、钻等单一功能设备,每一步都需要人操控;后来发展出了数控机床,实现了半自动加工,不仅节省了人力,而且提高了加工精度和稳定性;再后来发展出了所谓加工中心,具备车、铣、刨、钻等全部加工功能,全程程序控制,自动更换刀具,全程完全自动化。自动化加工的前提是一个程序加工过程中刀具不磨损或者微量磨损,这对刀具材料提出了更高的要求。再比如早期金属材料的冶炼与成型加工是分开进行的,即先冶炼成钢坯,然后进行锻造(开坯),再进行轧制、拉拔、挤压等加工工序;连轧技术装备则将冶炼与后续成型加工结合起来,不仅大大提高了效率,产品质量更加稳定。

装备制造的内涵同样在不断发展变化中。互联网的发展引发了装备制造的一个革命,产生了所谓远程制造技术,即只要通过互联网把设计图纸及加工软件传递,可以实现跨越大洋制造的操控。计算机技术的发展引发了装备制造另一个革命——增材制造(又称"3D 打印")技术,它是以计算机控制逐层堆砌材料的方法,把材料成型与材料加工结合起来了,可以实现一个整体复杂形状机器(比如手枪)的连续、精确制造。装备制造与材料的关系更加密切了。

20 世纪中期以前,新材料的设计主要依靠大量试验,总结规律,确定配比和工艺路线。20 世纪后半叶,科学家尝试通过理论计算来设计材料,产生出了第一原理计算、相图计算、分子动力学计算等方法,但是这些计算方法都是分立的,尤其对于金属合金的设计,还存在很多问题。21 世纪后,随着计算机技术的发展和大数据的运用,产生了所谓"材料基因组工程"计划。今天计算机技术的发展同时引发了材料设计与加工技术的革命。目前人们已经开始所谓多尺度计算模拟的方法将材料的微观设计与零件的设计结合起来,又称为集成计算材料工程(Integrated computational materials engineering)。即将材料的微观设计直到零件的宏观设计结合成为一个整体。从微观方向,依据物理的第一性原理,从原子之间的交互作用出发,结合相图计算和原子运动理论来实现微观层次相及其组合的设计。从宏观方向,利用有限元来优化构件的宏观结构以达到性能最佳。未来的装备设计与制造将是一个从材料的微观尺度出发进行成分设计、零件形状力学性能优化、加工工艺优化一体化,且相互反馈的系统工程,设计师也需要更宽广的知识储备。

0.4 课程的目的、内容和学习要求

随着经济的飞速发展和科学技术的进步,对材料的要求越来越苛刻,工程材料向着高比强度、高刚度、高韧性、耐高温、耐腐蚀、抗辐照和多功能的方向发展,新材料也在不断地涌现。机械工业是材料应用的重要领域。无论是制造机床,还是制造轮船、石油化工设备,都要求产品技术先进、质量高、寿命长、造价低。因此,随着机械工业的发展,在产品设计与制造过程中,会遇到越来越多的材料及材料加工方面的问题。这就要求机械工程技术人员掌握必要的材料科学与材料工程知识,具备正确选择材料及其加工方法、合理安排加工工艺路线的能力。机械工程材料课程正是为实现这一目标而设置的。

机械工程材料课程是机械类和近机类各专业的重要技术基础课,课程的目的是使学生获得工程材料的基本理论知识,掌握材料的成分、组织结构、加工工艺与性能之间的关系,了解常用材料的应用范围和加工工艺,初步具备合理选择材料、正确确定加工方法、妥善安排加工工艺路线的能力。

机械工程材料课程的内容包括:

(1)材料科学与工程的基础理论知识(第 1~6 章)。

(2)各种常用工程材料的特点与应用(第 7~12 章),按照性能—结构—凝固—加工工艺(塑性变形、热处理)—常用工程材料。

机械工程材料课程是一门理论性和实践性都很强的课程,涉及的概念多,实践性强。因此,在学习的过程中要抓主要矛盾,即宏观性能与微观组织之间的联系,而微观组织又与材料的成分及加工工艺相关。因此每一章节都要把对图 0-1 的理解贯穿始终。

现今是数字化技术时代,互联网技术、大数据和高通量技术结合使得人们生活和工作的方式发生了革命性的变革:

(1)获取知识的渠道变得高效和多样化。

(2)学科界限变得模糊,比如 3D 打印技术模糊了冶金、材料与机械加工的界限。

(3)在数字化时代,AI 会越来越多地取代人类的工作。

因此我们要学会利用互联网扩充相关知识,以加深理解教材以及课堂讲述的内容;最重要的是,我们要发挥人类的核心优势,强化学生的社会责任感和历史使命感,这样我们才有学习和创新的动力,才能利用技术的发展,而不是被技术的发展而淘汰。

扩展读物

1. 胡维佳. 中国古代科学技术史纲:技术卷[M]. 沈阳:辽宁教育出版社,1996.

2. ZHOU Ji，LI Peigen，ZHOU Yanhong，et al. Toward New-Generation Intelligent Manufacturing[J]. Engineering，2018，4(1)：11-20.

3. GAO Wei，ZHANG Yunbo，DEVARAJAN R，et al. The status，challenges，and future of additive manufacturing in engineering[J]. Computer-Aided Design，2015，69：65-89.

4. 夏端武,薛小凤. 3D 打印技术对机械制造业产生的影响[J]. 机械设计与制造,2016(12):184-186.

5. 李波,杜勇,邱联昌,等.浅谈集成计算材料工程和材料基因工程：思想及实践[J].中国材料进展,2018,37(7):264-283.

6. WANG William Yi，TANG Bin，LIN Deye,et al. A brief review of data-driven ICME for intelligently discovering advanced structural metal materials：Insight into atomic and electronic building blocks[J]. Journal of Materials Research，2020，35(8):872-889.

7. 朱永新.未来学校:重新定义教育[M]. 北京：中信出版社，2019.

第1章

材料的性能及表征

科学家李薰与钢的氢脆

在第二次世界大战期间,英国飞机曾发生过突然断裂事故。当时在英国谢菲尔大学工作的中国材料科学家李薰承担了分析断裂原因的任务,他苦心钻研,发现了脆性断裂的钢中含有白点,这些白点微观上是内部裂纹(发裂),而白点(发裂)的产生与钢中氢质量分数密切相关。他提出了氢脆的概念,并在理论上予以解释:原子尺寸较小的氢在高温下向缺陷附近聚集,降到室温后原子氢变为分子氢,这些分子氢不能扩散,因而产生巨大内压力,使钢发生裂纹。当有碳化物存在时,氢与碳化物反应形成甲烷,其压力也足以产生裂纹。他发表了一系列论文,从理论到实际解决了钢中白点(发裂)问题,在工业中得到了应用,其提出的氢脆理论也得到了学术界的广泛认可。

李薰(1913—1983),湖南邵阳人。1936年毕业于湖南大学,1940年获英国谢菲尔德大学冶金学院哲学博士学位。1942—1948年,关于钢中氢的研究,发表了一系列有价值的论文,为解决钢的氢脆问题奠定了科学基础,在理论与实际方面都有卓越贡献。1950年,谢菲尔德大学授予李薰冶金学博士学位。1950年,李薰回到中国。1951年,中国科学院随即成立了以李薰为主任的中国科学院金属所筹备处。1953年,经政务院批准成立金属研究所,周恩来总理亲自签署任命李薰为金属研究所所长。1955年,选聘为中国科学院院士(学部委员),1951—1981年任中科院沈阳分院院长。李薰为中国成功地爆炸第一颗原子弹,发射第一枚重返地面的人造地球卫星、造出第一架超音速喷气飞机、造成第一艘核潜艇等,研制某些关键和部件材料,做出了创造性的贡献。

1.1 材料及构件的常见失效形式

工程构件(如房屋、桥梁、船舶等)与机械零件(如轴、齿轮、紧固件、轴承等)在服役条件下要受到力学负荷、热负荷或环境介质的作用,有时只受到一种负荷作用,更多的时候将受到两种或两种以上负荷的同时作用。在这些负荷的单独或共同作用下,因材料冶金质量或设计、加工、装配方面的原因,零件可能会

失效分析

在使用期限内发生失效问题。例如,在力学负荷作用条件下,零件将产生变形,甚至出现断裂等;在热负荷作用下,零件将产生热胀冷缩,导致尺寸和体积的改变,并产生热应力,同时随温度的升高,零件的承载能力下降,随温度降低,零件脆化等;环境介质的作用主要表现为环境对零件表面造成的化学腐蚀、电化学腐蚀及磨损等。

表 1-1 列出了典型机械零件的服役工况、常见失效形式及材料选用的主要指标。

表 1-1 典型机械零件的服役工况、常见失效形式及材料选用的主要指标

零件类型	服役工况	常见失效形式	材料选用的主要指标
紧固螺栓	负荷种类:静载、疲劳 应力状态:拉、弯、切	过量变形,塑性断裂, 脆性断裂,疲劳,腐蚀,咬蚀	疲劳、屈服及剪切强度
轴类零件	负荷种类:疲劳、冲击 应力状态:弯、扭 其他因素:磨损	脆性断裂,疲劳,咬蚀, 表面局部变化	弯扭复合疲劳强度
齿轮	负荷种类:疲劳、冲击 应力状态:压、弯、接触 其他因素:磨损	脆性断裂,疲劳,咬蚀, 表面局部变化,尺寸变化	弯曲和接触疲劳强度, 耐磨性,心部屈服强度
螺旋弹簧	负荷种类:疲劳、冲击 应力状态:弯、扭 其他因素:磨损	过量变形,脆性断裂, 疲劳,腐蚀	扭转疲劳强度,弹性极限
板弹簧	负荷种类:疲劳、动载荷 应力状态:弯 其他因素:磨损	过量变形,脆性断裂, 疲劳,腐蚀	弯曲疲劳强度,弹性极限
滚动轴承	负荷种类:疲劳、冲击 应力状态:压、接触 其他因素:磨损、温度、介质	脆性断裂,表面变化, 尺寸变化,疲劳,腐蚀	接触疲劳强度, 耐磨性,耐腐蚀性
曲轴	负荷种类:疲劳、冲击 应力状态:弯、扭 其他因素:磨损、振动	脆性断裂,表面变化, 尺寸变化,疲劳,咬蚀	扭转、弯曲疲劳强度, 耐磨性,循环韧度
连杆	负荷种类:疲劳、冲击 应力状态:拉、压 其他因素:磨损	脆性断裂	拉压疲劳强度

在产品设计时,是否充分考查零件的服役条件,并找出容易引起失效的主要矛盾,从而选择具有合适性能参数的制备材料是零件能否安全应用的关键。这里所提的材料性能,广义上讲应包括使用性能和工艺性能。使用性能是指材料在使用过程中所表现出来的性能,包括力学性能、物理性能和化学性能。材料使用性能的好坏,决定了它的使用范围与使用寿命。工艺性能是指机械零件在加工制造过程中所表现出来的性能。材料工艺性能的好坏,决定了它在制造过程中加工成型的难易程度和适应能力。加工工艺不同,要求的工艺性能也就不同,如金属材料的铸造性能、可焊性、可锻性、热处理性能、切削加工性等。

1.2 材料的力学性能

材料在加工和使用过程中,总要受到外力作用。材料受外力作用时所表现出来的性能

称为力学性能(又称机械性能)。材料的力学性能是零件在设计和选材时的主要依据。外加载荷性质(例如拉伸、压缩、扭转、冲击、循环载荷等)不同,对材料的力学性能要求也将不同。常用的力学性能包括:强度、塑性、硬度、冲击韧性和疲劳极限等。材料在外力作用下将发生形状和尺寸变化,称为变形。外力去除后能够恢复的变形称为弹性变形,不能够恢复的变形称为塑性变形。

1.2.1　拉伸试验

评价材料的力学性能最简单有效的方法就是利用拉伸试验测定材料的拉伸曲线。向标准试样[图 1-1(a)]施加一个单轴拉伸载荷,使之发生变形,直至断裂[图 1-1(b)],便可得到试样应变 e 随应力 R 变化的关系曲线,称为应力-应变曲线(其中,e 为试样原始标距的伸长量与原始标距 L_0 之比的百分率,R 为试验期间任一时刻的力除以试样原始截面面积 S_0 之商)。图 1-2 为低碳钢的应力-应变曲线。

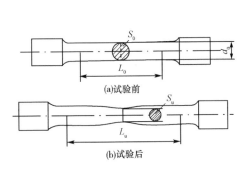

图 1-1　圆形横截面标准拉伸试样

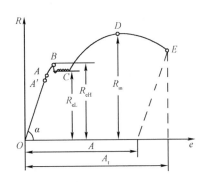

图 1-2　低碳钢的应力-应变曲线

在应力-应变曲线中,OA 段为弹性变形阶段,此时卸掉载荷,试样可恢复到原来尺寸。A 点所对应的应力为材料在应力完全释放时能够保持没有永久应变的最大应力,称为弹性极限。其中 OA' 部分为一斜直线,应力与应变成正比,A' 点所对应的应力为材料能够承受的没有偏离应力-应变比例特性的最大应力,称为比例极限。由于大多数材料的 A 点和 A' 点几乎重合在一起,所以一般不做区分。

低于比例极限的应力与相应应变的比值称为材料的弹性模量,用 E(单位:MPa)表示。E 实际上是线段 OA 的斜率:

$$E = \tan \alpha = R/e$$

其物理意义是产生单位弹性变形时所需应力的大小。弹性模量是材料最稳定的性质之一,它的大小主要取决于材料的本性,除随温度升高而逐渐降低外,其他强化材料的手段如热处理、冷热加工、合金化等对弹性模量的影响很小。材料受力时抵抗弹性变形的能力称为材料的刚度,其指标即为弹性模量。同样的材料,可以通过增加截面面积或改变截面形状来提高零件的刚度。

1. 强度

材料在外力作用下抵抗变形和破坏的最大能力称为强度。根据加载方式不同,强度指标有许多种,如屈服强度、抗拉强度、抗压强度、抗弯强度、抗剪强度、抗扭强度等。其中以拉伸试验测得的屈服强度和抗拉强度两个指标应用最多。

(1)屈服强度

在图 1-2 中,当应力超过 B 点进入 BC 段后,应力虽然不再增加,但试样仍发生明显的塑性变形,这种现象称为屈服,即材料承受外力到一定程度时,其变形不再与外力成正比而产生明显的塑性变形。材料产生屈服时对应的应力称为屈服强度,用 $R_e(\sigma_s)$ 表示。屈服强度分为上屈服强度(R_{eH},即试样发生屈服应力首次下降前的最大应力)和下屈服强度(R_{eL},即在屈服期间,不计初始瞬时效应时的最小应力)。屈服强度反映材料抵抗永久变形的能力,是最重要的零件设计指标之一。对于塑性高的材料,在拉伸曲线上会出现明显的屈服点,而对于低塑性材料则没有明显的屈服点,从而难以根据屈服点的外力求出屈服强度。因此,在拉伸试验中,通常是逐渐增加应力然后再去除应力,分别测量应力去除后的残余变形,直至残余变形达到 0.2%。把试样上的标距长度产生 0.2% 残余变形时对应的应力称作条件屈服强度(又称残余变形屈服强度),用 $R_{p0.2}(\sigma_{0.2})$ 表示,如图 1-3 所示。一般而言,屈服强度是指材料在拉伸过程中产生明显残余变形时所对应的应力。

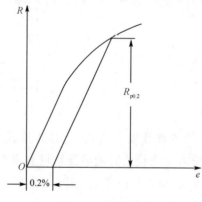

图 1-3　条件屈服强度的确定

(2)抗拉强度

图 1-2 中的 CD 段为均匀塑性变形阶段。在这一阶段,应力随应变增加而增加,产生应变强化。变形超过 D 点后,试样开始发生局部塑性变形,即出现颈缩,随应变增加,应力明显下降,并迅速在 E 点断裂。D 点的应力与材料断裂前所承受的最大力 F_m 相对应,称为抗拉强度,用 $R_m(\sigma_b)$ 表示。抗拉强度是材料在拉断前所承受的最大应力,反映了材料抵抗断裂破坏的能力,也是零件设计和材料评价的重要指标。

2. 塑性

塑性是指材料受力变形直至破坏前所能达到最大塑性变形的能力。材料在受到拉伸时,长度和横截面积都要发生变化,因此,材料的塑性可以用长度的伸长(断后伸长率或延伸率)和断面的收缩(断面收缩率)两个指标来衡量。

试样被拉断后,标距部分的残余伸长与原始标距之比的百分率称为断后伸长率,用 A 表示:

$$A = \frac{L_u - L_0}{L_0} \times 100\%$$

式中:L_0 为原始标距;L_u 为断后标距,即试样拉断后将试样断口对合起来后的标距。

试样断裂后,横截面积的最大缩减量与原始横截面积之比的百分率称为断面收缩率,用 $Z(\psi)$ 表示:

$$Z = \frac{S_0 - S_u}{S_0} \times 100\%$$

式中:S_0 为原始横截面积;S_u 为断后断口细颈处最小横截面积。

拉伸断口

显然,A 与 Z 越大,材料的塑性越好,即材料能承受较大的塑性变形而不被破坏,这对材料能够顺利地执行某些成型加工工艺(如冲压、冷轧、冷弯、冷拔、校直等)尤其重要。一般把断后伸长率大于 5% 的金属材料称为塑性材料(如低碳钢等),而把断后伸长率小于 5% 的金属材料称为脆性材料(如灰口铸铁等)。由于用 Z 表示塑性比用 A 表示更接近于真实应变,所以材料的塑/脆性特征还可以通过 Z 与 A 的对比来反映。当 $A > Z$ 时,试样无颈缩,是脆性材料的表征;反之,当 $A < Z$ 时,试样有颈缩,是塑性材料的表征。另外需要注意的是,同一材料但是不同规格(标距,直径,截面形状——例如方形、圆形、矩形)的拉伸试样测得的断后伸长率会有不同,比如,试验原始直径 d_0 不变时,随 L_0 增加,A 会下降,只有当比例系数 $k = L_0 / \sqrt{S}$ 相同时,不同规格材料的断后伸长率才具有可比性。比例系数 k 通常取 5.65,也可以取 11.3。当 $L_0 = 5.65\sqrt{S}$(对于圆形截面试样,$L_0 = 5d_0$)时,断后伸长率用 A 表示;当 $L_0 = 11.3\sqrt{S}$(对于圆形截面试样,$L_0 = 10d_0$)时,断后伸长率用 $A_{11.3}(\delta)$ 表示。很明显,$A > A_{11.3}$。

从拉伸曲线还可以得到材料的韧性信息。所谓材料的韧性是指材料从变形到断裂整个过程所吸收的能量,一般对应拉伸曲线与横坐标所包围的面积。

1.2.2　硬度试验

硬度是反映材料软硬程度的一种性能指标,它表示材料抵抗局部塑性变形的能力,是材料重要的性能指标之一。一般材料硬度越高,耐磨性越好。现在多用压入法测定硬度。根据测量方法不同,常用的硬度指标有布氏硬度、洛氏硬度和维氏硬度等。用各种方法所测得的硬度不能直接比较,可通过硬度对照表换算。硬度表征法最大的优势在于它不必破坏样品。

(1)布氏硬度

布氏硬度的试验原理如图 1-4 所示。详细说明见 GB/T 231.1—2018《金属材料　布氏硬度试验　第 1 部分:试验方法》。其基本方法是对一定直径 D 的硬质合金球施加试验力

F，使其压入试样表面，保持一定时间 t 后卸除载荷，试样表面会留下塑性凹痕。所施加的试验力与压痕表面积的比值即为布氏硬度，实际测量时，可由测出的压痕平均直径 d 直接查得到布氏硬度（见 GB/T 231.4—2009）《金属材料　布氏硬度试验　第 4 部分：硬度值表》，见表 1-2。布氏硬度用符号 HBW 表示。符号 HBW 之前的数字表示硬度，符号后面的数字按顺序分别表示压头直径、试验力及保持时间（保持时间为 10～15 s 时可不标注）。如 600HBW1/30/20 表示直径为 1 mm 的硬质合金球在 294.2 N（30 kgf）载荷作用下保持 20 s 测得的布氏硬度为 600。

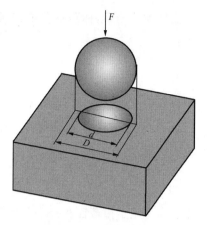

图 1-4　布氏硬度试验原理

表 1-2　布氏硬度（HBW）对照表（参考 GB/T 231.4—2009）

压痕平均直径/mm	布氏硬度	压痕平均直径/mm	布氏硬度	压痕平均直径/mm	布氏硬度
2.40	653	3.40	321	4.40	187
2.60	555	3.60	285	4.60	170
2.80	478	3.80	255	4.80	156
3.00	415	4.00	229	5.00	143
3.20	363	4.20	207		

注：球径为 10 mm，试验力为 30 kg。

　　布氏硬度试验的优点是：因压痕面积大，测量结果误差小，且与强度之间有较好的对应关系，故有代表性和重复性。但同时也因压痕面积大而不适宜用于成品零件以及薄而小的零件。常用于测定低中硬度的退火钢、正火钢、调质钢、铸铁及有色金属的硬度。

　　某些材料，如钢、黄铜和铸铁等，其抗拉强度与布氏硬度之间存在着大致的比例关系。对于钢，R_m 与 HBW 之间的经验关系为

$$R_m(MPa) \approx 3.55 \times HBW (\leqslant 175 HBW)$$
$$R_m(MPa) \approx 3.38 \times HBW (> 175 HBW)$$

　　（2）洛氏硬度

　　当硬度＞650HBW 或者试样过小时，不能采用布氏硬度试验而改用洛氏硬度试验。GB/T 230.1—2018《金属材料　洛氏硬度试验　第 1 部分：试验方法》中详细说明了洛氏硬度的测试原理、方法与条件。它是用一个顶角为 120°的金刚石圆锥体或直径为 1.59 mm 或 3.18 mm 的硬质合金球（或钢球），在一定试验力下压入被测材料表面，然后测定压痕的残余深度来计算并表示其硬度，记为 HR。实际测量时可直接从硬度计表盘上读得硬度（现在硬度计上多配备数字显示），十分方便。

　　在洛氏硬度测试过程中，采用不同材料、形状、尺寸的压头和试验力的组合，同样是为了满足不同性质工件硬度测定的需求，这相应地也对应了不同的洛氏硬度标尺。每一种标尺用一个字母写在硬度符号 HR 之后，其中 HRA、HRB、HRC 最常用，其硬度值置于 HR 之

前,如 60HRC、75HRA 等。常用洛氏硬度标尺的试验条件与应用举例见表 1-3。

表 1-3　常用洛氏硬度标尺的试验条件与应用举例(摘自 GB/T 230.1—2018)

硬度标尺	硬度符号	压头类型	初载荷 F_0/N	主载荷 F_1/N	硬度数	表盘刻度颜色	硬度范围	应用举例
A	HRA	金刚石圆锥	98.07	490.3	100	黑色	20～95	碳化物、硬质合金、表面淬火钢等
B	HRB	1.59 mm 钢球	98.07	882.6	130	红色	10～100	软钢、退火钢、铜合金等
C	HRC	金刚石圆锥	98.07	1 373	100	黑色	20～70	淬火钢、调质钢等

洛氏硬度的优点是操作迅速简便,压痕较小,几乎不损伤工件表面,故应用最广。但因压痕较小,使代表性、重复性较差,测量结果分散度也较大。

(3)维氏硬度

维氏硬度的试验原理如图 1-5 所示。将顶部两相对面具有规定角度(136°)的正四棱锥体金刚石压头用试验力 F 压入试样表面,保持规定时间后,卸除试验力,测量试样表面压痕对角线长度。试验力除以压痕表面积所得的商即为维氏硬度。实际测量时,维氏硬度可通过测量压痕对角线的平均长度 d 再查表得到(见 GB/T 4340.4—2009《金属材料　维氏硬度试验　第 4 部分:硬度值表》)。

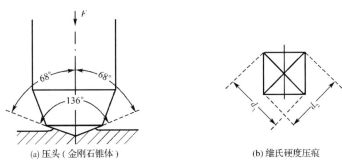

(a) 压头(金刚石锥体)　　　　(b) 维氏硬度压痕

图 1-5　维氏硬度的试验原理

维氏硬度用符号 HV 表示。符号 HV 前面为维氏硬度值,符号后面按顺序分别为试验力及试验力保持时间(10～15 s,不标注)。如 640HV30/20 表示在 294.2 N(30 kgf)试验力下保持 20 s 测定的维氏硬度为 640。根据施加的试验力范围不同,规定了三种维氏硬度的测定方法,见表 1-4。

三种硬度测试

表 1-4　维氏硬度的测定方法及试验力的选用(摘自 GB/T 4340.1—2009)

维氏硬度试验		小力值维氏硬度试验		显微维氏硬度试验	
硬度符号	试验力 F/N	硬度符号	试验力 F/N	硬度符号	试验力 F/N
HV5	49.03	HV0.2	1.961	HV0.01	0.098 07
HV10	98.07	HV0.3	2.942	HV0.015	0.147 1
HV20	196.1	HV0.5	4.903	HV0.02	0.196 1
HV30	294.2	HV1	9.807	HV0.025	0.245 2
HV50	490.3	HV2	19.61	HV0.05	0.490 3
HV100	980.7	HV3	29.42	HV0.1	0.980 7

维氏硬度保留了布氏硬度和洛氏硬度的优点,既可测量由极软到极硬材料的硬度,又能互相比较;既可测量大块材料、表面硬化层的硬度,又可测量金相组织中不同相的硬度。缺点是需要在显微镜下测量压痕尺寸,操作不如洛氏硬度简便。

1.2.3 冲击试验

许多机械零件、构件或工具在服役时,会受到冲击载荷的作用,如活塞销、冲模和锻模等。材料在冲击荷载下的行为与在静态载荷下不同。材料抵抗冲击载荷作用而不被破坏的能力称为冲击韧性。通常采用标准冲击试验来表征材料的冲击韧性。将材料加工成 $55 \times 10 \times 10$ mm 正方截面的柱体并在柱体侧面开一个切口[图 1-6(a)]。首先将冲击试验机摆锤提升到规定高度,去掉提升力后的摆锤在重力作用下对处于简支梁状态的缺口试样进行一次冲断[图 1-6(b)(c)],摆锤冲断试样前后的势能差称为冲击吸收能量(单位:J),用 K 表示(V 形和 U 形标准夏比缺口试样的冲击吸收能量分别用 K_V 和 K_U 表示)。实践表明,冲击韧性对材料的一些缺陷很敏感,能够灵敏地反映出材料品质、宏观缺陷和显微组织方面的微小变化,因而是生产上用来检验冶炼、热加工得到的半成品和成品质量的有效方法之一。

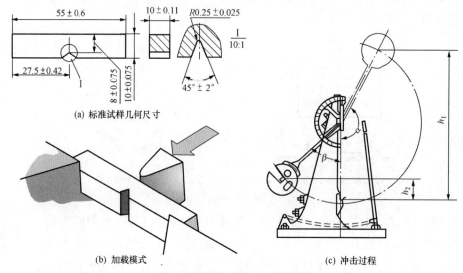

(a) 标准试样几何尺寸

(b) 加载模式　　　　　　　　　　(c) 冲击过程

图 1-6 摆锤式冲击试验示意图

一般而言,材料的冲击韧性随温度下降而下降。某些材料在某一温度范围内进行冲击试验时,冲击吸收能量急剧下降,这种现象称为韧脆转变。发生韧脆转变的温度范围称为韧脆转变温度,如图 1-7 所示。应当指出的是,并非所有材料都有韧脆转变现象,具有面心立方晶格的金属及其合金(如铝、铜合金)即使在非常低的温度下也能保持韧性状态,而体心立方和密排六方晶格金属及其合金则有韧脆转变现象。经常在低温下服役的船舶、桥梁等普通钢结构材料的使用温度应高于其韧脆转变温度。如果使用温度低于韧脆转变温度,则材料处于脆性状态,可能发生低应力脆性破坏。韧脆转变温度对组织和成分很敏感,如细化钢的晶粒和降低钢的碳质量分数可降低其韧脆转变温度。

冲击断口

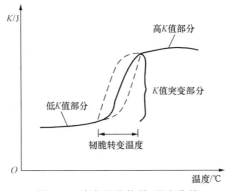

图 1-7　冲击吸收能量-温度曲线

1.2.4　疲劳试验

疲劳断口

齿轮、轴承、叶片、弹簧以及各种轴等机械零件在工作过程中各点的应力随时间发生周期性的变化,即承受交变应力的作用。此时,虽然零件所承受的应力低于材料的屈服强度,但经过较长时间的工作可能产生裂纹或突然发生完全断裂的情况,称为材料的疲劳。实际服役的金属材料有 90% 是因为疲劳而被破坏。疲劳破坏是脆性破坏,它的一个重要特点是断裂前无显著变形,具有突发性,因而更具灾难性。

材料之所以会发生疲劳断裂,是因为实际零件有应力集中存在,使得材料在局部产生塑性变形或微裂纹,在交变载荷的作用下,该微裂纹会逐渐扩展加深(裂纹尖端处应力集中),最终导致零件承载的实际截面面积减小,其实际应力大于材料抗拉强度而产生破坏。材料承受的交变应力幅值 S_a(最大应力减去最小应力的二分之一)与断裂时应力循环次数 N 之间的关系可以利用疲劳试验测定的 S-N(应力-寿命)曲线(图 1-8)来描述。材料承受的交变应力幅值 S_a 越大,则断裂时应力循环次数 N 越少。当应力低于一定值时,试样可以经受无限周期循环而不破坏,此应力称为材料的疲劳极限(或称疲劳强度)。对于对称循环交变应力的疲劳极限用 σ_D 表示。实

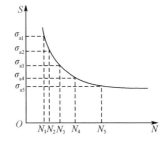

图 1-8　材料 S-N 曲线

际情况下,做无限次应力循环的疲劳试验是不可能的,一般规定将一定循环次数以后还不破坏的应力作为材料的疲劳极限。例如,对于钢铁材料,一般规定疲劳极限对应的应力循环次数为 10^7;对于有色金属,一般规定疲劳极限对应的应力循环次数为 10^8。对于疲劳极限的规定,还与该材料的使用场合有关,比如,用在飞机上的材料就要比用在汽车上的材料的要求更苛刻。

金属材料的疲劳极限受到很多因素的影响。主要有工作条件(温度、介质及负荷类型)、表面状态(粗糙度、应力集中情况、硬化程度等)、材料内部缺陷、残余内应力等。对塑性材料而言,一般其抗拉强度越大,则相应的疲劳极限越高。为了提高零件的疲劳极限,应合理选材。另外,改善零件的结构形状以避免应力集中,降低零件表面粗糙度以及采取各种表面强

化的方法都能提高其疲劳极限。

1.2.5 断裂韧性

材料的常规力学评价指标如弹性极限、屈服强度、抗拉强度等是建立在连续介质力学基础上的,对于高强度、大截面的构件会产生误判,需要用断裂力学方法。断裂力学认为,材料内部并不是完美无缺的,存在缺陷是绝对的,常见的缺陷是裂纹。根据受力情况,裂纹分为张开型(Ⅰ型)、滑开型(Ⅱ型)和撕开型(Ⅲ型)三种基本类型(图1-9)。在应力的作用下,这些裂纹将发生扩展,一旦扩展失稳,便会发生低应力脆性断裂。材料抵抗内部裂纹失稳扩展的能力称为断裂韧性。

研究表明,断裂应力 σ_c 与临界裂纹长度 $2a_c$ 之间的关系为

$$\sigma_c \propto a_c^{-1/2}$$

因此便提出一个描述裂纹尖端附近应力场强度的指标——应力强度因子 K_{I}(对应于Ⅰ型裂纹,如图1-10所示):

$$K_{\mathrm{I}} = Y\sigma\sqrt{a} \ (\mathrm{MN/m^{3/2}})$$

式中:Y 是与裂纹形状、加载方式及试样几何尺寸有关的系数,可查手册得到;σ 为名义外加应力,MPa;a 为裂纹的半长,m;MN 为力的单位,兆牛。

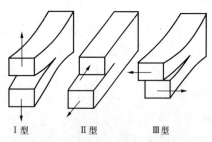

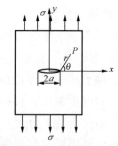

图1-9　三种基本类型裂纹示意图　　　　图1-10　裂纹尖端区域应力强度因子示意图

随 σ 或 a 增大,或两者同时增大,K_{I} 也增大,当 K_{I} 增大到一定值时,裂纹便扩展失稳,材料发生断裂。这个 K_{I} 的临界值就称作断裂韧性,用 K_{Ic} 表示。K_{I} 与 K_{Ic} 的关系类似于 σ 与 σ_s 的关系。因此 K_{Ic} 与 σ_s 一样,都是材料的性能常数,可以通过试验测定,具体测定方法可参照有关标准(GB/T 4161—2007)。

1.2.6 蠕变与应力松弛

在前述材料拉伸试验过程中,变形仅随应力变化,未考虑时间因素。大部分金属材料在室温或低于室温的情况下,当载荷不是很大时,可不考虑变形随时间的变化。然而,当金属材料工作温度较高时,例如在发动机、化工反应器、航空航天以及核工业、电厂等方面使用的材料,对其施加一定的载荷(小于屈服强度),除了短时间发生瞬时弹性应变外,在保持载荷和温度恒定的过程中,随时间延长,材料会继续缓慢塑性变形。这种在弹性应力范围内样品随时间发生塑性变形的现象称为蠕变[图1-11(a)]。蠕变进行到一定程度时,尺寸会超出要

求而使零件失效,其至发生破坏而造成灾难性后果。

通常采用高温拉伸试验来评价金属材料的蠕变性能,其主要指标有蠕变强度、持久强度等。蠕变强度是试样在规定的恒定温度和时间内,引起规定应变的应力。持久强度是在规定温度下,试样达到规定时间而不断裂的最大应力。这两个指标都是反映材料高温性能的重要指标,其区别仅在于侧重点不同。如汽轮机和燃气轮机的叶片在长期运行中,只允许产生一定的变形,在设计时必须以蠕变强度为主要依据;而锅炉管道,使用时间较长,对蠕变变形限制不严,但必须保证使用时不能破裂,这就需要用持久强度作为设计依据。研究表明,蠕变与原子的扩散过程相关。一般而言,当工作温度超过材料熔点的1/2后,蠕变问题就必须加以考虑。如高分子材料在室温下长期受力时,就会发生蠕变。

与蠕变相关的另一个概念是应力松弛,它是指在规定温度及初始变形或位移恒定的条件下,金属材料的应力随时间而减小的现象[图 1-11(b)]。例如螺栓连接并压紧两法兰零件,在拧紧时,使螺杆拉长了一点,产生弹性变形,即在螺杆上施加了预紧力。但在高温下经过一段时间后,虽然螺杆总变形不变,但预紧力却自行减少了。所以,蒸汽管道上的螺栓,工作一段时间后,需要拧紧一次,以避免泄漏。应力松弛和蠕变原理相同,只是两种表现形式。

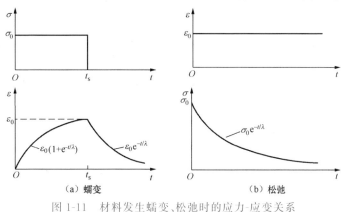

图 1-11　材料发生蠕变、松弛时的应力-应变关系

1.3　材料的化学性能

在一些腐蚀性介质(如潮湿的大气、海水、酸性溶液、碱性溶液等)或高温氧化环境(如航空航天发动机、锅炉的过热器、石油化工的反应器、输送管道等)下服役的材料将会发生腐蚀和氧化的现象。金属腐蚀是电化学过程,是金属逐渐转变成离子进入电解液中,本身尺寸减小的过程,表现为质量损失。金属氧化是化学过程,是金属与氧不断发生反应而形成氧化物的过程,表现为质量增加。材料抵抗各种介质腐蚀破坏的能力称为耐腐蚀性。材料抵抗高温氧化的能力称为抗氧化性。耐腐蚀性和抗氧化性统称为材料的化学稳定性,高温下的化学稳定性称为热化学稳定性。

1.3.1　材料腐蚀及耐腐蚀性

一般说来,腐蚀主要发生在金属材料中。金属材料易发生腐蚀的主要原因是金属中不同组织、成分、应力区域之间由于电极电位不同,在腐蚀介质中形成了腐蚀原电池,从而产生了电化学腐蚀。因此,不同金属材料由于组织、成分等不同,其耐腐蚀性有较大差异。碳钢、铸铁的耐腐蚀性较差,而不锈钢、铝合金、铜合金、钛及其合金的耐腐蚀性较好。

金属材料常见的腐蚀形态有均匀腐蚀和局部腐蚀(电偶腐蚀、点蚀、缝隙腐蚀、晶间腐蚀等),还有应力腐蚀、腐蚀疲劳、磨损腐蚀、氢腐蚀等。金属被腐蚀后,其质量、厚度、力学性能等都会发生变化,他们的变化率可用来表示金属被腐蚀的速度。在均匀腐蚀的情况下,通常用质量指标[单位时间内在单位金属表面积上由腐蚀引起的质量变化,单位:$g/(m^2 \cdot h)$]、深度指标[单位时间内的腐蚀尺度,单位:毫米/年(mm/a)]表示金属被腐蚀的程度。

材料的耐腐蚀性对机械的使用与维护意义重大,各种与化学介质相接触的零件和容器都要考虑腐蚀问题。

1.3.2 材料氧化及抗氧化性

在高温下,由于多数金属的氧化物的自由能低于纯金属,所以都能自发地发生氧化。材料表面氧化膜的结构和性质不同,其氧化动力学过程也不同。氧化速度主要取决于化学反应的速度和原子扩散的速度。显然,温度高,化学反应速度和扩散速度都会增大,但也会随着时间的延长和氧化膜的增厚或氧化膜致密度的提高而减小。金属被氧化的速度有以下三种情况:

(1)PB比(氧化物体积与被氧化的金属体积之比)小于1时,氧化膜不完整、不连续,氧化膜的厚度和时间的关系呈线性。

(2)氧化膜虽覆盖金属表面,但膜层中可进行离子扩散,氧化膜的厚度和时间的关系遵循抛物线规律。

(3)氧化膜不仅能覆盖金属表面,而且膜层中离子扩散比较困难,氧化膜的形成符合对数规律。

最后一种情况的氧化膜致密稳定,阻碍了氧化的进一步发生,对基体金属能够起到保护作用,是抗氧化钢的设计依据。

金属材料的高温氧化实际上是一种化学腐蚀过程,因此其抗氧化性好坏可用氧化腐蚀的速度来评价。

1.4 材料的物理性能

材料的物理性能包括密度、热力学性能(熔点、热容、热膨胀性、导热性)、导电性、磁性和光学性能等。在机械工程行业,虽然材料物理性能不是构件设计的主要参数,但是在某些特定的情况下,也需要加以考虑。

1.4.1 密 度

单位体积材料的质量称为材料的密度。对于飞机、车辆等运动机械构件,需要减轻自重,降低能量消耗,所使用材料的密度越小越好。材料的抗拉强度与密度之比称为比强度。

铝合金的抗拉强度虽然低于钢的抗拉强度,但它的密度却小得多,比强度大,用铝合金代替钢制造同一零件,其质量可减小很多。在航空航天领域,选用高比强度的材料更为重要。如采用抗拉强度高、密度小的钛合金制造飞机主承力结构,既保证了飞机的安全性,又大大提高了其飞行效率。

1.4.2　熔　点

材料从固态向液态转变时的平衡温度称为熔点。一般来说,材料的熔点越高,材料在高温下保持强度的能力越强。设计在高温条件下工作的构件时,需要考虑材料的熔点。另外,金属的铸造与焊接要考虑材料的熔点。熔点低的合金可用于制造焊锡、保险丝(铅、锡、铋、镉的合金)等。金属中,汞的熔点最低,为$-38.8\ ℃$,而钨的熔点最高,达 $3\ 410\ ℃$。

1.4.3　热膨胀性

材料随温度变化而膨胀、收缩的特性称为热膨胀性。材料的热膨胀性通常用线膨胀系数或体膨胀系数来表示。线膨胀系数是指单位长度的材料在温度升高 $1\ ℃$ 时的伸长量。对各向同性材料,其体膨胀系数是线膨胀系数的 3 倍。材料种类不同,其热膨胀系数不同。对于特别精密的仪器要选择热膨胀系数低的材料,或在恒温条件下使用。对由不同材料构成的组合件来说,要考虑不同组件热膨胀性的差异。如柴油机活塞与缸套之间的间隙很小,既要允许活塞在缸套内做往复运动,又要保证其气密性,因此活塞与缸套材料的热膨胀性能要相近,以免两者卡住或者出现漏气现象。在材料的加工过程中更要考虑材料的热膨胀性,如果表面和内部热膨胀性不一致,就会产生内应力,当这种内应力超过材料的屈服强度时,材料就会发生塑性变形,当内应力超过了材料的抗拉强度时,材料就会发生开裂。

1.4.4　导热性

材料的导热性定义为在单位温度梯度下,单位时间内通过垂直于热流流动方向的单位截面面积上的热量。其性能指标有导热系数 λ [单位:$W/(m·K)$] 和传热系数 k [单位:$W/(m^2·K)$]。制造散热器、热交换器与活塞等的材料,要求导热性好。导热性对合理制定金属材料的热加工工艺同样意义重大,这是因为如果材料的导热性较差,在加热和冷却时表面和内部的温差就大,从而导致内应力增大,容易使材料产生变形和开裂。金属中,银和铜导热性最好,其次是铝。纯金属的导热性比合金好,而非金属,特别是塑料,导热性较差。

1.4.5　导电性

材料的导电性与材料的电阻密切相关,常用电阻率 ρ(单位:$\Omega·m$)来表示。金属通常具有较好的导电性,其中导电性排在前三位的依次是银、铜、铝。合金的导电性一般比纯金属差。Ni-Cr、Fe-Cr-Al 等合金的导电性差而电阻率高,可用作电阻丝。塑料、陶瓷一般不导电,可用作绝缘材料,但少数陶瓷材料在特定条件下为超导体。金属具有正的电阻温度系数,即温度升高,电阻增大。杂质质量分数增加、冷加工程度加剧都会导致金属的电阻升高。

1.4.6 磁 性

磁性是材料被外界磁场磁化或吸引的能力。根据材料在磁场中的行为可将其分为三类:
(1)使磁场减弱的材料称为抗磁性材料(如锌、铜、银、铝、奥氏体钢、有机高分子材料等)。
(2)使磁场略有增强的材料称为顺磁性材料(如锰、铬等)。
(3)使磁场强烈增强的材料称为铁磁性材料(如铁、钴、镍等)。

铁磁性材料常用于制造变压器、电动机、仪器仪表等。材料的磁性与使用温度有关,当温度升高到居里点以上时,由于磁畴被破坏,铁磁性材料可变为顺磁性材料。抗磁性材料常用作磁屏蔽或防磁场干扰的构件,如发电机轴的电感器盖环,船舶上罗盘附近的构件等。

1.5 材料的工艺性能

选择材料时,不仅要考虑其使用性能,还要考虑其加工的难易程度,即工艺性能的好坏。如果所用材料的制备工艺复杂或难于加工,必然带来生产成本的提高或材料无法应用。金属是机械工业中使用最多的材料,其由原材料制备到最终零件的形成,主要涉及铸造、锻造、机加工(切削)、热处理、焊接等工艺。

1.5.1 金属材料的工艺性能

1. 铸造性

许多结构复杂的、笨重的或难以机加工(切削)的零部件(如机床床身、大型发动机缸体等)都需要通过铸造成型。铸造性是液体金属在型腔中的流动性和凝固过程中的收缩、偏析倾向(化学成分的不均匀性)的总称。流动性好、收缩小、偏析小等是铸造性好的标志。例如,铸铁的流动性比钢好,能够浇铸较薄与复杂的铸件;凝固时收缩小,则铸件缩松、裂纹等缺陷较少;偏析小,铸件中各部位的成分和组织较均匀。常用的金属材料中,灰铸铁和青铜的铸造性较好。

锻造

2. 可锻性

钢锭需要进行锻造开坯,大多数机械构件需要进行锻造成型。锻造不仅可使组织更加均匀、致密,也可初步形成与最终形状基本接近的毛坯。因此,可锻性是指金属适应锻、轧等压力加工的能力。可锻性包括金属的塑性与变形抗力两个方面。可塑性变形的温度范围宽,塑性高或变形抗力小,锻压所需外力小,允许的变形量大,是可锻性好的标志。碳钢的可锻性比合金钢好,而低碳钢的可锻性又比中碳钢、高碳钢好。铸铁不能够进行锻造加工。

热锻

3. 可焊性

很多工程构件(如船舶、桥梁、大型钢结构)需要焊接成型。可焊性是指金属材料对焊接成型的适应性,也就是指在一定的焊接工艺条件下金属材料获得优质焊接接头的难易程度。

可焊性好的材料可用常规的焊接方法和焊接工艺进行焊接,焊缝中不易产生气孔、夹渣或裂纹等缺陷,焊后接头强度与母材相近。可焊性差的金属材料要采用特殊的焊接方法和焊接工艺才能进行焊接。金属的可焊性很大程度上受其化学成分的影响,如钢的碳质量分数直接影响其可焊性,碳质量分数越低,可焊性越好。

4. 切削加工性

绝大多数机械零件需要机加工(切削)成型。良好的切削加工性是指材料容易被切削加工成型并得到精确的形状、高的表面光洁度,同时消耗的功率小,刀具的寿命长。它与材料的硬度(适宜切削加工的硬度为 150～250 HBW)、韧性等因素有关。灰铸铁具有良好的切削加工性。经正火处理的低碳钢、退火处理的高碳钢也有良好的切削加工性。

5. 热处理工艺性

热处理工艺性是指材料接受热处理的难易、复杂程度和产生热处理缺陷的倾向,可用淬透性、淬硬性、回火脆性、氧化脱碳和变形开裂倾向等指标评价。

1.5.2　高分子材料的工艺性能

高分子材料(塑料)制品的加工方法主要有注塑、挤出、压延等,也就是通过加热、塑化(使塑料加热成熔融可塑状态)、成型、冷却的过程将高分子材料制成成品或工件。与其他材料相比,高分子材料容易成型,加工性能很好。高分子材料也可通过切削、焊接等工艺进行最终成型。其切削加工性较好,与金属基本相同,不过因导热性较差,在切削过程中不易散热,易使工件温度急剧升高,使其变焦(热固性塑料)或变软(热塑性塑料)。

1.5.3　陶瓷材料的工艺性能

大多数陶瓷材料都采用粉末原料配制、室温预成型、高温常压或高压烧结制成。陶瓷材料硬度高、脆性大。成型后,除了可以用碳化硅或金刚石砂磨加工外,几乎不能进行任何其他加工。由于陶瓷颗粒在烧结过程中处于固态,流动性差,烧结后的陶瓷往往存在气孔,影响陶瓷的整体性能。

扩展读物

1. 王学武. 金属力学性能[M]. 北京:机械工业出版社,2010.
2. 齐民. 机械工程材料[M]. 双语版. 大连:大连理工大学出版社,2011.
3. SCHAFFER J P. 工程材料科学与设计[M]. 2 版. 余永宁,强文江,译. 北京:机械工业出版社,2003.

思 考 题

1-1　名词解释

弹性变形;塑性变形;刚度;硬度;疲劳极限;冲击韧性;韧脆转变温度。

1-2　可否通过增加零件的尺寸来提高其弹性模量?

1-3 工程上的伸长率与选取的样品长度有关,为什么?

1-4 如何用材料的应力-应变曲线判断材料的韧性?

1-5 说明下列力学性能指标的含义:

(1)R_{eL}、R_m 和 $R_{p0.2}$　　　　(2)A 和 Z　　　(3)σ_D

(4)HBS、HBW 和 HRC　　　　(5)K_U

1-6 常用硬度试验有哪几种?其各自的优缺点如何?

1-7 在某一工程图纸中,分别出现了下列硬度标示,请问哪一种是正确的?

(1)HBS250～280　　　　(2)30～50HRC

(3)240～280HRC　　　　(4)600～650HBS

1-8 K_{Ic} 与 K_I 两者有什么关系? 在什么情况下两者相等?

第 2 章

材料的结构

材料科学家郭可信与准晶

物质的结构由其原子排列特点而定。原子或原子集团呈周期性排列的固体物质叫作晶体,原子呈无序排列的叫作非晶体。准晶体,亦称为"准晶"或"拟晶",是一种介于晶体和非晶体之间的固体结构。

1982 年以色列科学家谢赫特曼首次在电子显微镜下观察到一种"反常"现象:铝锰合金的原子采用一种不重复、非周期性但对称有序的方式排列。而当时人们普遍认为,晶体内的原子都以周期性不断重复的对称模式排列,这种重复结构是形成晶体所必需的,自然界中不可能存在具有谢赫特曼发现的那种原子排列方式的晶体。谢赫特曼把这种晶体定义为准晶体。准晶体的发现,是 20 世纪 80 年代晶体学研究中的一次突破。他因发现准晶体而一人独享了 2011 年诺贝尔化学奖。

郭可信(1923—2006),出生于北平。1946 年郭可信从浙江大学化学工程系毕业;1947 年公费留学赴瑞典,先后在瑞典皇家工学院物理冶金系、乌普萨拉大学、荷兰皇家工学院物理化学系学习;1956 年回到中国,进入中国科学院金属研究所工作;1980 年出任中国科学院沈阳分院副院长,同年当选为中国科学院学部委员,同年当选为瑞典皇家工程科学院外籍院士;1983 年出任中国科学院沈阳分院院长。

郭可信在瑞典留学期间就取得多项研究成果,在合金钢碳化物结构方面做出了原创性的工作,代表论文已列为国际经典文献。回国后继续从事金属材料研究工作。20 世纪 60 年代初,与其他研究人员一道,率先开拓了透射电镜显微结构研究工作。20 世纪 70 年代以来,郭可信一方面在电子衍射图的几何分析方面做了大量研究工作;另一方面在电子衍射图自动标定的计算机程序设计,特别是将"约化胞"用于电子衍射标定未知结构的分析研究工作,达到国际水平。

1980 年以来,郭可信在中国国内率先引入高分辨电子显微镜,开始从原子尺度直接观察晶体结构的研究。1987 年因发现五重旋转对称和 Ti-V-Ni 二十面体准晶,获国家自然科学一等奖。

2.1　原子的结合方式

工程材料通常是固态物质,是由各种元素通过原子、离子或分子结合而成的。原子、离子或分子之间的结合力称为结合键。根据结合力的强弱,可把结合键分为强键(离子键、共价键、金属键)和弱键(分子键)两类。

2.1.1　离子键

当元素周期表中相隔较远的正电性元素原子和负电性元素原子相互接近时,正电性元素原子失去外层电子变为正离子,负电性元素原子获得电子变为负离子。正、负离子通过静电引力互相吸引,当离子间的引力与斥力相等时便形成稳定的离子键。钠原子与氯原子形成离子键的过程如图 2-1 所示。离子键结合力大,因而通过离子键结合的材料强度高、硬度高、熔点高、脆性大。由于离子难以移动输送电荷,因此,这类材料都是良好的绝缘体。因为离子的外层电子被牢固束缚,难以被光激发,所以通过离子键结合的材料一般不能吸收可见光,是无色透明的。

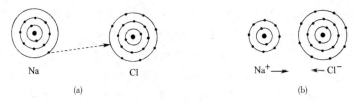

(a)　　　　　　　　　　　(b)

图 2-1　钠原子与氯原子形成离子键的过程

2.1.2　共价键

元素周期表中ⅢA～ⅦA族同种元素的原子或电负性相差不大的异种元素的原子相互接近时,不可能通过电子转移来获得稳定的外层电子结构,但可以通过共用电子对来达到这一目的。图 2-2(a)为两个氯原子通过共用电子对形成氯分子的示意图,这种通过共用电子对形成的结合键称为共价键。共价键中的共用电子对数因元素种类不同而不同,如氮分子中存在三个共用电子对。一个原子也可以与几个原子同时共用外层电子,如金刚石中的一个碳原子与周围的四个碳原子各形成一个共用电子对,如图 2-2(b)所示。通过共价键结合的材料与通过离子键结合的材料一样,也具有强度高、熔点高、脆性大的特点,但其导电性依共价键的强弱而不同。例如,锡是导体,硅是半导体,而金刚石则是绝缘体。具有共价键的工程材料多为陶瓷或高分子聚合物材料。

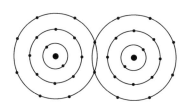
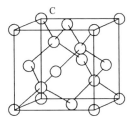

(a) 由共价键形成氯分子　　　　　　(b) 金刚石中的共价键

图 2-2　共价键示意图

2.1.3　金属键

　　金属原子的外层电子少,很容易失去,因此金属原子之间不可能通过电子转移或共用来获得稳定的外层电子结构。当金属原子相互靠近时,其外层电子脱离原子,成为自由电子,而金属原子则成为正离子,自由电子在正离子之间自由运动,为各原子所共有,形成电子云或电子气。金属离子通过正离子和自由电子之间的引力而相互结合,这种结合键称为金属键,如图 2-3 所示。自由电子的存在使金属具有良好的导电性和导热性,使金属不透明并呈现出特有的金属光泽。金属键无方向性,当金属原子间发生相对位移时,金属键不被破坏,因而金属塑性好。

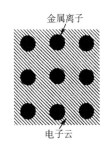

图 2-3　金属键示意图

2.1.4　分子键

　　由于分子中共价电子的非对称分布,使分子的某一部分比其他部分更偏于带正电或带负电(称为极化),因此,在某些分子中可能存在偶极矩。一个分子的带正电部分会吸引另一个分子的带负电部分,这种结合力称为分子键或范德华力,如图 2-4 所示。分子键也可以产生于电子随机运动引起的瞬间极化。

　　当氢原子与一个电负性很强的原子结合成分子时,氢原子的唯一电子会向另一个原子强烈偏移,氢原子几乎成为一个带正电的核,可以对第三个电负性较大的原子产生较强的吸引力,使氢原子在两个电负性很强的原子之间形成一个桥梁,这种结合力称为氢键或氢桥。

　　由于分子键很弱,因此,由分子键结合的固体材料的熔点和硬度都比较低。

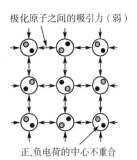

图 2-4　分子键示意图

2.2　晶体结构的基本概念

　　晶体是常见工程材料的结构形式,掌握本节中有关晶体结构的基本概念,有助于对课程内容的学习和理解。

2.2.1　晶体与非晶体

固态物质按照原子在空间的排列方式不同,可分为晶体和非晶体。原子在三维空间呈规则排列的固体称为晶体,如常态下的金属、食盐、单晶硅等。原子在三维空间呈无序排列的固体称为非晶体,如普通玻璃、石蜡、松香等。金属在某些特定条件下也可以形成非晶体,称为金属玻璃。晶体具有固定的熔点,原子排列有序,各个方向上原子密度不同,因而具有各向异性;非晶体无固定的熔点,原子排列无序,具有各向同性。晶体与非晶体在一定条件下可以互相转化,如非晶态金属加热到一定温度可转变为晶态金属,称为晶化。

2.2.2　晶　格

如果把组成晶体的原子(或离子、分子)看作刚性球体,那么晶体就是由这些刚性球体按一定规律周期性地堆垛而成的,如图 2-5(a)所示。不同晶体的堆垛规律不同。为研究方便,假设将刚性球体视为处于球心的点,称为结点。由结点所形成的空间点的阵列称为空间点阵。用假想的直线将这些结点连接起来所形成的三维空间格架称为晶格,如图 2-5(b)所示。晶格直观地表示了晶体中原子(或离子、分子)的排列规律。

2.2.3　晶　胞

从微观上看,晶体是无限大的。为便于研究,常从晶格中选取一个能代表晶体原子排列规律的最小几何单元来进行分析,这个最小的几何单元称为晶胞,如图 2-5(c)所示。晶胞在三维空间中重复排列,便可构成晶格和晶体。

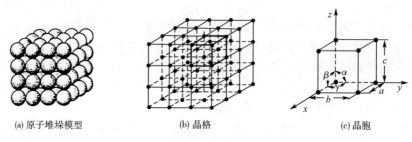

(a) 原子堆垛模型　　　　　(b) 晶格　　　　　(c) 晶胞

图 2-5　简单立方晶体

晶胞各边的长度 a、b、c 称为晶格尺寸。晶胞的大小和形状通过晶格尺寸 a、b、c 和各棱边之间的夹角 α、β、γ 来描述。a、b、c 和 α、β、γ 统称为晶格常数。根据这些参数,可将晶体分为 7 种晶系,见表 2-1。其中立方晶系和六方晶系比较重要。

表 2-1　7 种晶系的晶胞参数

晶系	棱边长度与夹角关系	举例
三斜	$a \neq b \neq c$,$\alpha \neq \beta \neq \gamma \neq 90°$	$K_2Cr_2O_7$
单斜	$a \neq b \neq c$,$\alpha = \gamma = 90° \neq \beta$	$\beta\text{-S}$,$CaSO_4 \cdot 2H_2O$
正交	$a \neq b \neq c$,$\alpha = \beta = \gamma = 90°$	$\alpha\text{-S}$,Ga,Fe_3C
六方	$a_1 = a_2 = a_3 \neq c$,$\alpha = \beta = 90°$,$\gamma = 120°$	Zn,Cd,Mg,$NiAs$

（续表）

晶系	棱边长度与夹角关系	举例
菱方	$a=b=c, \alpha=\beta=\gamma \neq 90°$	As, Sb, Bi
四方	$a=b\neq c, \alpha=\beta=\gamma=90°$	$\beta\text{-Sn}, TiO_2$
立方	$a=b=c, \alpha=\beta=\gamma=90°$	Fe, Cr, Cu, Ag, Au

注：a_1, a_2, a_3 为底面三轴上相互呈 120° 的三个轴上晶胞边长。

七种晶系

晶胞中原子密度最大方向上相邻原子间距的一半称为原子半径，处于不同晶体结构中的同种原子的半径是不相同的。一个晶胞内所包含的原子数目称为晶胞原子数，晶胞中所有原子所占的体积与晶胞体积之比称为致密度，晶体中与任一原子距离最近且相等的原子数目称为配位数。显然，不同结构晶体的晶胞原子数、配位数和致密度不同，配位数越大的晶体，致密度越高。

2.2.4　立方晶系的晶面和晶向表示方法

晶体中各方位上的原子面称为晶面，各方向上的原子列称为晶向。为便于研究，人们通常用符号来表示不同的晶面和晶向。表示晶面的符号称为晶面指数，表示晶向的符号称为晶向指数。下面简单介绍立方晶系的晶面指数和晶向指数的确定方法。

1. 晶面指数

晶面指数的确定步骤如下：

（1）以任一原子为原点（注意原点不要放在待确定晶面上），以过原点的三条棱边为坐标轴，以晶格常数为测量单位建立坐标系。

（2）求出待定晶面在三个坐标轴上的截距。

（3）取三个截距的倒数并按比例化为最小整数，加一小括号，即所求晶面的指数，其形式为 (hkl)。如果是负指数，则应将负号"－"放在相应指数的上方。

例如，求截距为 1、∞、∞ 晶面的指数时，取三个截距的倒数为 1、0、0，加小括号成为 (100)，即所求晶面的指数。再如，要画出晶面 (221)，则取三指数的倒数 $\frac{1}{2}$、$\frac{1}{2}$、1，即该晶面在 X、Y、Z 三个坐标轴上的截距。

(hkl) 代表的是一组互相平行的晶面。原子排列完全相同，只是空间位向不同的各组晶面称为晶面族，用 $\{hkl\}$ 表示。立方晶系常见的晶面族为 $\{100\}$ [包括 (100)、(010)、(001) 三个晶面]、$\{110\}$ [包括 (110)、(101)、(011)、$(1\bar{1}0)$、$(10\bar{1})$、$(0\bar{1}1)$ 六个晶面]、$\{111\}$ [包括 (111)、$(\bar{1}11)$、$(1\bar{1}1)$、$(11\bar{1})$ 四个晶面]。图 2-6(a) 所示为 (100)、(110)、(111) 三个晶面。

2. 晶向指数

晶向指数的确定步骤如下：

（1）建立坐标系（方法同上），过原点作所求晶向的平行线。

（2）求该平行线上任一点的三个坐标值并按比例将其化为最小整数，加一中括号即所求晶向指数，其形式为 $[uvw]$。

例如,过原点某晶向上一点的坐标值为1、1.5、2,将这三个坐标值按比例化为最小整数并加中括号,得[234],即所求晶向指数。又如,要画出[110]晶向,需要找出(1,1,0)坐标点,连接原点与该坐标点的直线即所求晶向。立方晶系常见的晶向为[100]、[110]和[111]等,如图 2-6(b)所示。

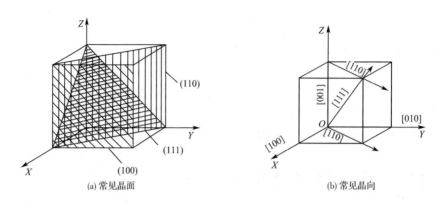

(a) 常见晶面　　　　　　　　　　(b) 常见晶向

图 2-6　立方晶系的常见晶面和晶向及指数

与晶面指数类似,$[uvw]$ 代表的是一组互相平行、方向一致的晶向。那些原子排列完全相同,只是空间位向不同的各组晶向称为晶向族,用 $\langle uvw \rangle$ 表示。

值得指出的是,在立方晶系中,指数相同的晶面和晶向是互相垂直的。

2.3　金属材料的结构

金属材料是应用最广泛的工程材料,常见的金属材料都具有晶体结构。非晶态金属和合金是 20 世纪中叶发现和发展起来的新型金属材料。

2.3.1　晶态结构

1. 纯金属的晶态结构

由于金属键没有方向性和饱和性,故大多数金属晶体都具有排列紧密、对称性高的简单结构。在纯金属中,最常见、最典型的晶体结构有体心立方结构、面心立方结构和密排六方结构。前两者属于立方晶系,后者属于六方晶系。

（1）体心立方晶格

体心立方晶格的晶胞如图 2-7 所示,为一个立方体。在立方体的 8 个顶角上各有一个与相邻晶胞共有的原子,立方体中心还有一个原子。晶格常数 $a=b=c$,因此只用一个参数 a 表示即可。原子半径为体对角线(原子排列最密的方向)上原子间距的一半,即 $r=\dfrac{\sqrt{3}}{4}a$。由于立方体顶角上的原子为 8 个晶胞所

bcc 结构

共有,立方体中心的原子为该晶胞所独有,因此晶胞原子数为 $8\times\frac{1}{8}+1=2$。体心立方晶格中的任一原子(以立方体中心的原子为例)与 8 个原子接触且距离相等,因而体心立方晶格的配位数为 8。其致密度为

$$K=n\cdot\frac{4}{3}\pi r^3/a^3=2\times\frac{4}{3}\pi\times\left(\frac{\sqrt{3}}{4}a\right)^3/a^3=0.68$$

式中:n 为晶胞原子数;r 为原子半径;a 为晶格常数。

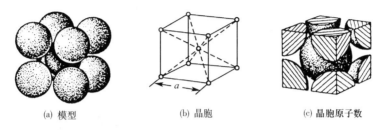

(a) 模型　　　　　　(b) 晶胞　　　　　　(c) 晶胞原子数

图 2-7　体心立方晶格的晶胞

具有体心立方结构的金属有 α-Fe、Cr、W、Mo、V、Nb、β-Ti、Ta 等。

(2)面心立方晶格

面心立方晶格的晶胞如图 2-8 所示,也是一个立方体。

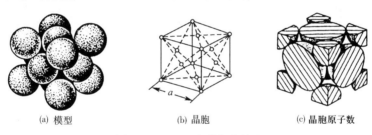

(a) 模型　　　　　　(b) 晶胞　　　　　　(c) 晶胞原子数

图 2-8　面心立方晶格的晶胞

除在立方体的 8 个顶角上各有一个与相邻晶胞共有的原子外,在 6 个面的中心也各有一个共有的原子。与体心立方晶格一样,其晶格常数也是只用一个参数 a 表示。原子半径为面对角线(原子排列最密的方向)上原子间距的一半,即 $r=\frac{\sqrt{2}}{4}a$。由于立方体顶角上的原子为 8 个晶胞所共有,面上的原子为 2 个晶胞所共有,因此晶胞原子数为 $8\times\frac{1}{8}+6\times\frac{1}{2}=4$。面心立方晶格中每一个原子(以面的中心原子为例)在三维方向上各与 4 个原子接触且距离相等,因而配位数为 12。其致密度为

fcc 结构

$$K=4\times\frac{4}{3}\pi\times\left(\frac{\sqrt{2}}{4}a\right)^3/a^3=0.74$$

具有面心立方结构的金属有 γ-Fe、Ni、Al、Cu、Pb、Au、Ag 等。图 2-9 所示为在原子力显微镜(AFM)下观察到的金的(111)晶面上规则排列的原子。

（3）密排六方晶格

密排六方晶格的晶胞如图 2-10 所示,是一个正六棱柱。在六棱柱的 12 个顶角及上、下底面的中心各有一个与相邻晶胞共有的原子,两底面之间还有 3 个原子。晶格常数用六棱柱底面的边长 a 和高 c 表示,$c/a=1.633$。原子半径为底面边长的一半,即 $r=\dfrac{a}{2}$。由于六棱柱顶角原子为 6 个晶胞共有,底面中心的原子为 2 个晶胞共有,两底面之间的 3 个原子为晶胞所独有,因此晶胞原子数为 $12\times\dfrac{1}{6}+2\times\dfrac{1}{2}+3=6$。密排六方晶格中每一个原子(以底面中心的原子为例)与 12 个原子(同底面上周围有 6 个,上、下各 3 个)接触且距离相等,因而配位数为 12。其致密度与面心立方晶格相同,也是 0.74。具有密排六方结构的金属有 α-Ti、Mg、Zn、Be、Cd 等。

hcp   组合

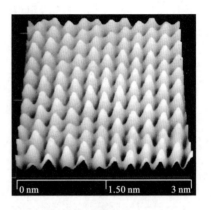

图 2-9　在原子力显微镜(AFM)下观察到的金的(111)晶面上规则排列的原子

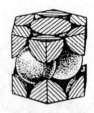

(a) 模型　　　　　(b) 晶胞　　　　　(c) 晶胞原子数

图 2-10　密排六方晶格的晶胞

（4）三种常见金属晶格的密排面和密排方向

在晶体中,不同位向晶面上和不同方向晶向上的原子密度是不同的。晶面原子密度是指单位面积晶面上的原子数,晶向原子密度是指单位长度晶向上的原子数。原子密度最大的晶面或晶向称为密排面或密排方向。密排面和密排方向对于晶体的塑性变形有着重要意义。三种常见金属晶格的密排面和密排方向见表 2-2。

表 2-2　三种常见金属晶格的密排面和密排方向

晶格类型	密排面		密排方向(每个密排面上)	
	指数或位置	数量	指数或位置	数量
体心立方晶格	{110}	6	〈111〉	2
面心立方晶格	{111}	4	〈110〉	3
密排六方晶格	六方底面	1	底面对角线	3

2. 实际金属的晶体结构

实际金属的晶体结构不像理想晶体那样规则和完整。由于各种因素的作用,晶体中不可避免地存在着许多不完整的部位,这些部位称为晶体缺陷。晶体缺陷对金属的性能有重要影响。根据几何特征,可将晶体缺陷分为点缺陷、线缺陷和面缺陷三种类型。

(1)点缺陷

点缺陷是指空间三维尺寸都很小的缺陷,如空位、间隙原子、置换原子等(图 2-11)。

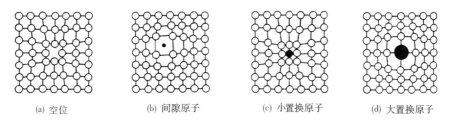

| (a) 空位 | (b) 间隙原子 | (c) 小置换原子 | (d) 大置换原子 |

图 2-11　晶体中的点缺陷

点缺陷

空位是指晶格中某些缺排原子的空节点,它是由某些能量高的原子通过热振动离开平衡位置引起的。挤进晶格间隙的原子称为间隙原子,间隙原子可以是基体金属原子,也可以是外来原子。如果外来原子取代了结点上原来的原子,就称为置换原子。

点缺陷的存在,破坏了原子的平衡状态,使晶格发生扭曲(称为晶格畸变),从而引起金属性能的变化,使金属的电阻率增大,强度、硬度升高,塑性、韧性下降。

(2)线缺陷

线缺陷就是晶体中的位错。当晶格中一部分晶体相对于另一部分晶体沿某一晶面发生局部滑移时,滑移面上滑移区与未滑移区的交界线就称为位错。常见的有刃型位错和螺型位错两种,如图 2-12 所示。这里主要介绍刃型位错。

假设在一个完整晶体的上半部插入一多余的半原子面,它终止于晶体内部,好像切入的刀刃一样,这个多余的半原子面的刃边就是刃型位错,如图 2-13(a)所示。多余半原子面在滑移面上方的称为正刃型位错,用符号"⊥"表示;多余半原子面在滑移面下方的称为负刃型位错,用符号"⊤"表示,如图 2-13(b)所示。单位体积内所包含的位错线总长度称为位错密度,用符号 ρ 表示:

$$\rho = L/V$$

式中:L 为位错线总长度;V 为体积;ρ 的单位为 cm/cm^3 或 $1/cm^2$。

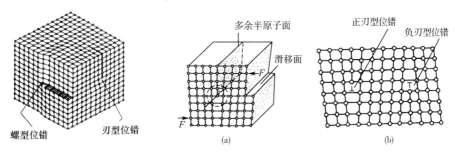

图 2-12　位错　　　　　　　　　　图 2-13　刃型位错

图 2-14 所示为在透射电子显微镜下观察到的钛合金中的位错。

金属的塑性变形主要是由位错运动引起的,因此,阻碍位错运动是强化金属的主要途径。图 2-15 所示为金属强度与位错密度的关系曲线,可以看出,减小或增大位错密度都可以提高金属的强度。

刃型位错

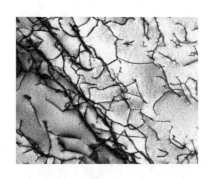

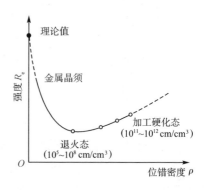

图 2-14　在透射电子显微镜下观察到的钛合金中的位错　　图 2-15　金属强度与位错密度的关系曲线

（3）面缺陷

晶体中一维尺寸很小、另两维尺寸很大的缺陷称为面缺陷,主要包括晶界和亚晶界。

①晶界

如果一块晶体内部的晶格方位完全一致,则这种晶体称为单晶体;否则称为多晶体。实际使用的金属材料几乎都是多晶体,即由许多彼此方位不同、外形不规则的小晶体组成,这些小晶体称为晶粒。变形金属中的晶粒尺寸为 $1\sim100\ \mu m$,铸造金属中的晶粒尺寸可达几毫米。晶粒与晶粒之间的交界面称为晶界,如图 2-16 所示。

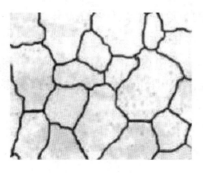

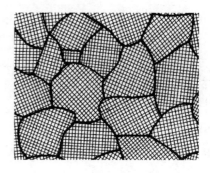

(a) 纯铁的显微组织　　　　　　　　　　(b) 多晶体示意图

图 2-16　实际金属的多晶体结构

晶界的宽度为 5～10 个原子间距,晶界两侧晶粒的位向差一般为 20°～40°。晶界是两个晶粒的过渡部位,原子排列不规则(图 2-17)。晶界对位错运动有阻碍作用,是金属中的强化部位。金属的晶粒越细,晶界总面积就越大,金属的强度也越高,因而实际使用的金属材料力求获得细晶粒。晶界的能量比晶内的能量高,因而晶界熔点低、耐蚀性差、原子扩散速度快。晶界的缺陷比晶内的缺陷多,因而外来原子易在晶界上偏聚,其浓度高于晶内,称为内吸附。晶界还是固态相变的优先形核部位。

②亚晶界

晶粒本身也不是完整的理想晶体,它由许多尺寸很小、位向差也很小(小于 2°)的小晶块镶嵌而成,这些小晶块称为亚晶粒。亚晶粒之间的交界面称为亚晶界。亚晶界实际上是由刃型位错垂直排列形成的位错壁,如图 2-18 所示。亚晶界与晶界一样,对金属也有强化作用。

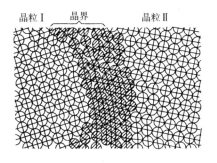
图 2-17 晶界原子排列

图 2-18 亚晶界结构

3. 合金的晶体结构

合金是指由两种或两种以上元素组成的具有金属特性的物质。组成合金的元素可以全部是金属元素,如黄铜(由铜元素和锌元素组成);也可以是金属元素与非金属元素,如碳钢(由铁元素和碳元素组成)。纯金属的品种少、力学性能差、获得困难,因而工业上使用的金属材料多数是合金。

金属或合金中,凡成分相同、结构相同,并与其他部分有界面分开的均匀组成部分称为相。金属材料可以是单相的,也可以是多相的。通常所说的显微组织实质上是指在显微镜下观察到的各相晶粒的形态、数量、大小和分布的组合。组合不同,材料的性能也不同。

根据结构特点不同,可将合金中的相分为固溶体和金属化合物两类。

(1)固溶体

合金的晶体结构与组成元素之一的晶体结构相同的固相称为固溶体,习惯上用 α、β、γ、…表示。一般把与合金晶体结构相同的元素称为溶剂,其他元素称为溶质。固溶体是合金中的重要组成相,实际使用的金属材料多数是单相固溶体合金或以固溶体为基的合金。根据溶质原子在溶剂晶格中所处位置不同,固溶体又分为置换固溶体和间隙固溶体。

①置换固溶体

溶质原子占据溶剂晶格某些结点而形成的固溶体称为置换固溶体。在置换固溶体中,溶质原子呈无序分布的称为无序固溶体[图 2-19(a)],溶质原子呈有序分布的称为有序固溶体[图 2-19(b)]。固溶体从无序到有序的过程称为固溶体的有序化,有序化会使固溶体的性能发生很大变化。

②间隙固溶体

溶质原子嵌入溶剂晶格间隙所形成的固溶体称为间隙固溶体,如图 2-20 所示。

(a)无序固溶体　　　　　(b)有序固溶体　　　　　○溶剂原子　●溶质原子

图 2-19　置换固溶体　　　　　　　　图 2-20　间隙固溶体

形成间隙固溶体的溶质元素是原子半径较小的非金属元素,如氢元素、碳元素、硼元素、氮元素等;而溶剂元素一般为过渡族元素。间隙固溶体都是无序固溶体。

③固溶体的溶解度

固溶体的溶解度是指溶质原子在固溶体中的极限浓度。根据溶解度不同,固溶体又可分为有限固溶体和无限固溶体。溶解度有一定限度的固溶体称为有限固溶体,而组成元素无限互溶的固溶体称为无限固溶体。组成元素的原子半径、电化学特性相近,晶格类型相同的置换固溶体,才有可能形成无限固溶体。而间隙固溶体由于间隙有限,只能形成有限固溶体。

④固溶体的性能

随溶质质量分数增加,固溶体的强度、硬度升高,塑性、韧性下降,这种现象称为固溶强化。如铜中加入1%的镍形成单相固溶体后,其抗拉强度(R_m)由220 MPa提高到390 MPa,硬度由40HBW提高到70HBW,断面收缩率(Z)由70%降到50%。产生固溶强化的原因是溶质原子(间隙原子或置换原子)使溶剂晶格发生畸变及对位错的钉扎作用(溶质原子在位错附近偏聚)阻碍了位错运动。与纯金属相比,固溶体的强度、硬度高,塑性、韧性低,但与金属化合物相比,其硬度要低得多,而塑性、韧性要高得多。

(2)金属化合物

合金的晶体结构与组成元素的晶体结构均不相同的固相称为金属化合物。金属化合物具有较高的熔点、硬度和较大的脆性,并可用分子式表示其组成。金属化合物也是合金的重要组成相。当合金中出现金属化合物时,其强度、硬度和耐磨性提高,但塑性下降。

根据形成条件及结构特点,金属化合物主要分为以下几类:

①正常价化合物

符合正常的原子价规律的化合物称为正常价化合物,通常由金属元素与元素周期表中ⅣA、ⅤA、ⅥA族元素组成,如Mg_2Si、Mg_2Pb、MnS等。

②电子化合物

符合电子浓度规律的化合物称为电子化合物。电子浓度是指金属化合物中的价电子数目与原子数目的比值。电子化合物多由ⅠB族或过渡金属与ⅡB、ⅢA、ⅣA、ⅤA族元素组成,其晶体结构与电子浓度有一定的对应关系,见表2-3。

表 2-3　合金中常见的电子化合物

合金	体心立方晶格	复杂立方晶格	密排六方晶格
Cu-Zn	CuZn	Cu_5Zn_8	$CuZn_3$
Cu-Sn	CuSn	$Cu_{31}Sn_8$	Cu_3Sn
Cu-Al	Cu_3Al	Cu_9Al_4	Cu_5Al_3
Cu-Si	Cu_5Si	$Cu_{31}Si_8$	Cu_3Si
电子浓度	21/14(β 相)	21/13(γ 相)	21/12(ε 相)

③间隙化合物

间隙化合物是由过渡金属元素与碳、氮、氢、硼等原子半径较小的非金属元素形成的化合物。根据结构特点,间隙化合物分为间隙相和具有复杂结构的间隙化合物。

a.间隙相

当非金属原子半径与金属原子半径的比值小于等于 0.59 时,形成具有简单晶格结构的间隙化合物,称为间隙相。部分碳化物及所有氮化物属于间隙相,见表 2-4。其中,VC 的结构如图 2-21(a)所示。间隙相具有金属特征和极高的硬度及熔点(表 2-5),非常稳定。

表 2-4　间隙相的化学式与晶格类型

化学式	钢中可能遇到的间隙相	晶格类型	化学式	钢中可能遇到的间隙相	晶格类型
M_4X	Fe_4N、Nb_4C、Mn_4C	面心立方	MX	TiN、ZrN、VN	体心立方
M_2X	Fe_2N、Cr_2N、W_2C、Mo_2C	密排六方	MX	MoN、CrN、WC	简单六方
MX	TaC、TiC、ZrC、VC	面心立方	MX_2	VC_2、CeC_2、ZrH_2、TiH_2、LaC_2	面心立方

表 2-5　钢中常见碳化物的硬度及熔点

类型	化学式	硬度(HV)	熔点/℃	类型	化学式	硬度(HV)	熔点/℃
间隙相	TiC	2 850	3 080	间隙相	WC	1 730	2 785±5
	ZrC	2 840	3 472±20		MoC	1 480	2 527
	VC	2 010	2 650	具有复杂结构的间隙化合物	$Cr_{23}C_6$	1 650	1 577
	NbC	2 050	3 608±50		Fe_3C	～800	1 227
	TaC	1 550	3 983				

b.具有复杂结构的间隙化合物

当非金属原子半径与金属原子半径的比值大于 0.59 时,形成具有复杂结构的间隙化合物。部分碳化物及所有硼化物属于这一类间隙化合物,如 Fe_3C、$Cr_{23}C_6$、FeB、Fe_4W_2C 等。其中,Fe_3C 称为渗碳体,是碳钢中的重要组成相,具有复杂斜方晶格[图 2-21(b)]。

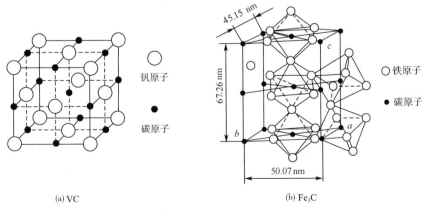

(a) VC　　　　　　　　　(b) Fe_3C

图 2-21　间隙化合物的晶体结构

金属化合物也可溶入其他元素原子,形成以化合物为基的固溶体。如渗碳体中溶入 Mn、Cr 等合金元素所形成的$(Fe,Mn)_3C$、$(Fe,Cr)_3C$ 等化合物,称为合金渗碳体。

2.3.2　非晶态结构

非晶态金属具有独特的力学性能和物理、化学性能,因而对它的研究也越来越受到重视。非晶态金属的结构与液态金属的结构相似,原子排列没有长程的周期性。在非晶态金属中,没有晶界、位错等晶态金属所特有的晶体缺陷。

1. 描述方法

与晶态结构相比,非晶态结构是一种无序结构,但原子排列不像气体那样完全没有规则,而是存在短程有序。目前通用的描述非晶态结构的方法是统计方法,即在非晶态材料中以任一原子为中心,在和它相距为 $r+dr$ 的球壳中发现另一个原子的概率为

$$\frac{N}{V}g(r)\cdot 4\pi r^2 dr$$

式中:$\frac{N}{V}g(r)\cdot 4\pi r^2$ 为径向分布函数$\left(\frac{N}{V}$为单位体积中的原子数,$g(r)$为双体相关函数$\right)$。

径向分布函数或双体相关函数可以在一定程度上反映非晶态结构的统计性质,但它给出的仅是有关结构的一维信息,不能给出结构的具体细节。比较气态、非晶态和晶态的双体相关函数可以看出,非晶态与液态非常接近,存在一定程度的短程有序,而与气态和晶态则差别显著。

2. 模型

关于非晶态结构细节的研究,公认的模型是硬球无规密堆模型。该模型把原子假设为不可压缩的硬球,均匀、连续、无规则地堆积,结构中没有容纳另一硬球的空间,如图 2-22 所示。这种模型的计算结果与实测结果有的符合较好,有的不很相符。

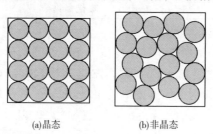

(a)晶态　　　　　　(b)非晶态

图 2-22　晶态与非晶态原子排列的二维模型

2.4　陶瓷材料的结构

陶瓷材料是利用氧化物、碳化物、氮化物、硼化物等原料经坯料制备、成型和烧结工艺加工而成的。陶瓷材料的结合键为离子键、共价键或离子键与共价键的混合键,形成离子键或共价键主要取决于两原子电负性的大小。陶瓷材料中的基本相及其结构要比金属复杂得多,它通常由三种不同的相组成,即晶体相、玻璃相和气相。

2.4.1　晶体相

　　晶体相是陶瓷材料中的主要组成相,陶瓷材料的物理、化学性质主要由晶体相决定。陶瓷材料中晶体的类型及其复杂程度都超过金属晶体。大多数陶瓷材料是由离子键构成的离子晶体或由共价键构成的共价晶体。离子晶体的配位数取决于离子半径的大小(表 2-6),共价晶体的配位数符合 $8-N$(N 为族数)规则。

表 2-6　离子晶体的配位数与离子半径比

正离子配位数	阳离子-阴离子半径比	间隙位置	示意图	正离子配位数	阳离子-阴离子半径比	间隙位置	示意图
2	<0.155	线性		6	0.414~0.732	八面体间隙	
3	0.155~0.225	三角形间隙					
4	0.225~0.414	四面体间隙		8	0.732~1.0	立方体间隙	

1.硅酸盐的晶体结构

　　硅酸盐是普通陶瓷的主要成分,其晶体结构比较复杂。硅酸盐晶体的主体是硅氧四面体(SiO_4),如图 2-23 所示。按照硅氧四面体在结构中的结合排列方式不同,可构成岛状、链状、层状和 3D 骨架状等不同形式的硅酸盐晶体结构,部分结构如图 2-24 所示。

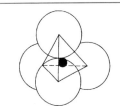

图 2-23　硅氧四面体结构模型
(黑球为 Si,白球为 O)

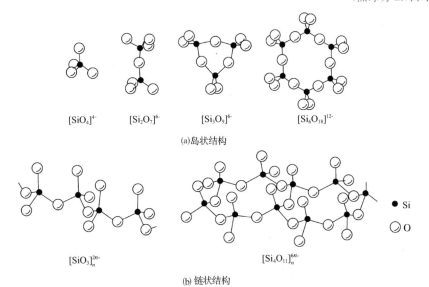

$[SiO_4]^{4-}$　　$[Si_2O_7]^{6-}$　　$[Si_3O_9]^{6-}$　　$[Si_6O_{18}]^{12-}$

(a)岛状结构

$[SiO_3]_n^{2n-}$　　　　　　$[Si_4O_{11}]_n^{6n-}$

• Si
○ O

(b) 链状结构

图 2-24　硅酸盐的部分晶体结构

2.氧化物的晶体结构

　　氧化物、碳化物、氮化物、硼化物等化合物的晶体结构比较简单,陶瓷中常见氧化物的晶体结构见表 2-7。其他化合物的结构在后面有关章节中介绍。

表 2-7　陶瓷中常见氧化物的晶体结构

结构类型	晶体结构	主要化合物	结构类型	晶体结构	主要化合物
AO 型	面心立方	碱金属卤化物（NaCl）碱土金属氧化物（MgO、BaO、CaO）	A_2O_3 型	菱形晶系	α-Al_2O_3（刚玉）
AO_2 型	面心立方简单四方	CaF_2（萤石）、ThO_2、UO_2 等TiO_2（金红石）、SiO_2（石英）等	ABO_3 型	简单立方菱形晶系	$CaTiO_3$、$BaTiO_3$ 等$FeTiO_3$、$LiNbO_3$ 等
			AB_2O_4 型	面心立方	$MgAl_2O_4$（尖晶石）等 100 多种

晶体相中的晶粒大小对陶瓷材料的性能影响很大，晶粒越细，晶界总面积越大，裂纹越不容易扩展，材料的强度越高。这一点与金属材料很相似。

2.4.2　玻璃相

玻璃相是非晶态结构的低熔点固体，其作用是充填晶粒间隙，黏结晶粒，提高材料致密程度，降低烧结温度和抑制晶粒长大。但玻璃相的强度低，绝缘性及热稳定性差。工业陶瓷中玻璃相的比例一般控制在 20%～40%。

陶瓷坯体在烧结过程中，由于复杂的物理化学反应，产生含有复杂聚合体的熔体，如含有复杂硅氧阴离子团的硅酸盐熔体，这种熔体黏度很大，冷却时不利于晶体形核长大，从而转变为玻璃体。图 2-25 为石英的玻璃体与晶体的二维结构。可以看出，玻璃体的结构是由硅氧四面体组成的不规则空间网。由熔体转变为玻璃体的温度称为玻璃化温度（T_g）。玻璃体加热时黏度下降，加热到某一温度时发生显著软化，这一温度称为软化温度（T_f）。陶瓷的成型加工通常在 T_f 以上进行。

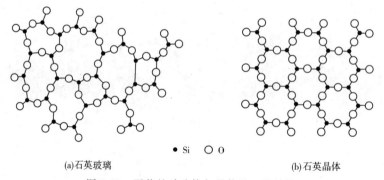

● Si　○ O

(a)石英玻璃　　　　　　　　　　(b)石英晶体

图 2-25　石英的玻璃体与晶体的二维结构

2.4.3　气　相

气相是由原料和工艺等因素造成的，在陶瓷中形成气孔。气孔往往会成为裂纹源，使陶瓷的强度降低。因此，除多孔陶瓷（如过滤陶瓷）外，应尽量降低材料的气孔率。通常，普通陶瓷的气孔率为 5%～10%，特种陶瓷的气孔率为 5% 以下。

2.5　高分子材料的结构

高分子材料是以高分子化合物为主要组元的材料。高分子化合物是指相对分子质量大

于 10^4 的有机化合物(碳氢化合物),常称为聚合物或高聚物。

2.5.1　高分子化合物的组成

高分子化合物的相对分子质量虽然很大,但其组成一般都比较简单,是由简单的结构单元重复连接而成。例如,由乙烯合成聚乙烯:

$$nCH_2\!=\!CH_2 \longrightarrow \left[CH_2\!-\!CH_2\right]_n$$

组成聚合物的低分子化合物(如乙烯、氯乙烯)称为单体。聚合物的分子为很长的链条,称为大分子链。大分子链中重复的结构单元(如聚乙烯中的 $\left[CH_2\!-\!CH_2\right]$)称为链节。一条大分子链中的链节数目称为聚合度(如上式中的 n)。大分子链也可以由几种单体聚合而成,而高分子材料则是由大量的大分子链聚集而成。高分子材料中每个大分子链内原子之间的结合键为共价键,大分子链之间的结合键为分子键。

2.5.2　大分子链的结构

1. 大分子链的链节排列形式

任何大分子链都是由单体按一定的方式连接而成的。对称的单体其主链的连接方式只有一种;不对称单体或多种单体聚合物的主链排列方式有多种,如 $CH_2\!=\!CH\!-\!Cl$ 可以是头—尾—头—尾……排列,也可以是头—尾—尾—头—头—尾……排列。

取代大分子中氢原子的那些其他元素原子或原子团称为取代基。取代基可在主链的同侧分布(称全同立构)、两侧相间分布(称间同立构)或不规则分布(称无规立构),这种现象称为立体异构,如图 2-26 所示。

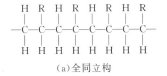

(a)全同立构　　　　　　　(b)间同立构　　　　　　　(c)无规立构

图 2-26　乙烯聚合物的立体异构

2. 大分子链的柔顺性

大分子链的主链都是通过共价键连接起来的,它有一定的键长和键角。如 C—C 键的键长为 0.154 nm,键角为 $109°28'$。在保持键长和键角不变的情况下单键可以任意旋转,这就是单键的内旋转,如图 2-27 所示。

大分子链中有很多单键,这些单键都可以做内旋转,因而使大分子链卷曲成各种形状,并对外力有很大的适应性,这种特性称为大分子链的柔顺性。大分子链的柔顺性与单键内旋转的难易程度有关。取代基的相互作用、相邻键的牵制都影响内旋转,从而影响大分子链的柔顺性。

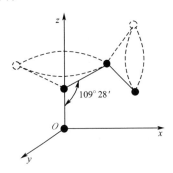

图 2-27　C—C 键的内旋转

3. 大分子链的形状

按照大分子链的几何形状,可将高分子化合物分为线型结构、支链型结构和体型结构三类,如图 2-28 所示。

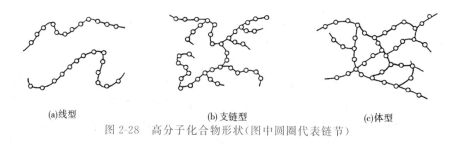

(a)线型　　　　　　　　(b) 支链型　　　　　　　(c)体型

图 2-28　高分子化合物形状(图中圆圈代表链节)

线型结构大分子为卷曲成线团状的长链,这种结构的高聚物弹性、塑性好,硬度低,是热塑性材料,如聚乙烯、聚氯乙烯、尼龙等。支链型结构大分子的主链上带有支链,其性能和加工都接近于线型结构大分子。体型结构大分子的分子链之间有许多链节互相交连,构成网状,交连程度低时,弹性较好,如橡胶;交连程度高时,硬度高,脆性大,无弹性和塑性,是热固性材料,如环氧树脂等。

2.5.3　高分子的聚集态结构

固态高分子聚合物分为晶态和非晶态两大类。晶态为分子链排列规则的部分,而排列不规则的部分为非晶态。大分子链全部规则排列是很困难的,因此高聚物中存在晶区和非晶区,一个大分子链可以穿过几个晶区和非晶区,如图 2-29 所示。

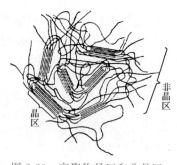

图 2-29　高聚物晶区和非晶区

高聚物中晶区所占的质量(或体积)分数称为结晶度,一般结晶型高聚物如尼龙、聚乙烯等,其结晶度为 $50\%\sim95\%$。晶区的分子呈紧密聚集状态,分子间作用力大,因而熔点、密度、强度、硬度、刚性、耐热性、化学稳定性提高,而与链的运动有关的性能如塑性、冲击强度下降。

2.6　扩　散

将墨水滴入水中,墨水逐渐分散,这种由浓度梯度和热运动引起的原子定向运动称为扩散。在固体中这种热运动同样存在,并且是物质传输的唯一方式,但由于扩散速度缓慢,不易察觉。固态金属中的扩散是金属固态转变的重要机制之一,也是金属固态加工的重要理论基础。

2.6.1　扩散的宏观规律

1. 菲克第一定律

将两种不同金属焊接到一起时,一般情况下,每一种金属的原子都会向另外一种金属中扩散。Cu-Ni 扩散偶在扩散前后原子位置如图 2-30 所示。

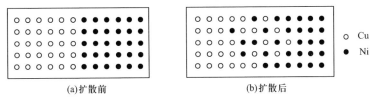

(a)扩散前　　　　　　　　　　　(b)扩散后

图 2-30　Cu-Ni 扩散偶在扩散前后原子位置

菲克早在 1855 年就指出,在稳态扩散条件下,单位时间内通过垂直于扩散方向的单位截面积的扩散物质流量(称为扩散通量,用符号 J 表示,单位:$g \cdot cm^{-2} \cdot s^{-1}$),与该截面处的浓度梯度成正比。这个规律称为菲克第一定律,其数学表达式称为扩散第一方程,即

$$J = -D \frac{dC}{dx}$$

式中:x 为沿扩散方向的距离;C 为扩散物质的体积浓度,即单位体积中扩散物质的质量,$g \cdot cm^{-3}$;D 为扩散系数,$cm^2 \cdot s^{-1}$;负号表示扩散方向与浓度正梯度方向相反。

2. 菲克第二定律

实际上,大多数扩散过程是非稳态扩散,在扩散过程中,扩散物质的浓度是随时间变化的。为此菲克给出了扩散第二方程:

$$\frac{\partial C}{\partial t} = \frac{\partial}{\partial x}\left(D \frac{\partial C}{\partial x}\right)$$

当 D 为常数时,则

$$\frac{\partial C}{\partial t} = D \frac{\partial^2 C}{\partial x^2}$$

如给定边界条件,就可以对该偏微分方程进行求解。

对于表面浓度恒定的半无限长棒(如渗碳)的扩散,其初始条件:$t=0$ 时,$C=C_0$。边界条件:$x=0$ 时,$C=C_s$;$x=\infty$ 时,$C=C_0$。此时扩散第二方程的解为

$$\frac{C_s - C_x}{C_s - C_0} = \mathrm{erf}\left(\frac{x}{2\sqrt{Dt}}\right)$$

式中:C_s 为表面的恒定浓度;C_0 为棒的原始浓度;C_x 为距表面 x 处的浓度;$\mathrm{erf}\left(\dfrac{x}{2\sqrt{Dt}}\right)$ 为高斯误差函数,可以从表 2-8 查得。

表 2-8　高斯误差函数表

z	erf(z)	z	erf(z)	z	erf(z)	z	erf(z)
0	0	0.40	0.428 4	0.85	0.770 7	1.6	0.976 3
0.025	0.028 2	0.45	0.475 5	0.90	0.797 0	1.7	0.983 8
0.05	0.056 4	0.50	0.520 5	0.95	0.820 9	1.8	0.989 1
0.10	0.112 5	0.55	0.563 3	1.0	0.842 7	1.9	0.992 8
0.15	0.168 0	0.60	0.603 9	1.1	0.880 2	2.0	0.995 3
0.20	0.222 7	0.65	0.642 0	1.2	0.910 3	2.2	0.998 1
0.25	0.276 3	0.70	0.677 8	1.3	0.934 0	2.4	0.999 3
0.30	0.328 6	0.75	0.711 2	1.4	0.952 3	2.6	0.999 8
0.35	0.379 4	0.80	0.742 1	1.5	0.966 1	2.8	0.999 9

如果在扩散过程中扩散物质的量 M 保持不变,则可使用扩散第二方程的高斯解(又称薄膜解):

$$C_x = \frac{M}{\sqrt{\pi D t}} \exp\left(-\frac{x^2}{4Dt}\right)$$

2.6.2　扩散的机制

1. 空位扩散

晶体中总是存在着一定平衡浓度的空位。空位扩散是扩散原子通过与相邻空位交换位置进行迁移的,如图 2-31(a)所示。纯金属中的自扩散和置换固溶体中溶剂、溶质原子的迁移都是通过空位扩散机制实现的。

2. 间隙扩散

间隙扩散是位于晶格间隙中的原子跃迁到相邻间隙位置所引起的扩散,如图 2-31(b)所示。原子半径小的间隙原子,如碳原子、氮原子、氢原子、氧原子等在间隙固溶体中的扩散就是以这种机制进行的。在多数合金中,间隙扩散比空位扩散要快得多。

3. 其他扩散机制

除了上述两个主要的扩散机制外,位错中心和晶界也是扩散的良好通道。

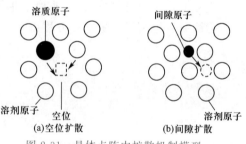

图 2-31　晶体点阵中扩散机制模型

2.6.3　影响扩散的因素

在扩散过程中,扩散系数 D 是一个非常重要的参数,它反映了一定条件下原子运动的能力。根据统计物理理论,扩散系数可表示为

$$D = D_0 \exp\left(-\frac{Q}{RT}\right)$$

式中:R 为气体常数,J·mol^{-1}·K^{-1};T 为绝对温度,K;Q 为扩散激活能,J·mol^{-1};D_0 为与晶体结构有关的参数,m^2·s^{-1}。

几种扩散系统的扩散数据见表 2-9。

表 2-9　几种扩散系统的扩散数据

扩散组元	基体金属	D_0 /(m²/s)	Q /(kJ/mol)	计算值 T/K	计算值 D/(m²·s⁻¹)	扩散组元	基体金属	D_0 /(m²/s)	Q /(kJ/mol)	计算值 T/K	计算值 D/(m²·s⁻¹)
Fe	α-Fe	2.8×10^{-4}	251	773	3.0×10^{-21}	C	α-Fe	6.2×10^{-7}	80	773	2.4×10^{-12}
				1 173	1.8×10^{-15}					1 173	1.7×10^{-10}
Fe	γ-Fe	5.0×10^{-5}	284	1 173	1.1×10^{-17}	C	γ-Fe	2.3×10^{-5}	148	1 173	5.9×10^{-12}
				1 373	7.8×10^{-16}					1 373	5.3×10^{-11}
Cu	Cu	7.8×10^{-5}	211	773	4.2×10^{-19}	Cu	Al	6.5×10^{-5}	136	773	4.1×10^{-14}
Zn	Cu	2.4×10^{-5}	189	773	4.0×10^{-18}	Mg	Al	1.2×10^{-4}	131	773	1.9×10^{-13}
Al	Al	2.3×10^{-4}	144	773	4.2×10^{-14}	Cu	Ni	2.7×10^{-5}	256	773	1.3×10^{-22}

影响扩散的因素主要有如下几种：

（1）温度

温度越高,扩散系数越大,扩散速度就越快。

（2）晶体结构

一般来说,晶体结构越致密,扩散越困难。但是还要考虑溶解度因素,溶解度越大,可以形成的浓度梯度越大,扩散的驱动力就越大,扩散速度越快。间隙原子的扩散比置换原子的扩散速度快。

（3）晶体缺陷

晶体缺陷浓度越高,扩散速度越快。

（4）外场

当存在外加的电场、应力场或磁场时,外加电场、应力场或磁场与扩散组元的作用不同,对扩散的影响也不同,有时甚至会发生所谓的"上坡扩散",即由浓度低的部位向浓度高的部位扩散。

（5）其他因素

扩散的快慢还和扩散组元与体系中其他组元的交互作用有关,当体系中存在与扩散组元电负性差异很大的元素时,它们趋于形成化合物,从而阻碍进一步扩散。

2.7　材料的结构表征

材料的结构由于涉及原子尺度,需要借助仪器才能确定。用于检测材料结构的方法有很多种,如 X 射线衍射、电子显微分析、扫描隧道显微分析、原子力显微分析、红外光谱等方法。在实际的材料研究中,通常将几种方法结合,可以起到互相补充、互相验证的作用,从而得到更加全面准确的结构表征结果。

2.7.1　金属材料的结构表征

对于金属材料的结构表征,X 射线衍射和电子显微分析方法应用最为广泛。其中 X 射线衍射对科学发展有着重要意义,占有不可替代的地位,它使得晶体结构和分子构型的测定从推断转为测量。用高能电子束轰击金属靶材产生 X 射线,它具有与靶中元素相对应的特定波长,称为特征 X 射线。如 Cu 靶对应的 X 射线的波长为 0.154 056 nm。由于晶体结构尺度与 X 射线波长相当,一束 X 射线照射到物体上时,受到物体中原子的散射,每个原子都产生散射波,这些波相互干涉,产生衍射。衍射波叠加的结果使射线的强度在某些方向加强,在其他方向减弱。分析采集到的衍射花样,便可确定晶体结构。1913 年,英国物理学家布拉格父子提出了作为晶体衍射基础的著名公式——布拉格方程:

$$2d \sin \theta = n\lambda$$

布拉格方程简洁直观地表达了衍射所必须满足的条件。如图 2-32 所示,当 X 射线以掠射角 θ 入射到某一晶格间距为 d 的晶面上时,在符合布拉格方程的条件下,将在反射方向上得到因叠加而加强的衍射线。当 X 射线波长 λ 已知时(选用固定波长的特征 X 射线),采用粉末或多晶体样品,可以在大量任意取向的晶体中,从每一个 θ 角符合布拉格方程的反射面得到反射,利用布拉格方程即可确定点阵晶面间距、晶胞大小和类型,根据衍射线强度,还可以进一步确定晶胞内原子的排布。

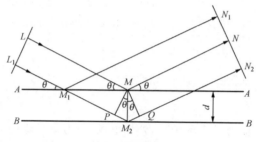

图 2-32 布拉格方程

对于晶体材料,当待测晶体与入射束成不同角度时,那些满足布拉格方程的晶面就会被检测出来,体现在 X 射线衍射图中就是具有不同衍射强度的峰。图 2-33(a)为体心立方结构的 β-Ti 固溶体合金的 X 射线衍射图。对于非晶体材料,由于其结构不存在晶体结构中原子排列的长程有序,只是在几个原子范围内短程有序,因此非晶体材料的 X 射线衍射图为漫散射峰,其典型衍射图如图 2-33(b)所示。

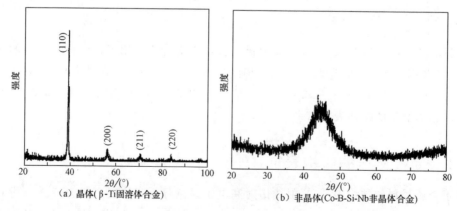

图 2-33 晶体和非晶体合金的 X 射线衍射图

然而,由于 X 射线衍射不能直接观察样品形貌,因此无法把形貌观察与晶体结构分析微观同位地结合起来。同时,由于 X 射线聚焦困难,所能分析样品的最小区域在毫米级,因此对微米级和纳米级的微观区域进行单独选择性分析也是无能为力的。

　　电子显微分析是用高能电子束作为光源,用磁场作为透镜进行高分辨率和高放大倍数电子光学分析的方法。这种方法可以在观察样品微观组织形态的同时,对所观察区域的晶体结构、成分进行同位分析。在各种电子显微分析方法和设备中,透射电子显微分析方法和透射电子显微镜(TEM)功能最全面,其分辨率可达 10^{-1} nm,放大倍数可达 10^{6} 倍。应用透射电子显微镜,不仅可以得到衍射花样,还可以得到原子尺度的高分辨图像,如图 2-34 所示。将衍射花样和高分辨图像结合,可以更加全面地分析材料的结构。

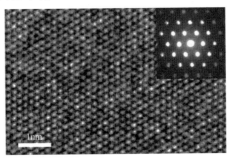

图 2-34　低碳钢[111]取向的高分辨图像和电子衍射花样

2.7.2　陶瓷材料的结构表征

　　对于陶瓷材料的结构表征,X 射线衍射和电子显微分析是最重要、应用最广泛的方法。由于氮、氧、硼等非金属元素的存在,与金属材料相比,陶瓷材料的结构较为复杂,表征难度较大。经常需要将多种结构和成分表征方法结合分析。同时,陶瓷材料通常硬度大而塑性低,如果进行透射电子显微镜表征,在样品制备方面对实验技能的要求较高。

2.7.3　高分子材料的结构表征

　　X 射线衍射和电子显微分析也可以用于高分子材料的结构表征。然而对于高分子材料而言,检测其组成和结构的最重要方法是红外光谱法和拉曼光谱法。红外光谱法已经广泛用来鉴别高聚物,定量分析化学成分,并用来确定构型、构象、支链、取代基和结晶度。此外,高聚物材料中的添加剂、残留单体、填料的鉴定都可以用红外光谱法完成。图 2-35 所示为聚乙烯的红外光谱,2 921 cm^{-1} 和 2 851 cm^{-1} 的强吸收峰分别属于 CH$_2$ 中 C—H 键反对称伸缩振动和对称伸缩振动;1 465 cm^{-1} 的吸收峰属于 CH$_2$ 中 C—H 键面内变角振动;1 372 cm^{-1} 和 722 cm^{-1} 的吸收峰分别属于 CH$_2$ 中 C—H 键面外摇摆振动和面内摇摆振动,以上各处吸收峰的归属证明所得产物为聚乙烯。

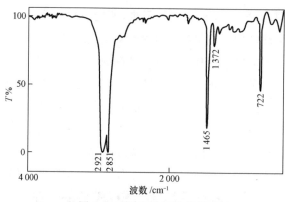

图 2-35　聚乙烯红外光谱

　　拉曼光谱产生的原理和机制都与红外光谱不同,但两者提供的结构信息却是类似的,都是关于分子内部各种简正振动频率及有关振动能级的情况,从而可以用来鉴定分子中存在的官能团。分子偶极矩变化是红外光谱产生的原因,而拉曼光谱是分子极化率变化诱导产生的,它的谱线强度取决于相应的简正振动过程中极化率变化的大小。在分子结构分析中,拉曼光谱和红外光谱是相互补充的。图 2-36 所示为聚乙烯的拉曼光谱。从波谱得知,1 059 cm^{-1} 和 1 125 cm^{-1} 的振动峰分别属于 C—C 键非对称伸缩振动和对称伸缩振动;1 289 cm^{-1} 的振动峰属于 C—H 键摇摆振动;1 429 cm^{-1} 的振动峰属于 C—H 键非对称弯曲振动。

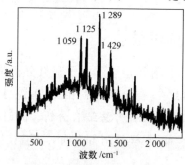

图 2-36　聚乙烯拉曼光谱

扩展读物

ZHANG S, LI L, KUMAR A. 材料分析技术[M]. 刘东平,王丽梅,牛金海,等,译. 北京:科学出版社,2010.

思 考 题

2-1　从原子结构上说明晶体与非晶体的区别。

2-2　立方晶系中指数相同的晶面和晶向有什么关系?

2-3　求密排六方晶格的致密度。

2-4　合金一定是单相的吗?固溶体一定是单相的吗?

2-5　从原子结合的观点来看,金属、陶瓷和高分子材料有何主要区别?在性能上各有何表现?

第3章

材料的平衡凝固及相变

金相学——材料研究从经验到科学

　　钢铁材料的生产和使用虽然已经有 2000 多年的历史,但是在 19 世纪以前,钢铁的质量完全取决于两个因素:铁矿石的品质和炼铁师傅的经验。直到 1850 年,受 1665 年以来光学显微镜在生物学领域对细胞研究的影响,英国矿物学家 H. C. Sorby 首次用光学显微镜研究岩石,并建立了岩相学,标志着人类对材料微观研究的开始。H. C. Sorby 由此被推举为英国地质学会、矿物学会、显微镜学会的主席。1863 年,他用 560 倍的光学显微镜观察经抛光和蚀刻的锻铁显微组织,并给予了细致的描述。他研究了不同成分的钢的微观组织,以及同样成分的钢在不同处理后的显微组织,并把这些组织的不同与材料的性能联系起来,建立了金相学,提出材料的力学性能与微观组织具有密切关联。金属的微观组织类似于生物的细胞,金相学的出现是材料研究从经验到科学的分水岭。随着技术的发展,现代金相学对材料的形态观察已经从放大几倍、几十倍发展到放大几十万倍,尺度上涵盖了从宏观缺陷直到原子排布的极大范围。结合物理学、化学以及分析仪器的发展,金相学已经发展为揭示材料的性能与成分、组织结构和加工工艺之间关系的一门学科——材料科学与工程,包含了金属材料、无机材料、有机材料以及三种材料相互组合而形成的复合材料。

　　物质从液态到固态的转变过程称为凝固。除天然材料外,大多数工程材料和构件的生产都要经过熔化、浇注成型及冷却,以及一系列其他工艺过程,如锻造、机械加工、热处理等。在这些工艺过程中,凝固是第一步,也是决定材料最终性能好坏的基础。

　　材料的凝固分为两种类型:一种是形成晶体,称为结晶,结晶过程的突出特点是材料的性能发生突变;另一种是形成非晶体,非晶体材料在凝固过程中逐渐变硬。金属材料在正常条件下通常以结晶的形式凝固,因此金属材料的凝固过程通常指结晶过程。结晶是由一种相(液相)转变为另一种相(固相)的过程,因而是相变过程。

3.1　纯金属的结晶

　　纯金属的结晶与水结冰类似,都需要一定的热力学条件,结晶过程都是晶核形成和晶核长大的过程。

3.1.1 结晶的热力学条件

热力学定律指出,在等压条件下,一切自发过程都是朝着系统自由能(即能够对外做功的那部分能量)降低的方向进行。同一物质的液体和晶体自由能-温度曲线如图 3-1 所示。可以看出,无论是液体还是晶体,其自由能均随温度升高而降低,并且液体自由能下降的速度更快。两条自由能曲线的交点温度 T_0 称为理论结晶温度。在该温度下,液体和晶体处于热力学平衡状态。即由液体转变为晶体的原子数与由晶体转变为液体的原子数是相等的。可见在理论结晶温度下结晶是难以进行的。在 T_0 以下,晶体的自由能较低,因而物质处于晶体状态稳定;在 T_0 以上,则物质处于液体状态稳定。可见,结晶只有在理论结晶温度 T_0 以下才能发生,这种现象称为过冷。结晶的驱动力是在低于 T_0 的实际结晶温度(T_1)下,晶体与液体的自由能差 ΔG。也就是说,只有当 $\Delta G = G_S - G_L < 0$ 时,结晶才能发生。$\Delta G < 0$ 是液态金属结晶的热力学条件。

理论结晶温度(T_0)与实际结晶温度(T_1)的差值称为过冷度(ΔT),即 $\Delta T = T_0 - T_1$。过冷度与冷却速度有关,一般的规律是冷却速度越大,过冷度越大。而过冷度越大,自由能差 ΔG 的绝对值越大,结晶越容易进行。

图 3-2 是通过实验测定的液态金属冷却时温度和时间的关系曲线,称为冷却曲线。由于结晶时放出结晶潜热,曲线上出现了水平线段。由图 3-2 可以看出,结晶是在理论结晶温度 T_0 以下(即实际结晶温度 T_1 下)进行的,纯金属的结晶是一个恒温过程,结晶过程与冷却曲线上的水平线段相对应。

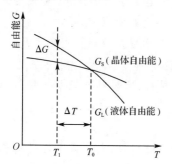

图 3-1 液体和晶体的自由能-温度曲线

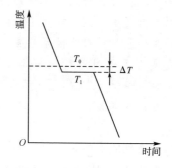

图 3-2 液态金属的冷却曲线

3.1.2 结晶的过程

1. 结晶的基本过程

任何一种物质其液体的结晶过程都是由晶核形成和晶核长大两个基本过程组成的,纯金属的结晶过程也不例外。

如图 3-3 所示,液态金属的结构介于气体(短程无序)和晶体(长程有序)之间。因此,在液态金属中存在许多有序排列的小原子团,这些小原子团或大或小,时聚时散,称为晶胚。在 T_0 以上,由于液体自由能低,这些晶胚不可能长

液相原子模型

大,而当液态金属冷却到 T_0 以下后,便处于热力学不稳定状态,经过一段时间(称为孕育期),那些达到一定尺寸的晶胚就开始长大,这些能够继续长大的晶胚称为晶核。晶核形成后,便向各个方向不断长大。在这些晶核长大的同时,又有新的晶核产生。就这样不断形核,不断长大,直到液体完全消失为止。每一个晶核最终长成为一个晶粒,两晶粒接触后便形成晶界。纯金属的结晶过程如图 3-4 所示。

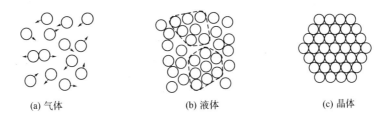

(a) 气体　　　　　　(b) 液体　　　　　　(c) 晶体

图 3-3　气体、液体和晶体结构

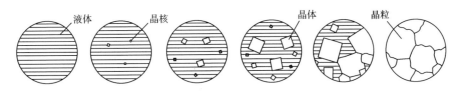

图 3-4　纯金属的结晶过程

2. 晶核的形成方式

晶核的形成方式有两种,即自发形核和非自发形核。在结晶过程中,如果晶核完全由液体中瞬时短程有序的原子团形成,则为自发形核,又称均匀形核。如果是依靠液体中存在的固体杂质或容器壁形核,则为非自发形核,又称非均匀形核。当过冷液体(处于 T_0 以下未发生结晶的液体)中形成晶胚时,一方面体系的体积自由能要降低;另一方面,由于晶胚产生了新界面,增加了界面自由能。体系自由能总的变化 $\Delta G_{总}$ 是上述两项能量之和。计算表明,$\Delta G_{总}$ 随晶胚半径 r 的增加而存在极大值 ΔG^*,如图 3-5 所示,该

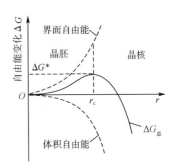

图 3-5　晶核半径与 ΔG 的关系

极大值即为形核时需克服的能垒,极大值所对应的 r 即为临界晶核半径 r_c。只有 $r > r_c$ 的晶胚才可成为晶核,此时,随晶核长大,$\Delta G_{总}$ 下降。非自发形核所需要克服的能垒要比自发形核小得多。在实际结晶过程中,自发形核和非自发形核同时存在,但以非自发形核方式发生结晶更为普遍。

3. 晶核的长大方式

晶核的长大方式有两种,即均匀长大和树枝状长大。当过冷度很小时,结晶以均匀长大方式进行,由于自由晶体表面总是能量最低的密排面,因此晶体在结晶过程中保持着规则的外形,只是在晶体互相接触时,规则的外形才被破坏。实际金属结晶时冷却速度较大,因此主要以树枝状长大方式进行,如图 3-6和图 3-7 所示。这是由于晶核棱角处的散热条件好、生长快,先形成枝干,然后

枝晶生长

枝干间被填充。在树枝生长过程中,由于液体流动等因素影响,某些晶枝发生偏斜或折断,因此形成亚结构。

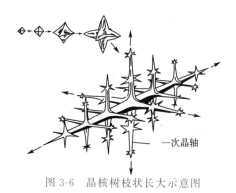

图 3-6　晶核树枝状长大示意图

一次晶轴

图 3-7　树枝状晶体形貌

3.1.3　同素异构转变

有些物质在固态下其晶格类型会随温度变化而发生变化,这种现象称为同素异构转变。通常所说的锡疫即为一种同素异构转变,在 13 ℃下,四方结构的白锡转变为金刚石立方结构的灰锡,如图 3-8 所示。同素异构转变也遵循形核、长大的规律,但它是一个固态下的相变过程,即固态相变。在金属中,除锡之外,铁、锰、钴、钛等也都存在同素异构转变。

1. 铁的同素异构转变

在金属晶体中,铁的同素异构转变最为典型,也是最重要的。纯铁的同素异构转变如图 3-9 所示,可见,纯铁在固态下的冷却过程中有两次晶体结构变化:

$$\delta\text{-Fe} \xrightleftharpoons[]{1\,394\,℃} \gamma\text{-Fe} \xrightleftharpoons[]{912\,℃} \alpha\text{-Fe}$$

δ-Fe、γ-Fe、α-Fe 是铁在不同温度下的同素异构体。其中 δ-Fe 和 α-Fe 都是体心立方晶格,分别存在于 1 394 ℃～熔点及 912 ℃以下;γ-Fe 是面心立方晶格,存在于 912～1 394 ℃。

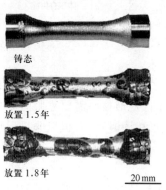

铸态

放置 1.5 年

放置 1.8 年

20 mm

图 3-8　Sn-0.5％Cu 铸态试样在 −18 ℃下
　　　　放置不同时间后的变化(锡疫)

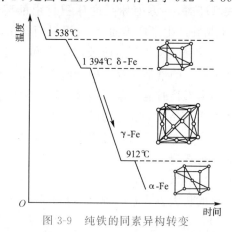

图 3-9　纯铁的同素异构转变

2. 固态转变的特点

固态转变又称二次结晶或重结晶,它有着与结晶不同的特点:

(1)发生固态转变时,形核一般在某些特定部位发生,如晶界、晶内缺陷、特定晶面等。

因为这些部位或与新相结构相近,或原子扩散容易。

(2)由于在固态下扩散困难,因此固态转变的过冷倾向大。固态相变组织通常要比结晶组织细。

(3)固态转变往往伴随着体积变化,因而易产生很大的内应力,使材料发生变形或开裂。

3.2 合金的结晶

合金的结晶过程比纯金属复杂。为研究方便,通常用以温度和成分作为独立变量的相图来分析合金的结晶过程。相图是表示合金系中各合金在极其缓慢的冷却条件下结晶过程的简明图解,又称为状态图或平衡图。合金系是指由两种或两种以上元素按不同比例配制的一系列不同成分的合金。相图中,组成合金的最简单、最基本、能够独立存在的物质称为组元。多数情况下组元是指组成合金的元素,但既不发生分解又不发生任何反应的化合物也可看作组元,如铁-碳合金中的 Fe_3C。

相图表示在缓慢冷却条件下,不同成分合金的组织随温度变化的规律,是制定熔炼、铸造、热加工及热处理工艺的重要依据。根据组元的多少,相图可分为二元相图、三元相图和多元相图,本节只介绍应用最广的二元相图。

3.2.1 二元相图的建立

到目前为止,绝大多数二元相图是以实验数据为依据,在以温度为纵坐标、材料成分为横坐标的坐标系中绘制的。实验方法有很多种,最常用的是热分析法。下面以 Cu-Ni 二元合金为例,简要说明二元相图的建立过程。

首先,配制出不同成分的合金,如 100% Cu,20% Ni + 80% Cu,40% Ni + 60% Cu,60% Ni + 40% Cu,80% Ni + 20% Cu,100% Ni 等,测出它们的冷却曲线,并找出各曲线上的临界点(即结晶的开始温度和终了温度),如图 3-10(a)所示。然后,在温度-成分坐标系中过各合金成分点作成分垂线,将临界点标在成分垂线上。将成分垂线上相同意义的点连接起来,并标上相应的数字和字母,便得到如图 3-10(b)所示的 Cu-Ni 二元合金相图。

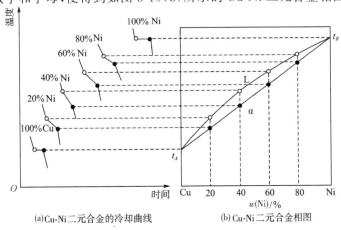

(a)Cu-Ni二元合金的冷却曲线   (b)Cu-Ni二元合金相图

图 3-10 Cu-Ni 二元合金相图建立

相图中,结晶开始点的连线称为液相线,结晶终了点的连线称为固相线。

3.2.2　二元相图的基本类型与分析

二元相图的类型较多,下面只介绍最基本的几种。

1.二元匀晶相图

两组元在液态和固态下均无限互溶时所构成的相图称为二元匀晶相图。匀晶相图是最简单的二元相图,Cu-Ni、Cu-Au、Au-Ag、W-Mo 等合金都具有这类相图。现以 Cu-Ni 二元合金相图为例进行分析。

（1）相图分析

如图 3-11(a)所示,Cu-Ni 二元合金相图由两条曲线构成。上面的一条曲线称为液相线,是加热时合金熔化的终了温度点或冷却时结晶的开始温度点的连线;下面的一条曲线称为固相线,是加热时合金熔化的开始温度点或冷却时结晶的终了温度点的连线。液相线以上的区域称为液相区,在该区域内,合金全部为液体 L。固相线以下的区域称为固相区,在该区域内,合金全部为 α 固溶体。液相线和固相线之间为液相和固相共存的两相区(L+α)。图中的 A 点为 Cu 的熔点(1 083 ℃),B 点为 Ni 的熔点(1 455 ℃)。

（2）合金的结晶过程

除纯组元外,其他成分合金的结晶过程相似,现以图 3-11(a)中合金 I 为例,分析合金的结晶过程。当合金自液态缓冷到液相线上的 t_1 温度时,开始从液相中结晶出成分为 α_1 的固溶体,其 Ni 质量分数高于合金的平均质量分数。这种从液相中结晶出单一固相的转变称为匀晶转变或匀晶反应。随温度下降,α 相质量增大,液相质量减小,同时,液相成分沿着液相线变化,固相成分沿着固相线变化。例如,温度降到 t_2 时,液相成分变化到 l_2,固溶体成分变化到 α_2。成分变化是通过原子扩散完成的。当合金冷却到固相线上的 t_4 温度时,最后一滴 l_4 成分的液体也转变为 α 固溶体,此时固溶体的成分又回到合金成分 α_4 上来。图 3-11(b)为合金 I 结晶时的冷却曲线及组织转变。

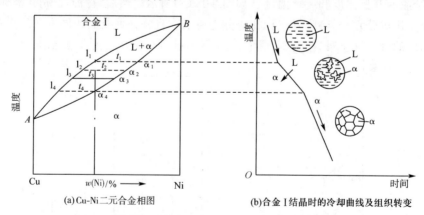

(a)Cu-Ni二元合金相图　　　　(b)合金 I 结晶时的冷却曲线及组织转变

图 3-11　Cu-Ni 二元合金的结晶过程

由此可见,液相线、固相线不仅是相区分界线,也是结晶时两相的成分变化线。还可以看出,匀晶转变是变温转变,在结晶过程中,液固两相的成分随温度变化而变化。在以后所接触的相图中,除水平线和垂线外其他相线都是成分随温度的变化线。

(3)杠杆定律

当合金在某一温度下处于两相区时,由相图不仅可以知道两平衡相的成分,还可以用杠杆定律求出两平衡相的质量分数。现以 Cu-Ni 合金为例推导杠杆定律。

①确定两平衡相的成分

如图 3-12(a)所示,设合金成分为 x,过 x 作成分垂线,在垂线上相当于温度 t_1 的 O 点作水平线,其与液相线、固相线的交点 a、b 所对应的成分 x_1、x_2 分别为液相 L 和固相 α 的成分。

②确定两平衡相的相对质量

设成分为 x 的合金的总质量为 1,液相的相对质量为 Q_L,其成分为 x_1,固相相对质量为 Q_α,其成分为 x_2,则

$$\begin{cases} Q_L + Q_\alpha = 1 \\ Q_L \cdot x_1 + Q_\alpha \cdot x_2 = x \end{cases}$$

解方程组得

$$Q_L = \frac{x_2 - x}{x_2 - x_1}, \quad Q_\alpha = \frac{x - x_1}{x_2 - x_1}$$

式中,$x_2 - x$、$x_2 - x_1$、$x - x_1$ 即为相图中线段 xx_2、x_1x_2、x_1x 的长度。

因此两相的质量分数为

$$Q_L = \frac{xx_2}{x_1x_2} \times 100\%, \quad Q_\alpha = \frac{x_1x}{x_1x_2} \times 100\%$$

两相的相对质量比为

$$\frac{Q_L}{Q_\alpha} = \frac{xx_2}{x_1x} = \frac{Ob}{aO}$$

或

$$Q_L \cdot x_1x = Q_\alpha \cdot xx_2$$

此式与力学中的杠杆定律相似,因此称之为杠杆定律。即合金在某温度下两平衡相的质量比等于该温度下与各自相区距离较远的成分线段之比,如图 3-12(b)所示。在杠杆定律中,杠杆的支点是合金的成分,杠杆的端点是所求两平衡相的成分。

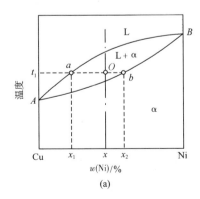

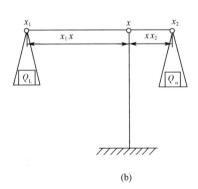

(a)　　　　　　　　　　　　(b)

图 3-12　杠杆定律的证明

需要注意的是,杠杆定律只适用于两相区。单相区中相的成分和质量即合金的成分和质量,没有必要使用杠杆定律。另外,由后面的分析可知,杠杆定律也不适用于三相区。

(4)枝晶偏析

固溶体合金的结晶,只有在充分缓慢冷却的条件下才能得到成分均匀的固溶体组织。在实际生产中,由于冷却速度较快,合金在结晶过程中固相和液相中的原子来不及扩散,使得先结晶出的枝晶轴含有较多的高熔点元素(如 Cu-Ni 合金中的 Ni),而后结晶的枝晶间含有较多的低熔点元素(如 Cu-Ni 合金中的 Cu)。这种在一个枝晶范围内或一个晶粒范围内成分不均匀的现象叫作枝晶偏析。图 3-13 所示为铸造 Cu-30%Ni 合金的枝晶偏析组织,图中白亮色部分是先结晶出的耐蚀且富 Ni 的

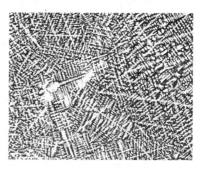

图 3-13　铸造 Cu-30%Ni 合金的
枝晶偏析组织(100×)

枝晶轴,暗黑色部分是最后结晶出的易腐蚀且富 Cu 的枝晶间。

枝晶偏析的大小除了与冷却速度有关以外,还与给定成分合金的液相线和固相线的间距有关。一般而言,冷却速度越大,液相线和固相线的间距越大,枝晶偏析越严重。枝晶偏析会影响合金的性能,如力学性能、耐腐蚀性能及加工性能等。生产上常通过将铸件加热到固相线以下 100～200 ℃并长时间保温来消除枝晶偏析,这种热处理工艺称为均匀化退火。通过均匀化退火可使原子充分扩散,使成分均匀。

2. 二元共晶相图

两组元在液态下完全互溶,在固态下有限互溶,并发生共晶反应时所构成的相图称为共晶相图。Pb-Sn、Pb-Sb、Al-Si、Ag-Cu 等合金都具有这类相图。下面以 Pb-Sn 合金相图为例进行分析。

(1)相图分析

图 3-14 为一般共晶型的 Pb-Sn 合金相图。其中,AEB 线为液相线,$ACEDB$ 线为固相线,A 点为 Pb 的熔点(327 ℃),B 点为 Sn 的熔点(232 ℃)。相图中有 L、α、β 三个相,形成三个单相区。L 代表液相,处于液相线以上。α 是 Sn 溶解在 Pb 中所形成的固溶体,位于靠近纯组元 Pb 的封闭区域内。β 是 Pb 溶解在 Sn 中所形成的固溶体,位于靠近纯组元 Sn 的封闭区域内。在每两个单相区之间,共形成了三个两相区,即 L+α、L+β 和 α+β。

相图中的水平线 CED 称为共晶线。在水平线对应的温度(183 ℃)下,E 点成分的液相将同时结晶出 C 点成分的 α 固溶体和 D 点成分的 β 固溶体,即

$$L_E \rightleftharpoons (\alpha_C + \beta_D)$$

这种在一定温度下,由一定成分的液相同时结晶出两个成分和结构都不相同的新固相的转变过程称为共晶转变或共晶反应。共晶反应的产物,即两相的机械混合物,称为共晶体或共晶组织。发生共晶反应的温度称为共晶温度。代表共晶温度和共晶成分的点称为共晶点。具有共晶成分的合金称为共晶合金。在共晶线上,凡成分位于共晶点以左的合金称为亚共晶合金,位于共晶点以右的合金称为过共晶合金。凡具有共晶线成分的合金液体冷却到共晶温度时都将发生共晶反应。发生共晶反应时,L、α、β 三个相平衡共存,它们的成分固

定,但各自的质量在不断变化。因此,水平线 CED 是一个三相区。

相图中的 CF 线和 DG 线分别为 Sn 在 Pb 中和 Pb 在 Sn 中的溶解度曲线(饱和浓度线),称为固溶线。可以看出,随温度降低,固溶体的溶解度下降。

(2)典型合金的结晶过程

①Sn 质量分数小于 C 点成分合金的结晶过程(以图 3-14 中合金 I 为例)

由图 3-14 可见,该合金液体冷却时,在 2 点以前为匀晶转变,结晶出单相 α 固溶体,这种从液相中结晶出来的固相称为一次相或初生相。匀晶转变完成后,在 2、3 点之间,为单相 α 固溶体冷却,合金组织不发生变化。温度降到 3 点以下时,α 固溶体被 Sn 过饱和,由于晶格不稳定,便出现第二相——β 相,显然,这是一种固态相变。由已有固相析出(相变过程也称为析出)的新固相称为二次相或次生相。形成二次相的过程称为二次析出。二次 β 相呈细颗粒状,记为 β_II。随温度下降,α 相的成分沿 CF 线变化,β_II 的成分沿 DG 线变化,β_II 的相对质量增加,室温下 β_II 的质量分数为

$$Q_{\beta_{II}} = \frac{F4}{FG} \times 100\%$$

合金 I 的室温组织为(α+β_II),图 3-15 所示为其冷却曲线及组织转变。

Sn 质量分数大于 D 点成分合金的结晶过程与合金 I 相似,其室温组织为(β+α_II)。

②共晶合金的结晶过程(以图 3-14 中合金 II 为例)

该合金液体冷却到 E 点(共晶点)时,同时被 Pb 和 Sn 饱和,并发生共晶反应,即

$$L_E \xrightleftharpoons{183\,℃} (\alpha_C + \beta_D)$$

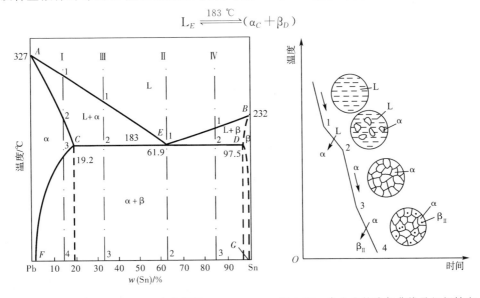

图 3-14 Pb-Sn 合金相图　　图 3-15 合金 I 的冷却曲线及组织转变

析出成分为 C 的 α 相和成分为 D 的 β 相。反应终了时,获得(α+β)共晶体。

从成分均匀的液相同时结晶出两个成分差异很大的固相,必然要有元素的扩散。假设首先析出富 Pb 的 α 相晶核,随着它的长大,将导致其周围液体贫 Pb 而富 Sn,从而有利于 β 相的形核,而 β 相的长大又促进了 α 相的形核,就这样,两相相间形核,互相促进,共同长大,因而共晶组织较细,呈片、针、棒或点球等形状。共晶组织中的相称为共晶相,如共晶 α 相、

共晶β相。根据杠杆定律,可求出共晶反应刚结束时两相的质量分数,分别为

$$Q_\alpha = \frac{ED}{CD} \times 100\% = \frac{97.5 - 61.9}{97.5 - 19.2} \times 100\% = 45.5\%$$

$$Q_\beta = 100\% - Q_\alpha = 100\% - 45.5\% = 54.5\%$$

(注意:此时用的是α+β两相区的上沿,而不是三相区。)

共晶转变结束后,随温度继续下降,α相和β相的成分分别沿 CF 线和 DG 线变化,即从共晶α相中析出β$_{\text{II}}$,从共晶β相中析出α$_{\text{II}}$,由于共晶组织细,α$_{\text{II}}$与共晶α相结合,β$_{\text{II}}$与共晶β相结合,使得二次相不易分辨,因此最终的室温组织仍为(α+β)共晶体(图 3-16)。合金Ⅱ的冷却曲线及组织转变如图 3-17 所示。

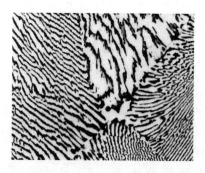

图 3-16　Pb-Sn 共晶合金(即共晶体)的显微组织
(黑色区为 α 相,白色区为 β 相)(325×)

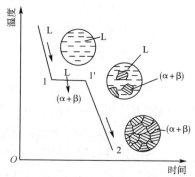

图 3-17　合金Ⅱ的冷却曲线及组织转变

③亚共晶合金的结晶过程(以图 3-14 中合金Ⅲ为例)

该合金的液体在 2 点以前发生匀晶转变,结晶出一次 α 相。在 1 点到 2 点的冷却过程中,一次 α 相的成分沿 AC 线变化到 C 点,液相的成分沿 AE 线变化到 E 点,刚冷却到 2 点时两相的质量分数为(用 L+α 两相区的下沿)

$$Q_L = \frac{C2}{CE} \times 100\%, \quad Q_\alpha = \frac{2E}{CE} \times 100\%$$

在 2 点,具有 E 点成分的剩余液体(其相对质量为 Q_L)发生共晶反应,即

$$L_E \rightleftharpoons (\alpha_C + \beta_D)$$

转变为共晶组织,共晶体的质量与转变前的液相质量相等,因而

$$Q_E = Q_L = \frac{C2}{CE} \times 100\%$$

共晶反应刚结束时,α、β 两相的质量分数为(用 α+β 两相区的上沿)

$$Q_\alpha = \frac{2D}{CD} \times 100\%, \quad Q_\beta = \frac{C2}{CD} \times 100\%$$

共晶反应结束后,随温度下降,将从一次 α 相和共晶 α 相中析出 β$_{\text{II}}$,从共晶 β 相中析出 α$_{\text{II}}$。与共晶合金一样,共晶组织中的二次相不作为独立组织看待。但由于一次 α 相粗大,其所析出的 β$_{\text{II}}$分布于一次 α 相上,不能忽略。因此,亚共晶合金的室温组织为 α+(α+β)+β$_{\text{II}}$(图 3-18)。合金Ⅲ的冷却曲线及组织转变如图 3-19 所示。

④过共晶合金的结晶过程(以图 3-14 中合金Ⅳ为例)

过共晶合金的结晶过程与亚共晶合金相似,不同的是一次相为 β 相,二次相为 α 相,其室温组织为 β+(α+β)+α$_Ⅱ$。

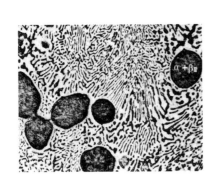

图 3-18　50%Pb-50%Sn 亚共晶合金的
　　　　　显微组织(400×)

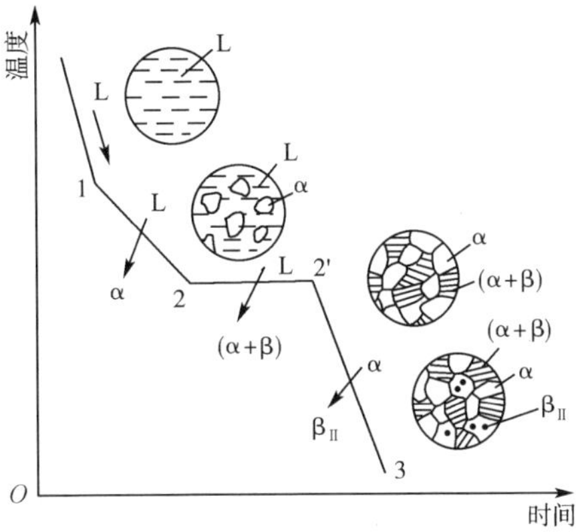

图 3-19　合金Ⅲ的冷却曲线及组织转变

(3)组织组成物在相图上的标注

所谓组织组成物,是指组成合金显微组织的独立部分。如上面提到的一次 α 相和一次 β 相、二次 α 相和二次 β 相、(α+β)共晶体都是组织组成物,可以在显微镜下看到它们具有一定的组织特征。将组织组成物标注在相图中(图 3-20),可以使所标注的组织与显微镜下观察到的组织一致。

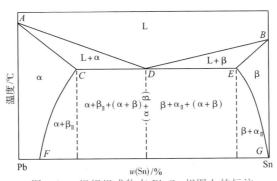

图 3-20　组织组成物在 Pb-Sn 相图上的标注

相与相之间的差别主要在结构和成分上,而组织组成物之间的差别主要在形态上。如一次 α 相、二次 α 相和共晶 α 相的结构和成分相同,是同一相,但它们的形态不同,分属不同的组织组成物。

3.二元包晶相图

当两组元在液态下完全互溶,在固态下有限互溶,并发生包晶反应时所构成的相图称为包晶相图。Pt-Ag、Ag-Sn 等合金具有包晶相图,常见的 Fe-C、Cu-Zn、Cu-Sn 等合金相图中也包含这类相图。现以 Pt-Ag 合金相图(图 3-21)为例进行简要说明。

（1）相图分析

相图中有 L、α、β 三个单相区和 L＋α、L＋β、α＋β 三个两相区。α 和 β 分别为 Ag 在 Pt 中和 Pt 在 Ag 中的固溶体，D 点为包晶点。水平线 PDC 称为包晶线，与该线成分对应的合金在该线温度（包晶温度）下发生包晶反应，即

$$L_C + \alpha_P \rightleftharpoons \beta_D$$

该反应是液相 L 包着固相 α，新相 β 在 L 与 α 界面上形核，并通过原子扩散分别向 L 和 α 两侧长大的过程。这种在一定温度下，由一定成分的液相包着一定成分的固相，发生反应后生成另一一定成分新固相的反应称为包晶转变或包晶反应。

（2）典型合金的结晶过程

图 3-22 所示为具有 D 点成分的合金 I 结晶过程。合金液体由 1 点冷却到 2 点时，结晶出 α 固溶体。到达 2 点，α 相的成分沿 AP 线变化到 P 点，液相的成分沿 AC 线变化到 C 点。此时，匀晶转变停止，并发生包晶反应，即由 C 点成分的液相 L 包着先析出的具有 P 点成分的 α 相发生反应，生成 D 点成分的 β 相。反应结束后，正好把液相和 α 相全部消耗掉。温度继续下降，从 β 中析出 α_{II}，最终室温组织为 $\beta + \alpha_{II}$。

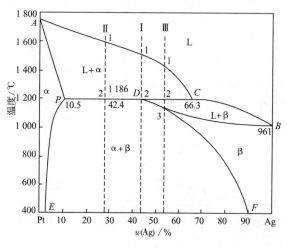

图 3-21　Pt-Ag 合金相图

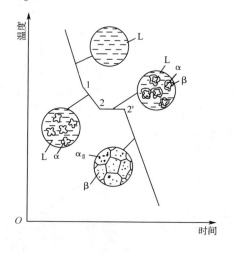

图 3-22　合金 I 结晶过程

具有 P 点、D 点之间成分的合金 II 在 2 点以前结晶出 α 相，冷却到 2 点发生包晶反应，反应结束后，液相耗尽，而 α 相还有剩余。继续冷却，α 相和 β 相都发生二次析出，最终室温组织为 $\alpha + \beta + \alpha_{II} + \beta_{II}$。具有 D 点、C 点之间成分的合金 III 在 2 点发生包晶反应后，α 相耗尽，而液相还有剩余。继续冷却，液相向 β 相转变。到 3 点以下，从 β 相中析出 α_{II} 相，最终室温组织为 $\beta + \alpha_{II}$。

结晶过程中，如果冷却速度较快，发生包晶反应时原子扩散不能充分进行，所生成的 β 固溶体会由于成分不均匀而产生较大的偏析。

4. 形成稳定化合物的二元合金相图

所谓稳定化合物是指在熔化前不发生分解的化合物。稳定化合物成分固定，在相图中是一条垂线，这条垂线代表这个稳定化合物的单相区，垂足是其成分，顶点代表其熔点，其结晶过程与纯金属一样。分析这类相图时，可把稳定化合物当作纯组元看待，将相图分成几个

部分独立进行分析,使问题简化。如图 3-23 所示的 Mg-Si 二元合金相图就是这类相图,其中 Mg_2Si 是稳定化合物,如果把它视为一个组元,就可以把整个相图看作是由 Mg-Mg_2Si 及 Mg_2Si-Si 两个简单的共晶相图组成的,分析起来就方便了。

5. 具有共析反应的二元合金相图

图 3-24 是一个具有共析反应的二元合金相图,相图中与共晶相图相似的部分为共析相图。水平线 de 称为共析线,c 点称为共析点,与 c 点对应的成分和温度分别称为共析成分和共析温度。与共析成分对应的合金冷却到共析温度时将发生共析反应(或共析转变):

$$\alpha_c \Longleftrightarrow \beta_{1d} + \beta_{2e}$$

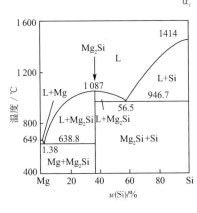
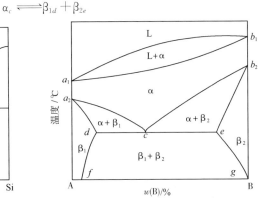

图 3-23　Mg-Si 二元合金相图　　　　图 3-24　具有共析反应的二元合金相图

所谓共析反应,是指在一定温度下,由一定成分的固相同时析出两个成分和结构完全不同的新固相的反应。共析反应的产物也是两相机械混合物,称为共析组织或共析体。与共晶反应不同的是,共析反应的母相是固相,而不是液相,因此共析反应也是固态相变。由于固态转变过冷度大,因此其组织比共晶组织细。

6. 二元相图的分析步骤

实际的二元相图往往比较复杂,可按下列步骤进行分析。

(1)分清相图中包含哪些基本类型的相图

(2)确定相区

①相区接触法则

相邻两个相区的相数差为1,这是检验相区确定正确与否的准则。

②单相区的确定

a.相图中液相线以上为液相区;

b.靠着纯组元的封闭区域是以该组元为基的单相固溶体区;

c.相图中的垂线可能是稳定化合物(单相区),也可能是相区分界线;

d.相图中部若出现成分可变的单相区,则此区是以化合物为基的单相固溶体区;

e.相图中每一条水平线必定与三个单相区点接触。

③两相区的确定

两个单相区之间夹有一个两相区,该两相区的相由两个相邻单相区的相组成。

④三相区的确定

二元相图中的水平线是三相区,其三个相由与该三相区点接触的三个单相区的相组成。

常见三相等温水平线上的反应见表 3-1。

表 3-1　常见三相等温水平线上的反应

反应名称	图形	反应式	说明
共晶反应		$L \rightleftharpoons \alpha + \beta$	恒温下由一个液相同时结晶出两个成分和结构都不同的固相
包晶反应		$L + \alpha \rightleftharpoons \beta$	恒温下由液相包着一个固相生成另一个新固相
共析反应		$\gamma \rightleftharpoons \alpha + \beta$	恒温下由一个固相同时析出两个成分和结构都不同的固相

（3）分析典型合金的结晶过程

①画出典型合金冷却曲线示意图

二元合金冷却曲线的特征是：

a.在单相区和两相区冷却曲线为一斜线。

b.由一个相区过渡到另一个相区时,冷却曲线上出现拐点。由相数少的相区进入相数多的相区时,冷却曲线向右拐（放出结晶潜热）；反之,冷却曲线向左拐（相变结束）。

c.发生三相等温转变时,冷却曲线呈一水平台阶。

②分析合金结晶过程

a.画出组织转变示意图。

b.计算各相、各组织组成物的质量分数。在单相区,合金由单相组成,相的成分、质量即合金的成分、质量；在两相区,两相的成分随温度下降沿各自的相线变化,各相和各组织组成物的相对质量可由杠杆定律求出（合金成分为杠杆的支点,相或组织组成物的成分为杠杆的端点）；在三相区,三个相的成分固定,相对质量不断变化,杠杆定律不适用。

7. 相图与合金性能之间的关系

合金的性能取决于合金的成分和组织,而合金的成分与组织的关系可在相图中体现,可见,相图与合金性能之间存在着一定的关系。可利用相图大致判断出不同合金的性能。

（1）相图与合金力学性能、物理性能的关系

组织为两相机械混合物的合金,其性能与合金成分呈直线关系,是两相性能的算术平均值,如图 3-25（a）所示。例如

$$(R_m)_总 = (R_m)_\alpha \cdot Q_\alpha + (R_m)_\beta \cdot Q_\beta$$

$$(HBW)_总 = (HBW)_\alpha \cdot Q_\alpha + (HBW)_\beta \cdot Q_\beta$$

式中：Q_α、Q_β 分别为 α 相和 β 相的质量分数。

由于共晶合金和共析合金的组织细,因此其性能在共晶或共析成分附近偏离直线,出现奇点。

组织为固溶体的合金,随溶质元素质量分数的增加,强度和硬度也相应增加,产生固溶强化。如果是无限互溶的合金,则在溶质质量分数为 50% 附近强度和硬度最高,性能与合金成分呈曲线关系,如图 3-25（b）所示。

形成稳定化合物的合金,其性能成分曲线在化合物成分处出现拐点,如图 3-25(c)所示。各种合金电导率的变化与力学性能的变化正好相反。

(2)相图与铸造性能的关系

根据相图还可以判断合金的铸造性能,如图 3-26 所示。共晶合金的结晶温度低、流动性好、分散缩孔少、偏析倾向小,因而铸造性能最好。铸造合金多选用共晶合金。固溶体合金液固相线间隔大、偏析倾向大,结晶时树枝晶发达,使流动性降低,补缩能力下降,分散缩孔增加,铸造性能较差。

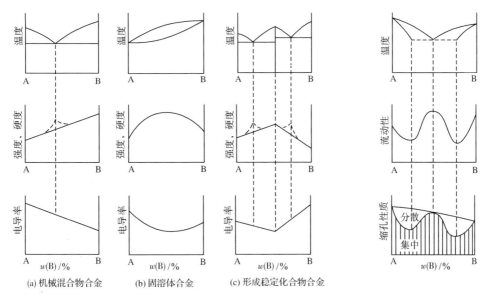

图 3-25　相图与合金强度、硬度及电导率的关系　　　图 3-26　相图与合金铸造性能的关系

3.3　铁-碳合金相图

铁-碳合金是碳钢和铸铁的统称,是工业中应用最广的合金。碳质量分数为 0.021 8%～2.11%的铁-碳合金称为碳钢,碳质量分数大于 2.11%的铁-碳合金称为铸铁。铁-碳合金相图是研究铁-碳合金最基本的工具,是研究碳钢和铸铁的成分、温度、组织及性能之间关系的理论基础,是制定热加工、热处理、冶炼和铸造等工艺的依据。

铁和碳可形成一系列稳定化合物:Fe_3C、Fe_2C、FeC,它们都可以作为纯组元看待,但当碳质量分数大于 Fe_3C 的碳质量分数(6.69%)时,合金太脆,无实用价值,因此我们所讨论的铁-碳合金相图实际上是 $Fe-Fe_3C$ 相图。

3.3.1　铁-碳合金的组元和相

1.纯铁及铁基固溶体

如前所述,纯铁在固态下有 δ-Fe、γ-Fe 和 α-Fe 三种同素异构体。通常所说的工业纯铁

指的是室温下的 α-Fe,其强度、硬度低,塑性、韧性好。工业纯铁力学性能的大致范围为

$$R_{p0.2} \approx 100 \sim 170 \text{ MPa}, \quad R_m \approx 180 \sim 270 \text{ MPa}, \quad A \approx 30\% \sim 50\%$$

$$Z \approx 70\% \sim 80\%, \quad HBW \approx 50 \sim 80, \quad K \approx 18 \sim 25 \text{ J}$$

铁的三种同素异构体都可以溶解一定量的碳而形成间隙固溶体。

碳在 α-Fe 中的固溶体称为铁素体,用符号 F 或 α 表示。铁素体为体心立方晶格,其溶碳能力很低,在 727 ℃时最高,为 0.021 8%,而在室温下仅为 0.000 8%。铁素体的组织为多边形晶粒,如图 3-27 所示,其性能与纯铁相似,即强度、硬度低,塑性、韧性好。

碳在 δ-Fe 中的固溶体称为 δ 铁素体,又称高温铁素体,用符号 δ 表示。δ 铁素体也是体心立方晶格,其最大溶碳量为 1 495 ℃时的 0.09%。

碳在 γ-Fe 中的固溶体称为奥氏体,用符号 A 或 γ 表示。奥氏体为面心立方晶格,其溶碳能力比铁素体高,1 148 ℃时最高,为 2.11%。奥氏体也是不规则多面体晶粒,但晶界较直,如图 3-28 所示。奥氏体强度低,塑性好,因而钢材的热加工都在奥氏体相区进行。室温下,碳钢的组织中无奥氏体,但当钢中含有某些合金元素时,可部分或全部变为奥氏体。

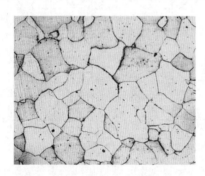

图 3-27　铁素体组织(400×)

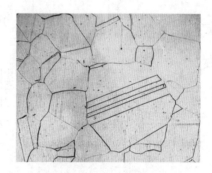

图 3-28　奥氏体组织(400×)

2. 渗碳体

渗碳体是铁与碳的间隙化合物,碳质量分数为 6.69%,用 Fe_3C 或 C_m 表示。渗碳体的硬度很高(约为 1 000HV),塑性和韧性几乎为零。渗碳体在钢和工业用铸铁中一般呈片状、网状或球状。它的尺寸、形状和分布对钢的性能影响很大,是铁-碳合金的重要强化相。

渗碳体是介稳相,在一定条件下将发生分解,即

$$Fe_3C \longrightarrow 3Fe + C$$

所分解出的单质碳为石墨,该分解反应对铸铁有着重要意义。碳在 α-Fe 中的溶解度很低,常温下在铁-碳合金中主要以渗碳体或石墨的形式存在。

3.3.2　铁-碳合金相图的分析

Fe-Fe₃C 相图如图 3-29 所示。可以看出,Fe-Fe₃C 相图由 3 个基本相图(包晶相图、共晶相图和共析相图)组成。相图中有 5 个基本相:液相 L、高温铁素体相 δ、铁素体相 α、奥氏体相 γ 和渗碳体相 Fe_3C。这 5 个基本相构成 5 个单相区(其中 Fe_3C 为一条垂线),并由此

形成 7 个两相区：L+δ、L+γ、L+Fe₃C、δ+γ、γ+Fe₃C、α+γ 和 α+Fe₃C。

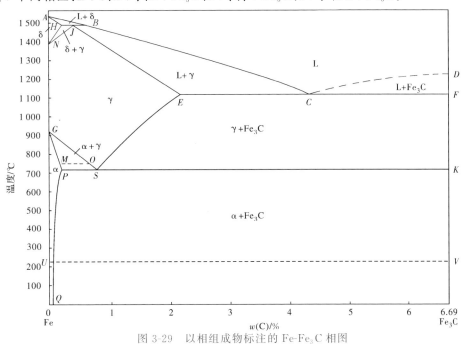

图 3-29　以相组成物标注的 Fe-Fe₃C 相图

在 Fe-Fe₃C 相图中，$ABCD$ 为液相线，$AHJECF$ 为固相线。相图中各特征点的温度、碳质量分数及其含义见表 3-2。

表 3-2　Fe-Fe₃C 相图中各特征点的温度、碳质量分数及其含义

点	温度/℃	碳质量分数/%	含义	点	温度/℃	碳质量分数/%	含义
A	1 538	0	纯铁熔点	H	1 495	0.09	碳在 δ-Fe 中的最大溶解度点
B	1 495	0.53	包晶反应时液相的成分	J	1 495	0.17	包晶点 $L_B + δ_H \rightleftharpoons γ_J$
C	1 148	4.3	共晶点 $L_C \rightleftharpoons γ_E + Fe_3C$	K	727	6.69	渗碳体
D	1 227	6.69	渗碳体的熔点	N	1 394	0	δ-Fe⇌γ-Fe 同素异构转变点
E	1 148	2.11	碳在 γ-Fe 中的最大溶解度点	P	727	0.021 8	碳在 α-Fe 中的最大溶解度点
F	1 148	6.69	渗碳体	S	727	0.77	共析点 $γ_S \rightleftharpoons α_P + Fe_3C$
G	912	0	γ-Fe⇌α-Fe 同素异构转变点	Q	室温	0.000 8	室温下碳在 α-Fe 中的溶解度点

Fe-Fe₃C 相图中有三条水平线（三相区）：

HJB 水平线（1 495 ℃）为包晶线，与该线碳质量分数（0.09%～0.53%）对应的合金在该线温度下将发生包晶转变，即

$$L_{0.53} + δ_{0.09} \longrightarrow γ_{0.17}$$

式中，各项下标为相应的碳质量分数，转变产物为奥氏体。

ECF 水平线（1 148 ℃）为共晶线，与该线碳质量分数（2.11%～6.69%）对应的合金在该线温度下将发生共晶转变，即

$$L_{4.3} \longrightarrow γ_{2.11} + Fe_3C$$

转变产物为奥氏体和渗碳体的机械混合物，称为莱氏体，用符号"Le"表示。莱氏体的组

织特征为蜂窝状,以 Fe_3C 为基,性能硬而脆。

PSK 水平线(727 ℃)为共析线,又称为 A_1 线,与该线碳质量分数(0.021 8%~6.69%)对应的合金在该线温度下将发生共析转变,即

$$\gamma_{0.77} \longrightarrow \alpha_{0.021\,8} + Fe_3C$$

转变产物为铁素体和渗碳体的机械混合物,称为珠光体,用符号"P"表示。珠光体的组织特点是两相呈片层相间分布,性能介于两相之间。

$Fe-Fe_3C$ 相图中还有 6 条固态转变线:

GS、GP 为 $\gamma \rightleftharpoons \alpha$ 固溶体转变线,HN、JN 为 $\delta \rightleftharpoons \gamma$ 固溶体转变线。例如,GS 线是冷却时铁素体从奥氏体中析出开始、加热时铁素体向奥氏体转变终了的温度线。其中,GS 线又称为 A_3 线,JN 线又称为 A_4 线。

ES 线为碳在 γ-Fe 中的固溶线,又称 A_{cm} 线。在 1 148 ℃,碳的溶解度最大,为 2.11%,随温度降低,溶解度下降,到 727 ℃ 时溶解度只有 0.77%。所以碳质量分数超过 0.77% 的铁-碳合金自 1 148 ℃ 冷却至 727 ℃ 时,会从奥氏体中析出渗碳体,称为二次渗碳体,标记为 Fe_3C_{II}。二次渗碳体通常沿奥氏体晶界呈网状分布。

PQ 线为碳在 α-Fe 中的固溶线。在 727 ℃,碳的溶解度最大,为 0.021 8%。随温度降低,溶解度下降,到室温时溶解度仅为 0.000 8%。所以铁-碳合金自 727 ℃ 向室温冷却的过程中,将从铁素体中析出渗碳体,称为三次渗碳体,标记为 Fe_3C_{III}。因其析出量极少,在碳质量分数较高的合金中不予考虑。但是,对于工业纯铁和低碳钢,因其以不连续网状或片状分布于铁素体晶界,会降低塑性,所以对于 Fe_3C_{III} 的数量和分布要加以控制。

综上所述,铁-碳合金中的渗碳体根据形成条件不同可分为一次渗碳体 Fe_3C_I(由液相直接析出的渗碳体)、二次渗碳体 Fe_3C_{II}、三次渗碳体 Fe_3C_{III}、共晶渗碳体和共析渗碳体五种。它们分属于不同的组织组成物,区别仅在于形态和分布不同,但都属于一个相。由于它们的形态和分布不同,对铁-碳合金性能的影响也不相同。

另外,$Fe-Fe_3C$ 相图中还有两条物理性能转变线:MO 线(770 ℃),是铁素体磁性转变温度。在 770 ℃ 以上,铁素体为顺磁性物质;在 770 ℃ 以下,铁素体转变为铁磁性物质。此线又称为 A_2 线。UV 线(230 ℃),是渗碳体磁性转变温度线,又称为 A_0 线。

3.3.3 典型铁-碳合金的平衡结晶过程

铁-碳合金相图上的合金,按成分可分为三类:

(1)工业纯铁[$w(C) < 0.021\,8\%$],其显微组织为铁素体晶粒,工业上很少使用。

(2)碳钢[$w(C) = 0.021\,8\% \sim 2.11\%$],其特点是高温组织为单相奥氏体,易于变形。碳钢又分为亚共析钢[$w(C) = 0.021\,8\% \sim 0.77\%$]、共析钢[$w(C) = 0.77\%$]和过共析钢[$w(C) = 0.77\% \sim 2.11\%$]。

(3)白口铸铁[$w(C) = 2.11\% \sim 6.69\%$],其特点是铸造性能好,但硬而脆。白口铸铁又分为亚共晶白口铸铁[$w(C) = 2.11\% \sim 4.3\%$]、共晶白口铸铁[$w(C) = 4.3\%$]和过共晶白口铸铁[$w(C) = 4.3\% \sim 6.69\%$]。

下面结合图 3-30,分析典型铁-碳合金的结晶过程及其组织变化。

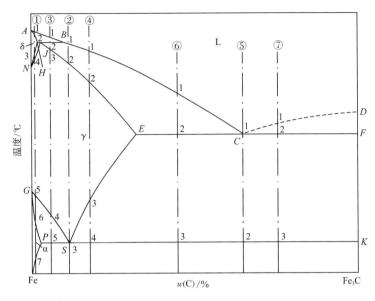

图 3-30　7 种典型合金在铁-碳合金相图中的位置

1. 工业纯铁的结晶过程（图 3-30 中合金①）

合金液体在 1 点和 2 点之间通过匀晶反应转变为 δ 铁素体。继续降温时,在 2 点和 3 点之间,不发生组织转变。温度降到 3 点以后,开始从 δ 铁素体中析出奥氏体,在 3 点和 4 点之间,随温度下降,奥氏体的数量不断增加。温度降到 4 点以后,δ 铁素体全部转变为奥氏体。在 4 点和 5 点之间,不发生组织转变。温度降到 5 点时,开始从奥氏体中析出铁素体。温度降到 6 点时,奥氏体全部转变为铁素体。在 6 点和 7 点之间,不发生组织转变。温度降到 7 点时,开始沿铁素体晶界析出三次渗碳体 Fe_3C_{III}。7 点以后,随温度下降,Fe_3C_{III} 的量不断增加,室温下 Fe_3C_{III} 的最大量为

$$Q_{Fe_3C_{III}} = \frac{0.021\,8 - 0.000\,8}{6.69 - 0.000\,8} \times 100\% = 0.31\%$$

工业纯铁的冷却曲线及组织转变如图 3-31 所示。工业纯铁的室温组织为 $\alpha + Fe_3C_{III}$,如图 3-32 所示,图中个别部位的双晶界内是 Fe_3C_{III}。

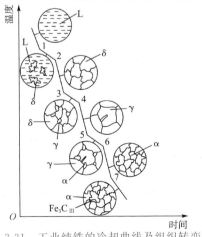

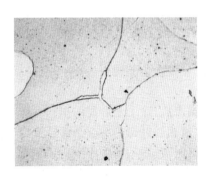

图 3-31　工业纯铁的冷却曲线及组织转变　　　图 3-32　工业纯铁的显微组织（400×）

2. 共析钢的结晶过程（图 3-30 中合金②）

共析钢的碳质量分数为 0.77%，超过了包晶线上最大的碳质量分数为 0.53%，因此冷却时不发生包晶转变，其冷却曲线及组织转变如图 3-33 所示。在 1 点和 2 点之间，合金液体通过匀晶反应转变为奥氏体。在 2 点和 3 点之间，不发生组织转变。温度降到 3 点以后，发生共析转变：

$$\gamma_{0.77} \longrightarrow \alpha_{0.021\,8} + Fe_3C$$

由奥氏体同时析出铁素体和渗碳体。反应结束后，奥氏体全部转变为珠光体。继续冷却，会从珠光体的铁素体中析出少量的三次渗碳体，但是它们往往依附在共析渗碳体上，难以分辨。共析钢的室温组织为 100% 的珠光体，如图 3-34 所示，珠光体是铁素体与渗碳体片层相间的组织，呈指纹状，其中白色的基底为铁素体，黑色的片层为渗碳体。室温下珠光体中两相的质量分数为

$$Q_\alpha = \frac{6.69 - 0.77}{6.69 - 0.000\,8} \times 100\% = 88.5\%$$

$$Q_{Fe_3C} = 100\% - 88.5\% = 11.5\%$$

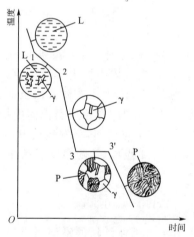

图 3-33　共析钢的冷却曲线及组织转变

图 3-34　珠光体组织（400×）

3. 亚共析钢的结晶过程（图 3-30 中合金③）

碳质量分数为 0.09%～0.53% 的亚共析钢结晶时将发生包晶反应。现以碳质量分数 0.45% 的钢为例分析亚共析钢的结晶过程，其冷却曲线及组织转变如图 3-35 所示。该合金从液态缓慢冷却到 1 点以后，发生匀晶反应，开始析出 δ 铁素体。温度降到 2 点时，匀晶反应停止，开始发生包晶转变：

$$L_{0.53} + \delta_{0.09} \longrightarrow \gamma_{0.17}$$

包晶转变结束后，除了新形成的奥氏体外，液相还有剩余。温度继续下降，在 2 点和 3 点之间，剩余的液相通过匀晶反应全部转变为奥氏体。在 3 点和 4 点之间，不发生组织变化。温度降到 4 点时，开始从奥氏体中析出铁素体，并且随温度降低，铁素体数量增多。温度降到 5 点时，奥氏体的成分沿 GS 线变化到 S 点，此时，奥氏体向铁素体的转变结束，剩余的奥氏体发生共析反应：

$$\gamma_{0.77} \longrightarrow \alpha_{0.021\,8} + Fe_3C$$

转变为珠光体。温度继续下降,从铁素体中析出三次渗碳体,但是由于其数量很少,可忽略不计。亚共析钢的室温组织为"珠光体+铁素体",如图 3-36 所示,图中的白色组织为先共析铁素体(在共析反应之前析出的铁素体),黑色组织为珠光体。

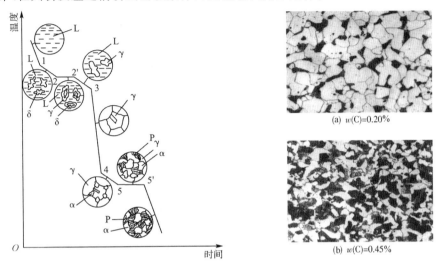

图 3-35 亚共析钢[w(C)=0.45%]的冷却曲线及组织转变　　图 3-36 亚共析钢的显微组织(400×)

(a) w(C)=0.20%

(b) w(C)=0.45%

室温下,碳质量分数 0.45%亚共析钢中先共析铁素体和珠光体两个组织组成物的质量分数为

$$Q_P = \frac{0.45-0.000\,8}{0.77-0.000\,8} \times 100\% = 58.4\%$$

$$Q_\alpha = 100\% - 58.4\% = 41.6\%$$

而铁素体和渗碳体两相的质量分数为

$$Q_{Fe_3C} = \frac{0.45-0.000\,8}{6.69-0.000\,8} \times 100\% = 6.7\%$$

$$Q_\alpha = 100\% - 6.7\% = 93.3\%$$

在 0.021 8%～0.77%C 范围内珠光体的相对质量随碳质量分数的增加而增加。由于室温下铁素体中碳质量分数极低,珠光体与铁素体密度相近。在忽略铁素体中碳质量分数的情况下,可以利用平衡组织中珠光体所占的面积百分比估算亚共析钢的碳质量分数:

$$w(C) = P_{面积} \times 0.77\%$$

式中,$P_{面积} = Q_P$,为珠光体的面积百分比。

4. 过共析钢的结晶过程(图 3-30 中合金④)

过共析钢的结晶过程及组织转变如图 3-37 所示。在 1 点和 2 点之间,合金液体发生匀晶转变,全部转变为奥氏体。温度降到 3 点以后,开始沿奥氏体晶界析出二次渗碳体,并在晶界上呈网状分布。在 3 点和 4 点之间,二次渗碳体量不断增多。温度降到 4 点时,二次渗碳体析出停止,奥氏体成分沿 ES 线变化到 S 点,剩余的奥氏体发生共析反应:

$$\gamma_{0.77} \longrightarrow \alpha_{0.021\,8} + Fe_3C$$

转变为珠光体。继续冷却,二次渗碳体不再发生变化,珠光体的变化同共析钢。过共析钢的室温组织为"珠光体+网状二次渗碳体",如图 3-38 所示。图 3-38(a)为经硝酸酒精浸蚀的过共析钢组织,其中,白色网状为二次渗碳体,黑色为珠光体。图 3-38(b)为经苦味酸钠浸蚀

的过共析钢组织,黑色网状为二次渗碳体,灰色基底为珠光体。

室温下,碳质量分数1.2%过共析钢中二次渗碳体和珠光体两个组织组成物的质量分数
为

$$Q_{Fe_3C_{II}} = \frac{1.2-0.77}{6.69-0.77} \times 100\% = 7.26\%$$

$$Q_P = 100\% - 7.26\% = 92.74\%$$

过共析钢中Fe_3C_{II}的量随碳质量分数增加而增加,当碳质量分数达到2.11%时,Fe_3C_{II}
量最大:

$$Q_{Fe_3C_{II}} = \frac{2.11-0.77}{6.69-0.77} \times 100\% = 22.6\%$$

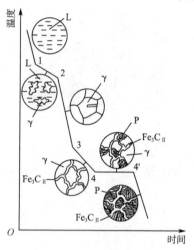

图3-37 过共析钢的冷却曲线及组织转变

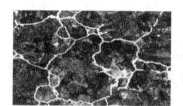

(a) 硝酸酒精浸蚀

(b) 苦味酸钠浸蚀

图3-38 过共析钢的显微组织(400×)

5. 共晶白口铸铁的结晶过程(图3-30中合金⑤)

共晶白口铸铁的碳质量分数为4.3%,其冷却曲线及组织转变如图3-39所示。该合金
由液态冷却到1点,即1 148 ℃时,发生共晶反应:

$$L_{4.3} \longrightarrow \gamma_{2.11} + Fe_3C$$

全部转变为莱氏体(称为高温莱氏体,用符号Le表示),高温莱氏体是共晶奥氏体和共晶渗
碳体的机械混合物,呈蜂窝状。此时

$$Q_\gamma = \frac{6.69-4.3}{6.69-2.11} \times 100\% = 52.2\%$$

$$Q_{Fe_3C} = 100\% - 52.2\% = 47.8\%$$

温度继续下降,共晶奥氏体成分沿ES线变化,同时析出二次渗碳体,由于二次渗碳体
与共晶渗碳体结合在一起不易分辨,因此莱氏体仍作为一个组织看待。温度降到2点时,奥
氏体成分达到0.77%,并发生共析反应,转变为珠光体。这种由珠光体与共晶渗碳体组成的
组织称为低温莱氏体,用符号Le′表示,此时

$$Q_P = \frac{6.69-4.3}{6.69-0.77} \times 100\% = 40.4\%$$

$$Q_{Fe_3C} = 100\% - 40.4\% = 59.6\%$$

温度继续下降,莱氏体中珠光体的变化与共析钢的相同,珠光体与渗碳体的相对质量不再发生变化。共晶白口铸铁的室温组织为 $Le'(P+Fe_3C)$,它保留了共晶转变产物的形态特征,如图 3-40 所示,图中黑色蜂窝状组织为珠光体,白色基体为共晶渗碳体。室温下两相的质量分数为

$$Q_\alpha = \frac{6.69 - 4.3}{6.69 - 0.0008} \times 100\% = 35.7\%$$

$$Q_{Fe_3C} = 100\% - 35.7\% = 64.3\%$$

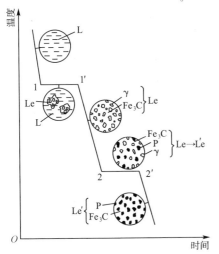

图 3-39　共晶白口铸铁的冷却曲线及组织转变

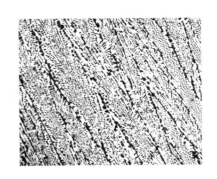

图 3-40　共晶白口铸铁的显微组织(400×)

6. 亚共晶白口铸铁的结晶过程(图 3-30 中合金⑥)

以含 3.0%C 的亚共晶白口铸铁为例进行分析,其冷却曲线及组织转变如图 3-41 所示。当合金液体冷却到 1 点时,发生匀晶反应,结晶出奥氏体,称为一次奥氏体或先共晶奥氏体。在 1 点和 2 点之间,奥氏体量不断增多并呈树枝状长大。温度降到 2 点以后,剩余液相的成分沿 BC 线变化到 C 点,并发生共晶反应,转变为莱氏体。继续降温,将从一次奥氏体和共晶奥氏体中析出二次渗碳体。由于一次奥氏体粗大,沿其周边析出的二次渗碳体被共晶奥氏体衬托出来,而共晶奥氏体析出二次渗碳体的过程,与共晶白口铸铁相同。温度降到 3 点时,奥氏体成分沿 ES 线变化到 S 点,并发生共析反应,转变为珠光体。其室温组织为 $P+Fe_3C_{II}+Le'$,如图 3-42 所示,图中树枝状的黑色粗块为珠光体,其周围被莱氏体中珠光体衬托出的白圈为二次渗碳体,其余为低温莱氏体。

室温下,碳质量分数 3.0%白口铸铁中三种组织组成物的质量分数分别为

$$Q_{Le'} = Q_{Le} = \frac{3.0 - 2.11}{4.3 - 2.11} \times 100\% = 40.64\%$$

$$Q_{Fe_3C_{II}} = \frac{4.3 - 3.0}{4.3 - 2.11} \times \frac{2.11 - 0.77}{6.69 - 0.77} \times 100\% = 13.44\%$$

$$Q_P = 100\% - Q_{Le'} - Q_{Fe_3C_{II}} = 100\% - 40.64\% - 13.44\% = 45.92\%$$

而该合金在结晶过程中所析出的所有二次渗碳(包括一次奥氏体和共晶奥氏体中析出的

二次渗碳体)的总量为

$$Q_{Fe_3C_{II}总} = \frac{6.69-3.0}{6.69-2.11} \times \frac{2.11-0.77}{6.69-0.77} \times 100\% = 18.24\%$$

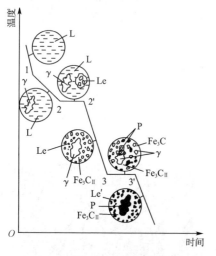

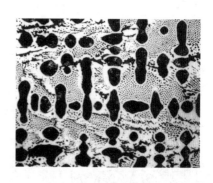

图 3-41　亚共晶白口铸铁的冷却曲线及组织转变　　　图 3-42　亚共晶白口铸铁的显微组织(400×)

7. 过共晶白口铸铁的结晶过程(图 3-30 中合金⑦)

过共晶白口铸铁的冷却曲线及组织转变如图 3-43 所示。合金液体在 1 点和 2 点之间发生匀晶反应,结晶出一次渗碳体 Fe_3C_I,一次渗碳体呈粗条片状。温度降到 2 点时,余下的液相成分沿 DC 线变化到 C 点,并发生共晶反应,转变为莱氏体。继续冷却,一次渗碳体成分、质量不再发生变化,而莱氏体的变化同共晶合金。过共晶白口铸铁的室温组织为 $Fe_3C_I + Le'$,如图 3-44 所示,图中粗大的白色条片为一次渗碳体,其余为低温莱氏体。

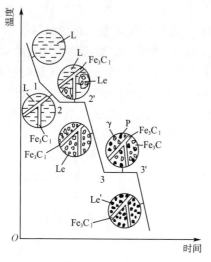

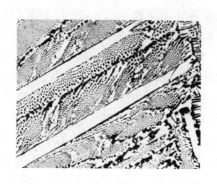

图 3-43　过共晶白口铸铁的冷却曲线及组织转变　　　图 3-44　过共晶白口铸铁的显微组织(400×)

8. 组织组成物在铁-碳合金相图上的标注

根据以上对铁-碳合金相图的分析,可将组织组成物标注在铁-碳合金相图中,如图 3-45 所示。组织组成物的标注与相组成物的标注的主要区别在 $\gamma +$

相图上标注

Fe_3C和$\alpha+Fe_3C$两个相区，$\gamma+Fe_3C$相区中有4个组织组成物区，$\alpha+Fe_3C$相区中有 7 个组织组成物区。用组织组成物标注的相图直观地反映了各合金在不同温度下的组织状态。

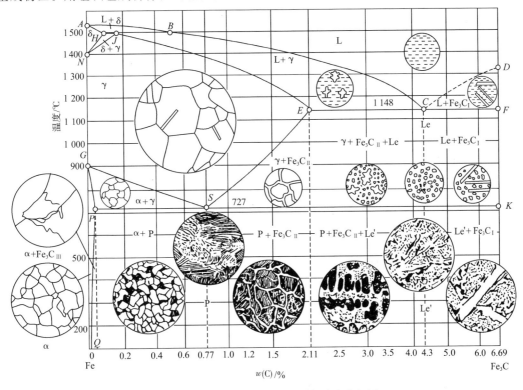

图 3-45　以组织组成物标注的铁-碳合金相图

3.3.4　碳质量分数对铁-碳合金组织和性能的影响

1. 碳质量分数对铁-碳合金室温平衡组织的影响

根据杠杆定律的计算结果，可求出铁-碳合金的碳质量分数与缓冷后的相及组织组成物的定量关系，如图 3-46 所示。

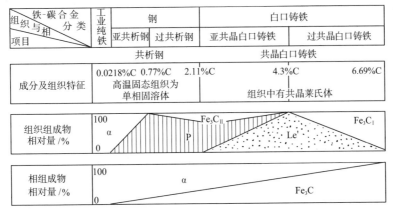

图 3-46　铁-碳合金的碳质量分数与缓冷后的相及组织组成物的定量关系

从相的角度看,铁-碳合金在室温下只有铁素体和渗碳体两个相,随碳质量分数增加,渗碳体的量呈线性增加。从组织角度看,随碳质量分数增加,组织中渗碳体不仅数量增加,而且形态也在变化,由分布在铁素体基体内的片状(共析渗碳体)变为分布在奥氏体晶界上的网状(过共析钢中的二次渗碳体),最后形成莱氏体时,渗碳体已作为基体出现。

2. 碳质量分数对力学性能的影响

如前所述,铁素体强度、硬度低,塑性好,而渗碳体则硬而脆。亚共析钢随碳质量分数增加,珠光体质量分数增加,由于珠光体的强化作用,钢的强度、硬度升高,塑性、韧性下降。当碳质量分数为 0.77% 时,组织为 100% 的珠光体,钢的性能即为珠光体的性能;当碳质量分数大于 0.9% 时,过共析钢中的二次渗碳体在奥氏体晶界上形成连续网状,因而强度下降,但硬度仍呈直线上升;当碳质量分数大于 2.11% 时,由于组织中出现以渗碳体为基的莱氏体,此时因合金太脆而使白口铸铁在工业上很少应用。碳质量分数对平衡状态下铁-碳合金力学性能的影响如图 3-47 所示。

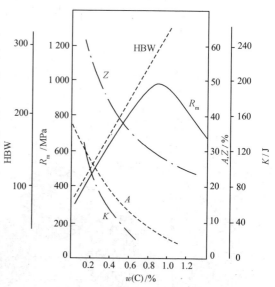

图 3-47 碳质量分数对平衡状态下铁-碳合金力学性能的影响

3. 碳质量分数对工艺性能的影响

(1)切削加工性能

中碳钢的切削加工性能比较好,碳质量分数过低,不易断屑,同时难以得到良好的加工表面;碳质量分数过高,硬度太大,对刀具磨损严重,也不利于切削。一般而言,钢的硬度为 170~250HBW 时切削加工性能最好。

(2)可锻性能

钢的可锻性与碳质量分数有直接关系。低碳钢的可锻性良好,随碳质量分数增加,可锻性逐渐变差。由于奥氏体塑性好,易于变形,热压力加工都加热到奥氏体相区进行,但始轧或始锻温度不能过高,以免产生过烧,而终轧或终锻温度又不能过低,以免产生裂纹。

(3)铸造性能

共晶成分附近的合金结晶温度低,流动性好,铸造性能最好。越远离共晶成分,液、固相线的间距越大,凝固过程中越容易形成树枝晶,阻碍后续液体充满型腔,铸造性能变差,容易形成分散缩孔和偏析。

(4)焊接性能

钢的塑性越好,焊接性能越好,因此,低碳钢比高碳钢易于焊接。

(5)热处理性能

对热处理性能来说,碳的影响更为明显。这将在第 5 章详细介绍。

思 考 题

3-1 说明在液体结晶的过程中晶胚和晶核的关系。

3-2 固态非晶合金的晶化过程是否属于同素异构转变？为什么？

3-3 根据匀晶转变相图分析产生枝晶偏析的原因。

3-4 结合相图分析碳质量分数 0.45%、1.2% 和 3.0% 的 Fe-C 合金在缓慢冷却过程中的转变及室温下的组织。

3-5 利用杠杆定律计算碳质量分数 1.2% 的 Fe-C 合金缓慢冷却到 $727\ ℃$ 时，在共析转变前后各种组织组成物的相对量以及室温时各种组织组成物的相对量。

3-6 说明 Fe-C 合金中 5 种类型渗碳体的形成和形态特点。

第4章

金属的塑性变形与再结晶

葛庭燧与葛氏扭摆仪

葛庭燧(1913.5.3－2000.4.29),金属物理学家,中国科学院院士。

1937年毕业于清华大学物理学系,1040年获燕京大学物理学系硕士学位,1943年获美国加州大学伯克利分校物理学博士学位。

1945年参加了美国芝加哥大学金属研究所的筹建工作,并于1946年创制了世界上第一台用于研究金属内部原子弛豫现象的扭摆仪,被公认为"葛氏扭摆仪"。1947年他用自己创制的"葛氏扭摆仪"发现了金属晶界内耗峰,被称为葛氏峰,从而在国际上奠定了滞弹性内耗的理论基础。1949年,他提出晶粒间界无序原子群模型,被称为"葛氏晶界模型"。他是国际上滞弹性内耗研究领域创始人之一。

新中国刚刚成立的1949年11月,葛庭燧克服重重困难返回国内,同时担任清华大学物理学系教授和中国科学院应用物理研究所研究员。1952年前往沈阳,筹建中国科学院金属研究所,并任副所长。1980年前往合肥,筹建中国科学院固体物理研究所,并任中国科学院合肥分院副院长。

葛庭燧先生多次获得国际科技大奖,为祖国的科技事业做出了巨大的贡献。

在材料拉伸过程(第1章)中,当外加应力超过材料的屈服强度以后,材料开始发生塑性变形。塑性变形是一种不可恢复的变形,而且随着应变增加,变形所需应力也不断提高,直至材料内部出现孔洞(颈缩)。塑性变形及随后的热处理对材料的组织和性能有着明显的影响,这种影响在金属材料中尤为显著。因此,理解塑性变形机制、塑性变形及加热时组织的变化,有助于正确确定材料的加工工艺,充分发挥材料的性能。本章将对金属材料的变形现象和机制进行介绍,进而分析几种主要的金属材料强化方法,最后介绍塑性变形对材料微观组织的影响。

4.1 纯金属的塑性变形

4.1.1 单晶体的塑性变形

单晶体在拉力 F 的作用下会发生变形。图4-1给出了锌单晶棒拉伸变形的照片和示意图。变形后,在表面出现台阶结构,称为滑移带。它是由试样在特定的晶面发生剪切变形而形成的,这个晶面被称为滑移面。作用在试样两端的力 F 在滑移面上分解成了垂直于滑移面的正应力 σ 和平行于滑移面的切应力 τ。正应力 σ 引起弹性变形和解理断裂,而切应力 τ 引起滑移和塑性变形。

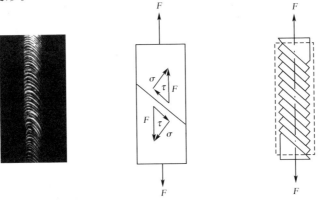

(a)锌单晶的拉伸变形照片　　(b)外应力在晶面上的分解　　(c)在切应力 τ 作用下的变形

图 4-1　单晶体的拉伸变形与滑移

通常,塑性变形有两种方式:滑移和孪生。如图 4-2 所示。多数情况下,金属的塑性变形是以滑移的方式进行的。

原子滑移

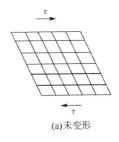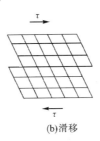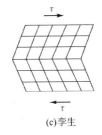

(a)未变形　　　　　(b)滑移　　　　　(c)孪生

图 4-2　晶体塑性变形的基本形式

1.滑移

如图 4-2 所示,滑移是晶体的一部分沿一定的晶面和晶向相对于另一部分发生滑动位移的现象。滑移只在切应力作用下发生。发生滑移的晶面和晶向分别称为滑移面和滑移方向。

滑移经常沿晶体中原子密度最大的晶面和晶向发生。这是因为原子密度最大的晶面和晶向的间距最大,结合力最弱,产生滑移所需切应力最小。一个滑移面和其上一个滑移方向构成一个滑移系。三种典型金属结构的滑移系列于表 4-1 中。

表 4-1　三种典型金属结构的滑移系

结构	体心立方		面心立方		密排六方	
滑移面	$\{110\}$ ×6	{110} {110}	$\{111\}$ ×4	〈110〉 {111}	六方底面 ×1	六方底面
滑移方向	〈111〉 ×2	〈111〉	〈110〉 ×3		底面对角线 ×3	底面对角线
滑移系数量	6×2=12		4×3=12		1×3=3	

从表中可以看到,体心立方和面心立方结构的滑移系数量相同,都是 12 个,而密排六方晶格结构只有 3 个滑移系。滑移系越多,金属发生滑移的可能性越大,塑性也越好,并且滑移方向对塑性的贡献比滑移面大。因而,面心立方结构金属塑性好于体心立方结构金属,体心立方结构金属塑性好于密排六方结构金属。

滑移时,晶体中不同部分的相对位移是滑移方向上原子间距的整数倍。滑移的结果在晶体表面形成台阶,称为滑移线。若干条滑移线形成一个滑移带,如图 4-3 所示。

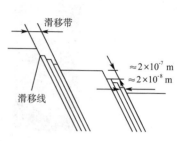

图 4-3 铝单晶体滑移线和滑移带示意图

滑移的同时伴随着晶体的转动,转动有两种:一种是滑移面向外力轴方向转动,另一种是在滑移面上滑移方向向最大切应力方向转动。计算表明,当滑移面和滑移方向都与外力轴方向呈 45°角时,滑移方向上的切应力最大,滑移最容易发生。当滑移面和滑移方向与外力轴方向平行或垂直时,切应力分量为零,不发生滑移。

对于理想的金属晶体,如果把滑移设想为刚性整体滑动,计算得到的滑移所需的理论临界切应力比实际测量值大 3～4 个数量级。因此,人们提出滑移是通过滑移面上位错的运动来实现的。按照位错运动模型计算所得的临界切应力与实验测量值相符。因此滑移不是刚性滑动,而是位错运动的结果。图 4-4 所示的是晶体中通过位错运动而形成滑移的示意图。位错从滑移面的一侧运动到另一侧,使晶体产生一个原子间距的滑移量。

刃位错运动

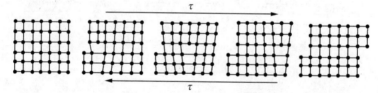

图 4-4 晶体中通过位错运动而形成滑移的示意图

2. 孪生

孪生是另一种重要的塑性变形机制,它是指晶体的一部分沿一定晶面和晶向相对于另一部分发生的切变。发生切变的部分称为孪生带,发生孪生的切变面称为孪生面。孪生的结果使孪生面两侧的晶体呈镜面对称,如图 4-5 所示。

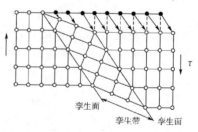

图 4-5 孪生变形示意图

与滑移相比,孪生使晶格位向发生改变,所需切应力比滑移大得多,变形速度极快,接近于声速。孪生时相邻原子面的相对位移量小于一个原子间距。

在常见的结构类型中,密排六方结构金属的滑移系较少,常以孪生的方式变形。体心立方结构的金属只有在低温或冲击作用下才发生孪生变形。面心立方结构金属一般不发生孪生变形,但在这类金属中常发现有孪晶存在。这是由于相变过程中原子重新排列时发生错排而产生的,称为退火孪晶。

4.1.2　多晶体的塑性变形

工程上使用的金属大多数是多晶体。由于晶界的存在和晶粒取向的不同,多晶体的塑性变形比单晶体复杂得多。多晶体每个晶粒内部的变形情况与单晶体的变形情况大致相似,位错按照上面定义的滑移系运动。如图 4-6 所示,在抛光的铜表面可以看到滑移线。由于晶粒取向不同,每个晶粒表面的滑移线方向也不同。

在材料受力发生塑性变形的过程中,位错在滑移面上沿滑移方向运动。当位错运动到晶界附近时,如果不能跨过晶界,那么就会由于晶界阻碍而堆积起来,称为位错的塞积,如图 4-7 所示。若要使变形继续进行,则必须增加外力使位错跨过晶界。因此晶界的存在使金属的塑性变形抗力提高。另一方面,因为各个相邻的晶粒位向不同,塑性变形不能同时在所有的晶粒中发生。当一个晶粒发生塑性变形时,为了保持金属的连续性,周围的晶粒若不发生塑性变形,则必须用弹性变形来协调。这种弹性变形使晶粒之间相互约束,也会提高多晶体金属的塑性变形抗力。

位错塞积

图 4-6　变形多晶体铜预先抛光表面上的滑移线

图 4-7　位错在晶界处塞积

多晶体金属的塑性变形过程可以描述如下。多晶体中首先发生滑移的是那些滑移系与外力轴方向夹角等于或接近于 45° 的晶粒,这些晶粒在变形过程中,产生位错运动,进而在晶界附近塞积。当塞积位错前端的应力达到一定程度时,加上相邻晶粒的转动,使相邻晶粒中原来处于不利位向滑移系上的位错开动,从而使滑移由一批晶粒传递到另一批晶粒。当大量晶粒发生滑移后,金属便显示出明显的塑性变形。

4.1.3　形变强化和细晶强化

为了设计出具有高强度的金属材料,必须理解材料的强化机制。人们已经提出了多种金属材料的强化机制,如图 4-8 所示。因为材料的塑性变形与位错运动紧密相关,所以这些机制的关键是理解位错运动和材料力学性能之间的关系。本节中主要分析纯金属的强化机制,包括形变强化和细晶强化。

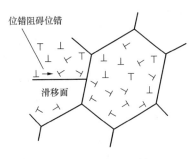

图 4-8　金属强化机制

形变强化也称为加工硬化,是指金属材料在冷塑性变形后,金属的硬度和强度提高,同时塑性和韧性下降。由于变形过程中位错增殖,使材料中位错密度增大,位错之间的应变场相互作用使位错运动困难,从而提高了材料的强度。形变强化是强化金属的重要手段之一,尤其对于那些不能通过热处理强化的金属和合金更为重要。

多晶体金属的力学性能受到晶粒尺寸的显著影响。金属的晶粒越细,其强度和硬度越高。这是因为金属的晶粒越细,晶界面积越大,位错运动障碍越多,需要协调的具有不同位向的晶粒越多,金属塑性变形的抗力越高。这种通过细化晶粒提高金属材料强度的方法称为细晶强化。在硬度和强度提高的同时,金属的晶粒越细,其塑性和韧性也越好。这是由于晶粒越细,单位体积内晶粒数目越多,同时参与变形的晶粒数目越多,变形均匀,推迟了裂纹的形成和扩展,使得金属在断裂前发生较大的塑性变形。同时,在强度和塑性同时增加的情况下,金属在断裂前消耗的功也增大,因而其韧性也增加。

4.2 合金的塑性变形

根据合金的组织不同,合金可以分为单相固溶体和多相混合物两种。由于合金元素的存在,合金的塑性变形行为与纯金属有显著的不同,相应地产生了其他的强化机制。

4.2.1 单相固溶体合金的塑性变形和固溶强化

单相固溶体合金的组织与纯金属相同,因而其塑性变形行为也与多晶体纯金属相似。同时,由于溶质原子的存在,使固溶体的强度、硬度提高,韧性、塑性下降,这种现象称为固溶强化。固溶强化是溶质原子与位错相互作用的结果。溶质原子不仅可使晶格发生畸变,而且易被吸附在位错附近形成柯氏气团,使位错被钉扎住,因此为了使位错运动,必须增大外力,从而使变形抗力提高。

4.2.2 多相混合物合金的塑性变形和第二相强化

当合金的组织由多相混合物组成时,合金的塑性变形除了与合金基体的性质有关外,还与第二相的性质、形态、大小、数量和分布有关。第二相可以是纯金属,也可以是固溶体或化合物,工业合金中的第二相多数是化合物。

当第二相在晶界上呈网状分布时,对合金的强度和塑性都不利。当第二相在晶内呈片状分布时,因为第二相在晶界外增加了新的界面,对位错运动产生新的障碍,因此可提高合金的强度、硬度,但是会降低塑性和韧性,这种强化机制称为第二相强化。

当第二相在晶粒内呈颗粒状弥散分布时,虽然合金的塑性、韧性略有下降,但是强度、硬度可显著提高,而且第二相颗粒越小,分布越均匀,合金的强度、硬度越高,这种强化方法称为弥散强化。因为这种弥散分布的第二相经常是由恰当的热处理产生的沉淀相,所以也称为沉淀强化。

4.3 冷加工对金属及合金组织的影响

在金属工艺学中,冷加工是指在低于再结晶温度(见 4.4.2 节)下使金属产生塑性变形的加工工艺,如冷轧、冷拔、冷锻、冷挤压、冲压等。冷加工在使金属成型的同时,通过加工硬化提高了金属的强度和硬度。

金属在塑性变形时,不仅外形发生变化,而且其内部的晶粒也被相应地拉长或压扁。当晶粒变形量很大时,晶粒将被拉长为纤维状,晶界也变得模糊不清,如图 4-9 所示。

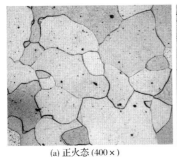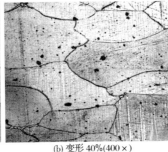

(a) 正火态(400×)　　(b) 变形 40%(400×)　　(c) 变形 80%(400×)

图 4-9　工业纯铁在塑性变形前后的组织变化

在塑性变形过程中,晶粒也会发生转动。当变形量达到一定程度(70%以上)时,会使大部分晶粒的某一位向与外力趋于一致,这种现象称为形变织构或择优取向,如图 4-10 所示。

冷轧

形变织构使金属呈现各向异性,例如,冷轧板在轧制方向和横向(垂直于轧制方向)性能有显著不同。这种织构所造成的各向异性对材料的加工性能和使用性能有一定影响。例如,当用冷轧板材冲压杯状零件时,由于轧制方向和横向的变形能力不同,冲压出的工件边缘不齐,形成"制耳",如图 4-11 所示。

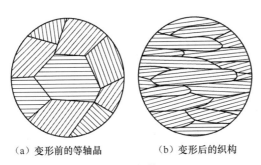

(a) 变形前的等轴晶　　(b) 变形后的织构

图 4-10　织构

图 4-11　轧制铝板深冲件的"制耳"现象

4.4　回复与再结晶

4.4.1　冷塑性变形金属在加热过程中的组织与性能变化

金属经冷塑性变形后,组织处于不稳定状态,有自发恢复到变形前组织状态的倾向,但是在常温下,原子扩散能力弱,不稳定状态可以维持相当长的时间,而加热会使原子扩散能力增强,金属将依次发生回复、再结晶和晶粒长大。冷塑性变形金属的组织与性能随温度变化如图 4-12 所示。

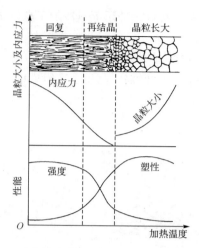

图 4-12　冷塑性变形金属的组织与性能随温度变化

1. 回复

回复是指在加热温度较低时,由于金属中点缺陷及位错的近距离迁移而引起的晶内变化。如空位与其他缺陷合并、同一滑移面上的异号位错相遇合并而使缺陷数量减少等。此外,位错运动后,由冷塑性变形时的无序状态变为垂直分布,形成亚晶界,这一过程称为多边形化,如图 4-13 所示。

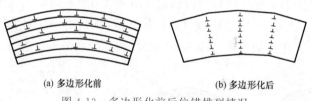

(a) 多边形化前　　　　　　　　　(b) 多边形化后
图 4-13　多边形化前后位错排列情况

在回复阶段,金属的组织变化不明显,其强度、硬度略有下降,塑性略有提高,但是内应力和电阻率等显著下降。

在工业上,常利用回复现象将冷塑性变形金属低温加热,既稳定组织,又保留了加工硬化,这种热处理称为去应力退火。例如,用冷拉钢丝卷制的弹簧要通过 250～300 ℃ 的低温处理,以消除应力使其定型;经深冲工艺制成的黄铜弹壳要进行 260 ℃ 的去应力退火,以防止晶间应力腐蚀开裂等。

2. 再结晶

如图 4-14 所示,当冷塑性变形金属被加热到较高温度时,由于原子活动能力增加,形成新的等轴晶并逐步取代变形晶粒,这个过程称为**再结晶**。再结晶也是一个晶核形成和长大的过程。因为再结晶前后新旧晶粒的晶格结构和成分完全相同,所以再结晶不是相变过程。由于再结晶后组织复原,所以金属的强度和硬度下降,塑性和韧性提高,加工硬化现象消失。

3. 晶粒长大

再结晶完成后,若继续升高加热温度或延长加热时间,将发生晶粒长大,这是一个自发的过程。晶粒长大是通过晶界迁移进行的,是大晶粒吞并小晶粒的过程。与细晶强化相反,晶粒粗大会使金属的强度、塑性和韧性下降。

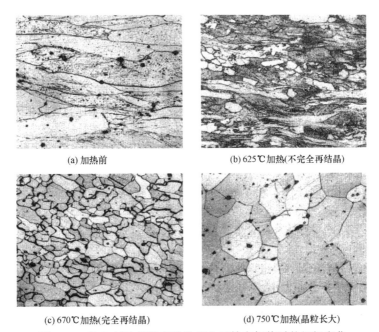

(a) 加热前　　　　　　　　　　(b) 625℃加热(不完全再结晶)

(c) 670℃加热(完全再结晶)　　　　(d) 750℃加热(晶粒长大)

图 4-14　经 70％冷塑性变形的工业纯铁在加热时的组织变化

4.4.2　回复与再结晶温度

1. 回复温度(与再结晶温度有交叉)

随着加热温度的不同,回复机理也不同。人们习惯用约化温度来表示加热温度的高低。所谓约化温度 T_H 是指用绝对温度表示的加热温度 T 与其熔点 T_m 之比,即

$$T_H = T/T_m$$

$0.1 < T_H \leqslant 0.2$ 时为低温回复:回复主要与点缺陷的迁移有关,空位或间隙原子移动到晶界或位错处消失,空位与间隙原子的相遇复合,空位集结形成空位对或空位片,使点缺陷密度大大下降。

$0.2 < T_H \leqslant 0.3$ 时为中温回复:随加热温度升高,原子活动能力增强,位错可以在滑移面上滑移,使异号位错相遇相消,位错密度下降,位错缠结内部重新排列组合,使亚晶规整化。

$0.3 < T_H \leqslant 0.4$ 时为高温回复:高温时,原子活动能力进一步增强,位错除滑移外,还可攀移,主要机制是多边形化。

2. 再结晶温度

再结晶温度是冷塑性变形金属开始进行再结晶的最低温度。影响再结晶温度的主要因素如下:

(1)金属的预先变形度

金属的预先变形度越大,其储存的能量越高,再结晶驱动力也越大,因此再结晶温度越低。然而,当预先变形度达到一定值后,再结晶温度趋于某一最低值,称为最低再结晶温度,如图 4-15 所示。实验表明,对于许多工业

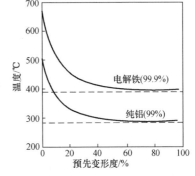

图 4-15　预先变形度对金属再结晶温度的影响

纯金属而言,在上述条件下,再结晶温度 T_R 与其熔点 T_m 的关系为

$$T_R \approx (0.35 \sim 0.45) T_m$$

可见,纯金属熔点越高,其再结晶温度也越高。

(2)金属的纯度

金属中的微量杂质或合金元素,特别是高熔点元素与位错及晶界存在交互作用,阻碍位错和晶界迁移,使金属再结晶温度提高。如纯铁的再结晶温度为 724 K(451 ℃),而加入少量碳变成低碳钢后,再结晶温度提高到 813 K(540 ℃)。

(3)加热速度和保温时间

提高加热速度会使再结晶推迟到较高温度发生,而延长保温时间,则使原子扩散充分,再结晶温度降低。

4.4.3 再结晶退火后晶粒度

在工业生产中,把消除加工硬化所进行的热处理称为再结晶退火。再结晶退火温度常比再结晶温度高 100～200 ℃。由于晶粒大小对金属力学性能具有重大影响,生产上非常重视再结晶退火后的晶粒度。影响再结晶退火后晶粒度的因素如下:

1. 加热温度和保温时间

加热温度越高,保温时间越长,金属的晶粒越大。加热温度的影响尤为显著,如图 4-16 所示。

2. 预先变形度

预先变形度的影响,实质上是变形均匀程度的影响。如图 4-17 所示,当变形度很小时,晶格畸变小,不足以引起再结晶。当变形度达 2%～10% 时,金属中只有部分晶粒变形,变形极不均匀,再结晶时晶粒大小相差悬殊,容易互相吞并长大,再结晶退火后晶粒特别粗大,这个变形度称为临界变形度。生产中应尽量避开临界变形度下的加工。

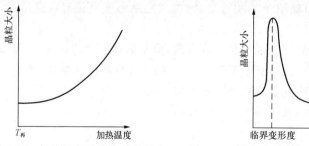
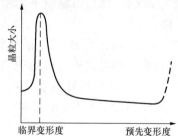

图 4-16　加热温度对晶粒度的影响　　图 4-17　预先变形度与再结晶退火后晶粒度的关系

超过临界变形度后,随变形度增加,变形越来越均匀,再结晶时形核量大而均匀,使再结晶后晶粒细而均匀,达到一定变形度之后,晶粒度基本不变。对于某些金属,当变形度非常大时(>90%),再结晶后晶粒又重新出现粗化现象,一般认为这与形变织构有关。

4.4.4 金属热加工及动态回复与再结晶

在金属学中,冷热加工是以再结晶温度来划分的,低于再结晶温度的加工为冷加工,而

高于在再结晶温度的加工为热加工。例如,Fe 的再结晶温度为 451 ℃,其在 400 ℃下的加工为冷加工;Pb 的再结晶温度为－33 ℃,则其在室温下的加工为热加工。工业生产中在高温下进行的锻造、轧制等压力加工都属于热加工。热加工能量消耗小,但钢材表面易氧化,因而热加工一般用于截面面积大、变形度大、在室温下加工困难的工件。冷加工一般用于截面面积小、塑性好、尺寸精度及对表面粗糙度要求高的工件。

1. 动态回复

热加工时由于温度很高,金属在变形的同时发生回复,以及加工硬化和软化两个相反的过程。这种在热变形时由于温度和外力联合作用发生的回复过程称为动态回复。动态回复发生时,金属在热塑性变形过程中通过热激活、空位扩散、位错运动(滑移、攀移)相消和位错重排,产生多边形化和位错缠结胞的规整化。对于层错能高的晶体,这些过程进行的相当充分,形成稳定的亚晶。

显然,加热时只发生动态回复的金属,由于内部有较高的位错密度,若能在热加工后快速冷却至室温,可使材料具有较高的强度。此技术已成功应用于提高建筑用铝镁合金挤压型材的强度,但若缓慢冷却则会发生静态再结晶而使材料彻底软化。

2. 动态再结晶

对于一些层错能较低的金属,由于位错难以攀移,滑移的运动性也较差,高温回复不可能充分进行,因此其热加工时的主要软化机制为动态再结晶。一些面心立方金属如铜及其合金、γ-Fe、奥氏体钢等都属于这种情况。

整个热塑性变形过程中,动态再结晶不断通过形核和长大进行。由于新生的晶粒仍受变形的作用,因此动态再结晶的晶粒中会形成缠结的胞状亚结构。动态再结晶晶粒的尺寸与变形达到稳定态时的应力大小有关,此应力越大,再结晶晶粒越细。

热塑性变形终止时,由于材料仍处于高温,可发生静态再结晶,静态再结晶的晶粒尺寸比动态再结晶的晶粒尺寸要大一个数量级。

3. 热加工对组织和性能的影响

热加工可使铸态金属与合金中的气孔焊合,使粗大的枝晶或柱状晶破碎,从而使组织致密,成分均匀,晶粒细化,力学性能提高。

热加工使铸态金属中的非金属夹杂物延变形方向伸长,形成彼此平行的宏观条纹,称为流线,由这种流线体现的组织称为纤维组织。纤维组织使钢产生各向异性,与流线平行的方向强度高,而与其垂直的方向强度低。在制定加工工艺时,应使流线分布合理,尽量与拉应力方向一致。如图 4-18(a)所示的曲轴锻坯流线分布合理,而图 4-18(b)中所示的曲轴是由锻钢切削加工而成,其流线分布不合理,易在轴肩处发生断裂。

热轧

在热加工亚共析钢时,常发现钢中的铁素体与珠光体呈带状分布,如图 4-19 所示,这种组织称为带状组织。带状组织与枝晶偏析沿加工方向被拉长有关。它的存在将降低钢的强度、塑性和冲击韧性,可通过多次正火或扩散退火来消除。

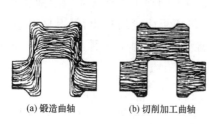

(a) 锻造曲轴 (b) 切削加工曲轴

图 4-18　曲轴中的流线分布

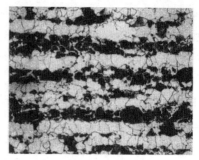

图 4-19　钢中的带状组织

扩展读物

1. 余世浩,杨梅. 材料成型概论 [M]. 北京:清华大学出版社,2012.
2. 王英杰. 金属工艺学 [M]. 2 版. 北京:机械工业出版社,2021.
3. 张俊善. 材料强度学 [M]. 哈尔滨:哈尔滨工业大学出版社,2014.

思 考 题

4-1 为什么室温下金属的晶粒越细,强度和硬度越高,塑性和韧性越好?

4-2 金属铸件的晶粒往往比较粗大,能否通过再结晶退火来细化其晶粒? 为什么?

4-3 反复弯折退火钢丝时,会感到越弯越硬,最后断裂,为什么?

4-4 金属钨在 1 100 ℃下的变形加工和锡在室温下的变形加工是冷加工还是热加工? 为什么?

4-5 工厂在冷拔钢丝时常进行中间退火,这是为什么? 如何选择中间退火温度?

第5章

材料相变的动力学特征及非平衡相变

百炼成钢

用钳子可以把铁丝掐断,用车刀、铣刀、刨刀可以切削钢件。同样是钢,为什么一个比另一个硬,一个可以切削另一个呢?将钢烧红,然后快速浸到水中,可以使钢大大硬化,这种工艺古人在制造刀剑时就逐步掌握了,并给它起了一个名字,叫"淬火"。古人知道,要制造出好的刀剑必须将铁在炭火中加热,然后锻打,而且这个过程要反复进行,"百炼成钢"就是这个意思。最后,也是最关键的一步,就是把经过反复锻打的红热状态的刀剑淬入水中,刀剑就具备了"削铁如泥"的性能了。古人并不知道为什么要这么做,只是经过长期摸索后,口耳相传,一旦所有过程进行得非常完美,就不能对工艺做任何改动。这表明,对材料的不同加工过程将导致材料性能的巨大变化。

5.1 材料相变的动力学特征

在第3章介绍平衡相变时,总是假设过程足够缓慢,平衡转变可以充分进行,也就是说不考虑时间因素。无论是纯组元还是合金的结晶过程均涉及原子的迁移,材料在凝固过程中原子要发生重组,因此实际相变必须考虑时间因素。以液体冷却过程中的结晶过程为例,表征相变的动力学过程时,最简单的方法是在结晶温度以下的不同温度下保温,然后测量每一个温度下转变量和时间的关系(图 5-1)。大量研究表明,在相变温度以下的某一温度保温时,总需要一段时间转变才开始,这段时间称为孕育期;转变刚开始时,相变速度较慢;转变开始一段时间后,新相快速增加;到转变后期,相变速度又慢下来了,直至转变完毕。转变量与时间的关系符合图 5-1 所示的规律。图 5-1 中纵轴为相对转变量,横轴为时间,t_i 为该温度下的孕育期。等温转变时相对转变量 X 和时间 t 的关系可以描述为

$$X = 1 - \exp(-Bt^n) \tag{5-1}$$

式中:n 是与转变类型相关的常数;B 既和转变类型有关,又与转变温度有关。

在实际测量时,通常把转变 1% 作为转变开始点,把转变 99% 作为转变终了点。把临界点以下不同温度转变起始时间和转变终了时间分别连线,则构成了相变温度-时间曲线(图 5-2)。图 5-2 中 T_c 代表相变临界温度。1% 和 99% 曲线分别代表不同温度下转变开始时间

和转变终了时间。曲线呈 C 形,这意味着温度过高或过低转变速度都慢,中等温度转变速度最快。这是转变动力学与热力学竞争的结果。在高温下,原子扩散速度足够快,驱动力(过冷度)成为影响转变进程的限制性环节,此时温度越低,转变速度越快;在低温下,驱动力足够大,原子扩散成为影响转变进程的限制性环节,此时温度越低,转变速度越慢;在中等温度驱动力足够大,原子扩散足够快,因此相变速度最快。

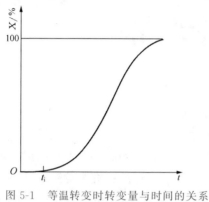

图 5-1　等温转变时转变量与时间的关系　　　图 5-2　等温转变温度-时间曲线

5.2　材料相变的微观过程

相变分为三种情况:

(1)纯组元的结晶,原子重组过程主要依靠原子在液相中迁移。结晶过程由单纯的形核与长大两个过程构成,最终的微观组织体现为晶粒尺寸的大小。

(2)两组元以上结晶为单相固溶体,相变时原子既要在液相中迁移,又要在固相中迁移。其中原子在液相中迁移比较容易,一旦结晶开始,原子就要在固相中迁移,原子在固相中的迁移只能通过扩散来进行,也更为困难。微观组织除表现为晶粒大小不同外,还会出现元素分布的不均匀。

(3)两组元以上结晶为多相组织,情况更为复杂。根据合金的成分、两相的性质等不同,微观上两相的尺寸、形态和分布都会不同。

实际工艺条件下,晶核的形成和生长常常不能满足平衡凝固条件,尤其是存在固态相变时,由于扩散被抑制,常常会形成介稳相或介稳微观组织。某些介稳相或介稳微观组织在实际条件下可以长期存在,而且性能独特,可以加以利用。

本章介绍几种工程中常见的非平衡转变。

5.3　凝固组织及其控制

前面介绍的金属与合金的结晶,重点考查相变过程,即考查纯金属或不同成分的合金在液态冷却过程中的相转变过程,未考虑组织的尺度。实际上,对于单相合金,晶粒大小对合金的力学性能影响非常大;对于多相合金,第二相的尺寸和分布状态往往是影响合金性能的决定性因素。此外,在前面的讨论中,我们总是假设在无限大的体系中进行,并没有考虑边缘效应,而实际上液体总是在一定的容器中进行冷却,接触容器的液体与处于中间位置的液体的凝固条件不同,结晶后的组织也不相同。

5.3.1　金属及合金结晶后的晶粒大小及其控制

1. 晶粒度

晶粒度是晶粒大小的量度。通常使用长度、面积、体积或晶粒度级别数来评定晶粒大小。由于测量晶粒尺寸很不方便,故在工业生产上常采用与标准系列评级图对比的比较法来评定平均晶粒度。标准晶粒度共分 8 级,1 级最粗,8 级最细(图 5-3)。比 1 级更粗或比 8 级更细的晶粒也可用晶粒度级别数来表示,如 0 级、10 级、−1 级等。比较法是将与相应标准系列评级图相同放大倍数的、有代表性视场的晶粒组织图像或显微照片与标准系列评级图直接进行对比,选取与检测图像最接近的标准系列评级图级别数。金属平均晶粒度的具体测量方法见 GB/T 6394—2017《金属平均晶粒度测定方法》。

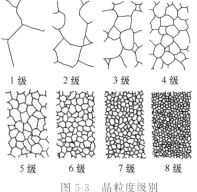

图 5-3　晶粒度级别

2. 决定晶粒大小的因素

结晶时,每个晶核长大后便形成一个晶粒,因而晶粒的大小取决于晶核的形成速率和长大速度。单位时间、单位体积内形成晶核的数目称为形核率(N),而单位时间内晶核生长的长度称为长大速度(G)。可见,形核率与长大速度的比值 N/G 越大,晶粒越细小。

3. 控制晶粒大小的方法

(1)控制过冷度

过冷度对形核率和长大速度的影响如图 5-4 所示。在正常铸造情况下,随过冷度 ΔT 增大,N/G 增加,晶粒变细。所以生产中的小型和薄壁铸件比大型铸件组织细。通常,冷却速度越快,过冷度越大。图 5-5 为冷却速度对 Al-Si 合金结晶组织的影响。

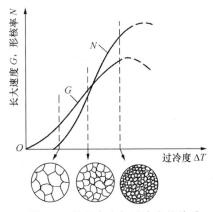

图 5-4　晶粒大小与过冷度的关系

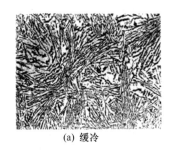

(a) 缓冷

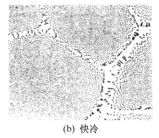

(b) 快冷

图 5-5　冷却速度对 Al-Si 合金结晶组织的影响(200×)

(2)变质处理

变质处理又称孕育处理,是一种有意向液态金属中加入非自发形核物质从而细化晶粒的方法。所加入的物质称为变质剂。金属不同,所使用的变质剂也不相同。变质处理对 Al-Si 合金结晶组织的影响如图 5-6 所示。

 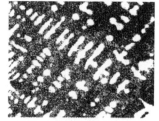

(a) 未经变质处理　　　　　　　　(b) 经变质处理

图 5-6　变质处理对 Al-Si 合金结晶组织的影响(200×)

（3）振动、搅拌

结晶时通过机械振动、电磁搅拌及超声波等方法可以打碎正在生长的树枝状晶体,增加晶核数目。同时由于外部输入了能量,能够促进形核,从而细化了晶粒。

4. 晶粒大小对金属性能的影响

常温下,晶粒越细,晶界面积越大,因而金属强度、硬度越高,同时塑性、韧性越好,称为细晶强化。屈服强度与晶粒大小符合所谓的霍尔-佩奇关系(图 5-7)。

高温下,晶界呈黏滞状态,在外力作用下易产生滑动和迁移,因而细晶粒无益。但晶粒太粗,易产生应力集中,所以高温下晶粒过粗、过细都不好。

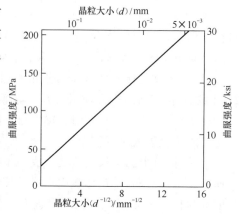

图 5-7　金属的屈服强度与晶粒大小的关系

5.3.2　铸锭的组织及缺陷

材料的凝固总是在一定的容器中进行的。容器的形状、散热条件等因素将影响金属材料铸造后的组织形态。对于铸锭来说,它的组织包括晶粒大小、形状、取向、元素和杂质分布以及铸锭中的缺陷等。铸锭的组织对后续加工和使用性能有着很大影响。

1. 铸锭的组织

由于凝固时表面和心部的结晶条件不同,故铸锭的宏观组织是不均匀的,通常由表层细晶区、柱状晶区和中心等轴晶区三个晶区组成,如图 5-8 所示。

（1）表层细晶区

当高温的液体金属被浇注到铸型中时,液体金属首先与铸型的模壁接触。一般来说,铸型的温度较低,产生很大的过冷度,形成大量晶核,再加上模壁的非均匀形核作用,在铸锭表层形成一层厚度较薄、晶粒很细的等轴晶区。

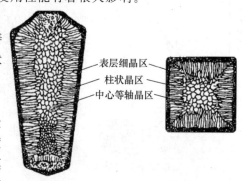

表层细晶区
柱状晶区
中心等轴晶区

图 5-8　铸锭的宏观组织的关系

（2）柱状晶区

表层细晶区形成后，液态金属加热及凝固时放出结晶潜热，使模壁的温度逐渐升高，冷却速度下降，结晶前沿过冷度减小，难以形成新的结晶核心，结晶只能通过已有晶体的继续生长来进行。由于散热方向垂直于模壁，因此晶体沿着与散热方向相反的方向择优生长而形成柱状晶区。

（3）中心等轴晶区

当柱状晶长大到一定程度时，冷却速度进一步下降及结晶潜热的不断放出，使结晶前沿的温度梯度消失，导致柱状晶的长大停止。当心部液体全部冷却至实际结晶温度以下时，以杂质和被冲下的晶枝碎块为结晶核心均匀长大，形成粗大的等轴晶区。

一般的铸锭作为坯料使用，还要进行轧制等各种加工。由于柱状晶方向性过于明显，而且晶粒之间往往结合较弱，轧制时容易在柱状晶处开裂，因此要尽量减少或避免形成明显的柱状晶区。根据柱状晶区的形成与温度梯度的方向性有直接关系的特点，要减少柱状晶区，需从破坏稳定的温度梯度及柱状晶的稳定生长入手，如降低浇注温度、降低模具的散热条件、增加液体流动或振动以及变质处理等。

2. 铸锭的缺陷

铸锭的缺陷包括缩孔和疏松、气孔、偏析等。

（1）缩孔和疏松

大多数金属凝固时体积要收缩，如果没有足够的液体补充，便会形成孔隙。如果孔隙集中在凝固的最后部位，则称为缩孔。缩孔可以通过合理设计浇注工艺、预留出补缩的液体（如加冒口）等方法控制，一旦铸锭中出现缩孔，则应将其切除。如果孔隙分散地分布于枝晶间，则称为疏松，可以通过压力铸造等方法予以消除。

缩孔

（2）气孔

金属在液态下比在固态下溶解的气体多。液态金属凝固时，如果所析出的气体来不及逸出，就会保留在铸锭内部，形成气孔。内表面未被氧化的气孔在热锻或热轧时可以焊合，如发生氧化，则必须去除。

疏松

（3）偏析

合金中各部分化学成分不均匀的现象称为偏析。铸锭在结晶时，由于各部位结晶的先后顺序不同，合金中的低熔点元素偏聚于最终结晶区，或由于结晶出的固相与液相的密度相差较大，固相上浮或下沉，从而造成铸锭宏观上的成分不均匀，称为宏观偏析。适当控制浇注温度和结晶速度可减轻宏观偏析。

5.4　单相固溶体合金结晶时的成分偏析

在第 3.2.2 节讨论的匀晶转变过程中，结晶相的成分沿着固相线变化，这意味着早期结晶出来的固溶体相中高熔点组元质量分数要比晚期结晶出的固溶体相中高熔点组元质量分数高。越晚结晶出的固溶体相，其中高熔点组元的质量分数越低。以图 5-9（a）的 Ni-Cu 合金为例，当合金Ⅰ冷却到 T_1 温度时，结晶出固溶体 α_1。随温度从 T_1 下降到 T_2，新结晶的固相成分

为 α_2，它包在 α_1 外面，与液相接触。此时晶粒内部成分仍为 α_1，晶体中两部分有成分差异，整个晶粒的平均成分为 α_2'。继续冷却过程中，一个晶粒越往外，含高熔点组元越少，T_3、T_4 温度下结晶的部分平均浓度依次变为 α_3'、α_4'。由于涉及固态中的扩散，当冷却速度不足够慢时，结晶后同一个晶粒中心和边缘会出现成分差异，即所谓枝晶偏析，如图 5-9(b)所示。具有枝晶偏析的固溶体微观组织与纯金属类似，但是每个晶粒中心和边缘成分不同，越往中心高熔点组元越多，越往边缘低熔点组元越多。如前所述，凝固时的过冷度越大，枝晶偏析越严重；液、固相线间距越大，枝晶偏析越严重。枝晶偏析可以通过在接近熔点温度下长时间退火（扩散退火）来消除。

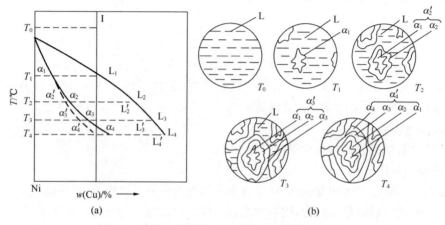

图 5-9　单相固溶体合金凝固过程中枝晶偏析形成

5.5　过饱和固溶与析出

用 Al-Cu 合金来说明过饱和固溶与析出，图 5-10 是 Al-Cu 二元合金的部分相图，其中 $CuAl_2$ 是具有一定溶解度的金属间化合物（θ 相）。成分点位于 F 点与 D' 点之间的合金（如合金 Ⅰ）在从液相缓慢冷却过程中，首先结晶出 α 相，在 1 点和 2 点之间液相逐渐减少，α 相逐渐增多，到 2 点后液相消失，形成单一的 α 固溶体。在 2 点和 3 点之间不发生相变。温度降低到 3 点后，α 达到饱和，开始从 α 相中析出 θ 相。随温度降低，θ 相逐渐增加，室温下微观组织由 α 相和从 α 相中析出的 θ 相组成。

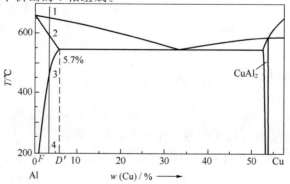

图 5-10　过饱和固溶的部分 Al-Cu 相图

　　由于固相中析出过程较慢,如果在 3 点与室温之间冷却速度足够快,析出过程来不及进行,室温下就只有单相 α 存在。由于此时 α 相处于过饱和状态,故我们称其为过饱和固溶体。过饱和固溶体是一种介稳状态,一旦给原子足够能量,随时间延长就会发生析出,称为时效。大部分情况下,低温下自固相中的析出过程并不是直接析出平衡的 θ 相。以 Al-4%Cu 合金为例,时效分为四个阶段:

　　第一阶段,原子扩散的结果首先是形成很多富 Cu 的团簇,这种团簇尺寸很小(大约是直径为 8 nm、厚度为 0.5 nm 的圆盘),但是均匀弥散分布在整个基体中,称为 GP 区。GP 区结构与基体 α 相晶体结构相同,但是 Cu 的半径大于 Al 的半径,因此 GP 区的晶格常数大于基体部分,围绕 GP 区的界面处产生应力场,因此具有很高的强度。图 5-11 所示是 Al-Cu 合金过饱和固溶体析出 GP 结构。其中空心圆圈代表 Al,实心圆球代表 Cu。细虚线区域外是 Al 的晶格;区域 I(细实线内)是 Cu 富集区,晶格常数较大;区域 II(细实线与细虚线之间)是过渡区,其原子外面与铝基体原子一一对应连接,内部与 Cu 富集区原子一一对应连接,点阵产生畸变。这种原子连接方式称为共格,形成的界面称为共格界面。

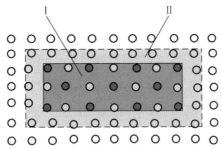

图 5-11　Al-Cu 合金过饱和固溶体析出 GP 区结构

　　第二阶段,随时间延长,析出尺寸略大的 θ″ 相(大约是直径为 30 nm、厚度为 2 nm 的圆盘),θ″ 相会进一步增强固溶体点阵的畸变,因而可以进一步提高合金的强度。

　　第三阶段,析出尺寸更大的 θ′ 相(直径大约为 100 nm),但是点阵畸变下降,因此强度开始降低。

　　第四阶段,析出平衡相 θ,其周围固溶体的点阵畸变基本消失,合金进一步软化。

　　凡是有固态析出的合金系,冷却速度快时都会发生过饱和固溶。只是对于不同的合金系基体相与析出相不同。依据析出相的结构复杂程度不同,时效析出过程也会不同。

　　过饱和固溶与析出相变常常用来产生弥散强化,即弥散的第二相在基体中均匀分布,阻碍位错的运动,进而提高材料的强度。弥散强化的同时一般不降低材料的韧性。在高温合金中常常用弥散强化方法来提高其抗蠕变性。

5.6　伪共析转变

　　当亚共析钢和过共析钢在奥氏体状态缓慢冷却时,除了共析组织外,还会有先析出的铁素体或网状渗碳体。如果使奥氏体冷却速度足够快,进入如图 5-12

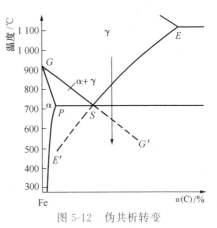

图 5-12　伪共析转变

所示的 $E'SG'$ 区域时,铁素体和渗碳体同时达到析出条件,可以得到 100% 珠光体。这种非共析成分得到全部共析组织的现象称为伪共析。伪共析转变对过共析钢处理有非常重要的意义,可以用来消除网状渗碳体;对于亚共析钢,则可以增加珠光体质量分数。

5.7　钢的非平衡转变

铁合金又称为黑色合金,是以铁为基体的合金的总称。铁合金又分为钢和铸铁,传统上把碳质量分数小于 2.11% 的铁-碳合金称为钢,而把碳质量分数大于 2.11% 的铁-碳合金称为铸铁。由于钢和铸铁在冷却过程中的转变方式不同,因此得到的组织不同,后续的加工过程以及最终性能也有很大的差异。铁合金的奇妙之处在于可以通过热处理来极大地改变其性能。传统上热处理是指把钢加热到奥氏体区以后,当以不同的冷却速度冷却时,得到不同的微观组织,进而得到不同的性能的工艺。冷却速度由慢到快,依次形成平衡的珠光体组织、细化的珠光体组织、贝氏体组织和马氏体组织,强度和硬度也依次提高。正是铁合金性能的多样性,使其在工业中得到了广泛的应用。

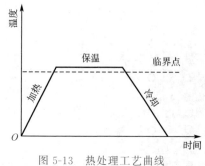

图 5-13　热处理工艺曲线

钢的非平衡转变(钢的热处理)是指将钢在固态下加热、保温和冷却,以改变钢的组织结构,从而获得所需要性能的一种工艺。热处理是一种重要的加工工艺,在机械制造业已被广泛应用。据初步统计,在机床制造中 60%～70% 的零件要经过热处理,在汽车、拖拉机制造业中需进行热处理的零件达 70%～80%,至于模具、滚动轴承则 100% 要经过热处理。总之,重要的零件都要经过适当的热处理才能使用。为简明表示热处理的基本工艺过程,通常用温度-时间坐标绘出热处理工艺曲线,如图 5-13 所示。热处理与其他加工工艺,如铸造、压力加工等相比,其特点是只通过改变工件的组织来改变性能,而不改变其形状。热处理只适用于固态下发生相变的材料,不发生固态相变的材料不能用热处理来强化。钢在热处理时其组织转变的规律称为热处理原理。根据热处理原理制定的温度、时间、介质等参数称为热处理工艺。根据加热、冷却方式及钢组织性能变化特点的不同,将钢的热处理工艺分类如下:

(1)普通热处理:如退火、正火、淬火和回火。

(2)表面热处理:如表面淬火、化学热处理。

(3)其他热处理:如真空热处理、形变热处理、控制气氛热处理、激光热处理等。

根据在零件生产过程中所处的位置和作用,又可将热处理分为预备热处理与最终热处理。预备热处理是指为随后的加工(冷拔、冲压、切削)或进一步热处理作准备的热处理,而最终热处理是指赋予工件所要求的使用性能的热处理。

由于在实际加热或冷却时有过冷或过热现象,因此,将钢在加热时的实际转变温度分别用 A_{c1}、A_{c3}、A_{ccm} 表示,冷却时的实际转变温度分别用 A_{r1}、A_{r3}、A_{rcm} 表示,如图 5-14 所示[在铁-碳合金

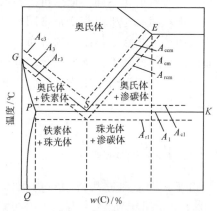

图 5-14　实际加热和冷却时的转变温度

相图中,PSK 线(共析线)、GS 线、ES 线分别用 A_1、A_3、A_{cm} 表示]。由于加热和冷却速度直接影响转变温度,一般手册中的数据是以 30~50 ℃/h 的速度加热或冷却时测得的。

5.7.1 钢在加热时的转变

加热是钢在热处理时的第一道工序。加热分两种:一种是在临界点 A_1 以下加热,不发生相变;另一种是在临界点以上加热,目的是获得均匀的奥氏体组织,这一过程称为奥氏体化。

1.奥氏体的形成过程

钢在加热时奥氏体的形成过程是一个形核和长大的过程。以共析钢为例,其奥氏体形成过程可简单地分为四个步骤,如图 5-15 所示。

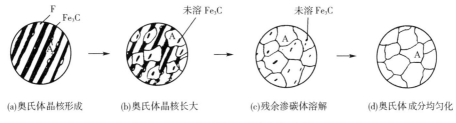

图 5-15 共析钢的奥氏体形成过程

第一步是奥氏体晶核形成,奥氏体晶核首先在铁素体与渗碳体相界处形成,因为相界处的成分和结构对形核有利;第二步是奥氏体晶核长大,奥氏体晶核形成后,便通过碳原子的扩散向铁素体和渗碳体方向长大;第三步是残余渗碳体溶解,铁素体在成分和结构上比渗碳体更接近于奥氏体,因而先于渗碳体消失,而残余渗碳体则随保温时间延长不断溶解直至消失;第四步是奥氏体成分均匀化,渗碳体溶解后,其所在部位的碳质量分数仍比其他部位高,需通过较长时间的保温使奥氏体成分逐渐趋于均匀。

亚共析钢和过共析钢的奥氏体化过程与共析钢基本相同,只是由于先共析铁素体或二次渗碳体的存在,要获得全部奥氏体组织,必须相应地加热到 A_{c3} 或 A_{ccm} 以上。

2.奥氏体的晶粒大小及其影响因素

钢在加热时所获得的奥氏体晶粒大小将直接影响其冷却后的组织和性能。

(1)奥氏体的晶粒大小

奥氏体化刚结束时的晶粒度称为起始晶粒度,此时晶粒细小均匀。随加热温度升高或保温时间延长,会出现晶粒长大的现象。在给定温度下奥氏体的晶粒度称为实际晶粒度,它直接影响钢的性能。钢在加热时奥氏体晶粒的长大倾向称为本质晶粒度。通常将钢加热到 940±10 ℃奥氏体化后,设法把奥氏体晶粒保留到室温来判断钢的本质晶粒度,如图 5-16 所示。晶粒度为 1~4 级的是本质粗晶粒钢,晶粒度为 5~8 级的是本质细晶粒钢。前者晶粒长大倾向大,后者晶粒长大倾

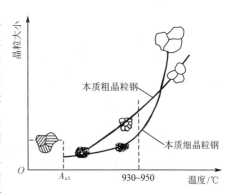

图 5-16 钢的本质晶粒度

向小。在工业生产中,经锰硅脱氧的钢一般都是本质粗晶粒钢,而经铝脱氧的钢、镇静钢则多为本质细晶粒钢。需进行热处理的工件一般应采用本质细晶粒钢制造。

(2)奥氏体晶粒大小的影响因素

①加热温度和保温时间

加热温度高,保温时间长,奥氏体晶粒粗大,即使是本质细晶粒钢,当加热温度过高时,奥氏体晶粒也会迅速粗化。

②加热速度

加热速度越快,过热度越大,形核率越高,晶粒越细。

③合金元素

随奥氏体中碳质量分数的增加,奥氏体晶粒长大倾向变大,但如果碳以残余渗碳体的形式存在,则由于其阻碍晶界移动,反而使晶粒长大倾向减小。同样,在钢中加入碳化物形成元素(如钛、钒、铌、钽、锆、钨、钼、铬等)和氮化物形成元素(如铝等)能阻碍奥氏体晶粒长大。而锰、磷溶于奥氏体后,使铁原子扩散加快,会促进奥氏体晶粒长大。

④原始组织

接近平衡状态的组织有利于获得细奥氏体晶粒。奥氏体晶粒粗大,冷却后的组织也粗大,从而使钢的常温力学性能降低,尤其是塑性和韧性降低更为显著。因此,加热得到细而均匀的奥氏体晶粒是热处理的关键问题之一。

5.7.2 钢在冷却时的转变

与加热相比,冷却是钢热处理时更为重要的工序,因为钢的常温性能与其冷却后的组织密切相关。钢在不同的过冷度下可转变为不同的组织,包括平衡组织和非平衡组织。处于临界点 A_1 以下的奥氏体称为过冷奥氏体。过冷奥氏体是非稳定组织,迟早要发生转变。随过冷度不同,过冷奥氏体将发生三种类型的转变,即珠光体转变、贝氏体转变和马氏体转变。现以共析钢为例进行说明。

1.珠光体转变

过冷奥氏体在 $A_1 \sim 550$ ℃将转变为珠光体类型组织,它是铁素体与渗碳体片层相间的机械混合物。根据片层厚薄不同,又可将其细分为珠光体、索氏体和托氏体。

(1)珠光体

珠光体的形成温度为 $A_1 \sim 650$ ℃,铁素体与渗碳体片层较厚,500 倍光学显微镜下可分辨,用符号 P 表示,如图 5-17 所示。

(a)光学显微镜下形貌　　　　　　　　　　(b)电子显微镜下形貌

图 5-17　珠光体组织

（2）索氏体

索氏体的形成温度为 650～600 ℃，铁素体与渗碳体片层较薄，800～1 000 倍光学显微镜下可分辨，用符号 S 表示，如图 5-18 所示。

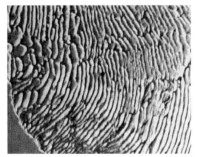

(a) 光学显微镜下形貌　　　　　　　　　　(b) 电子显微镜下形貌

图 5-18 索氏体组织

（3）托氏体（屈氏体）

托氏体的形成温度为 600～550 ℃，铁素体与渗碳体片层极薄，电子显微镜下可分辨，用符号 T 表示，如图 5-19 所示。图 5-20 所示为珠光体类转变过程。

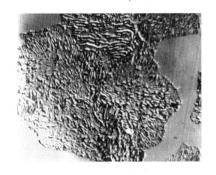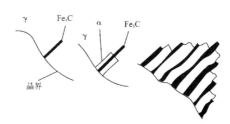

图 5-19　托氏体组织形貌　　　　　　图 5-20　珠光体类转变过程

这三种组织无本质区别，只是片层厚薄不同，因此其界限也是相对的，片间距越小，钢的强度、硬度越高，同时塑性和韧性略有改善。

珠光体转变是一个形核和长大的过程。渗碳体晶核首先在奥氏体晶界上形成，在长大过程中，其两侧奥氏体的碳质量分数下降，促进了铁素体形核，两者相间形核并长大，形成一个珠光体团，一个晶粒可形成几个珠光体团，珠光体转变是一种扩散型转变，即铁原子和碳原子均发生扩散。

2. 贝氏体转变

过冷奥氏体在 550 ℃～M_s（对于共析钢，M_s 约为 230 ℃）将转变为贝氏体类型组织。贝氏体用符号 B 表示。根据其组织形态不同，又分为上贝氏体（$B_上$）和下贝氏体（$B_下$）。

（1）上贝氏体

上贝氏体的形成温度为 550～350 ℃，在光学显微镜下呈羽毛状，在电子显微镜下为不连续棒状的渗碳体，分布于自奥氏体晶界向晶内平行生长的铁素体条之间，如图 5-21 所示。

(a)光学显微镜下形貌

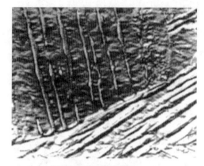
(b)电子显微镜下形貌

图 5-21 上贝氏体组织

（2）下贝氏体

下贝氏体的形成温度为 $350\ ℃\sim M_s$，在光学显微镜下呈竹叶状，在电子显微镜下为细片状碳化物，分布于铁素体针上，并与铁素体针长轴方向呈 $55°\sim 60°$，如图 5-22 所示。

(a)光学显微镜下形貌

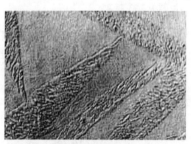
(b)电子显微镜下形貌

图 5-22 下贝氏体组织

上贝氏体强度与塑性都较低，无实用价值，而下贝氏体除了强度、硬度较高外，塑性、韧性也较好，即具有良好的综合力学性能，是生产上常用的强化组织之一。

贝氏体转变也是一个形核和长大的过程。发生贝氏体转变时，首先在奥氏体中的贫碳区形成铁素体晶核，其碳质量分数介于奥氏体与平衡铁素体之间，为过饱和铁素体。当转变温度较高（550～350 ℃）时，条状铁素体从奥氏体晶界向晶内平行生长，随铁素体条伸长和变宽，其碳原子向条间奥氏体富集，最后在铁素体条间析出 Fe_3C 短棒，奥氏体消失，形成上贝氏体，如图 5-23 所示。当转变温度较低（350～230 ℃）时，铁素体在晶界或晶内某些晶面上长成针状，由于碳原子扩散能力低，其迁移不能逾越铁素体片的范围，碳在铁素体的一定晶面上以断续碳化物小片的形式析出，形成下贝氏体，如图 5-24 所示。

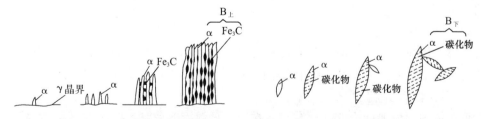

图 5-23 上贝氏体形成过程   图 5-24 下贝氏体形成过程

贝氏体转变属于半扩散型转变，即只有碳原子扩散而铁原子不扩散，晶格类型的改变是通过切变来实现的。

3. 马氏体转变

当奥氏体过冷到 M_s 以下时,将转变为马氏体类型组织。马氏体转变是强化钢的重要途径之一。

(1) 马氏体的晶体结构

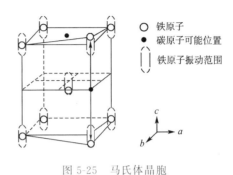

碳在 α-Fe 中的过饱和固溶体称为马氏体,用符号 M 表示。马氏体转变时,奥氏体中的碳全部保留到马氏体中。马氏体具有体心正方晶格 $(a = b \neq c)$,如图 5-25 所示,轴比 c/a 称为马氏体的正方度。马氏体碳质量分数越高,其正方度越大,正方畸变也越严重。当碳质量分数小于 0.25% 时,$c/a = 1$,此时马氏体为体心立方晶格。

图 5-25 马氏体晶胞

(2) 马氏体的组织形态

钢中马氏体的组织形态可分为板条状和针状两大类,分别如图 5-26 和图 5-27 所示。

① 板条状马氏体

板条状马氏体的立体形态为细长的扁棒状,在光镜下为一束束的细条状组织,每束条与条之间尺寸大致相同并平行排列。一个奥氏体晶粒内可形成几个取向不同的马氏体束。在透射电镜下观察表明,板条内的亚结构主要是高密度的位错 $(\rho = 1 \times 10^{12}/\text{cm}^2)$,因而板条状马氏体又称为位错马氏体。

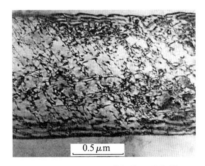

(a) 光学显微镜下形貌 (400×)   (b) 透射电镜下马氏体板条内的位错

图 5-26 板条状马氏体的形貌

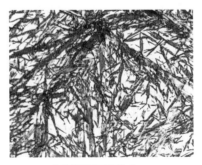

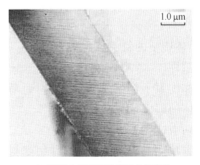

(a) 光学显微镜下形貌 (400×)   (b) 透射电镜下马氏体针内的孪晶

图 5-27 针状马氏体的形貌

②针状马氏体

针状马氏体的立体形态为双凸透镜形的片状,显微组织为针状。在透射电镜下观察表明,其亚结构主要是孪晶,因而又称为孪晶马氏体。在一个奥氏体晶粒内,先形成的马氏体片横贯整个晶粒,但不能穿过晶界和孪晶界,后形成的马氏体片不能穿过先形成的马氏体片。因此,越是后形成的马氏体片越细小。原始奥氏体晶粒细,转变后的马氏体片也细,当最大的马氏体片细到在光学显微镜下无法分辨时,称为隐晶马氏体。

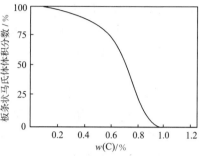

图 5-28　马氏体形态与碳质量分数的关系

马氏体的形态主要取决于其碳质量分数。如图 5-28 所示,当碳质量分数小于 0.2% 时,转变后的组织几乎全部是板条状马氏体;当碳质量分数大于 1.0% 时,转变后的组织几乎全部是针状马氏体;碳质量分数为 0.2%～1.0% 时,转变后的组织为板条状与针状马氏体的混合组织。

(3)马氏体的性能

高硬度是马氏体性能的主要特点。马氏体的硬度主要取决于其碳质量分数,碳质量分数增加,其硬度也随之提高,当碳质量分数大于 0.4% 时,其硬度趋于平缓,如图 5-29 所示。合金元素对马氏体的硬度影响不大。马氏体强化的主要原因是过饱和碳引起的固溶强化,此外,马氏体转变产生的组织细化也有强化作用。马氏体强化是钢的主要强化手段之一,已被广泛应用于工业生产中。

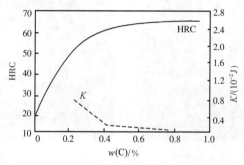

图 5-29　马氏体的硬度、韧性与碳质量分数的关系

马氏体的塑性和韧性主要取决于其亚结构的形式。针状马氏体脆性大,而板条状马氏体脆性较小。

(4)马氏体转变的特点

①无扩散性

铁原子和碳原子都不发生扩散,因而马氏体的碳质量分数与奥氏体的碳质量分数相同。

②共格切变性

由于没有扩散,晶格的转变是以切变机制进行的。切变还使切变部分的形状和体积发生变化,引起相邻奥氏体随之变形,在预先抛光的表面上产生浮凸,如图 5-30 所示。

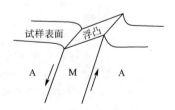

图 5-30　马氏体切变转变

③降温形成

马氏体转变的开始温度称为上马氏体点,用 M_s 表示。只要温度达到 M_s 以下,即发生马氏体转变。在 M_s 以下,随温度下降,转变量增加,冷却中断,转变停止。马氏体转变的终了温度称为下马氏体点,用 M_f 表示。M_s、M_f 与冷却速度无关,主要取决于奥氏体中的碳质量分数(图 5-31)及合金元素质量分数。

④高速长大

马氏体形成速度极快,瞬间形核,瞬间长大。当一片马氏体形成时,可能因撞击作用使已形成的马氏体产生微裂纹。

⑤转变不完全

即使冷却到 M_f,也不可能获得 100% 的马氏体,总有部分奥氏体未能转变而残留下来,称为残余奥氏体(或称残留奥氏体、残存奥氏体),用 A'、γ' 或 A_R、γ_R 表示。马氏体转变后的残余奥氏体量随碳质量分数的增加而增加,当碳质量分数达 0.5% 后,残余奥氏体量才显著,如图 5-32 所示。

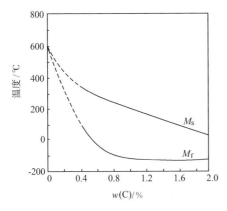

图 5-31　碳质量分数对马氏体转变温度的影响

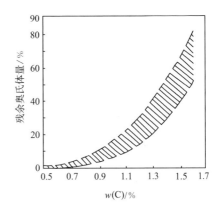

图 5-32　碳质量分数对残余奥氏体量的影响

5.7.3　过冷奥氏体转变图

在热处理中,通常有两种冷却方式,即等温冷却和连续冷却,如图 5-33 所示。过冷奥氏体转变图即为描述在这两种冷却方式下过冷奥氏体的转变量与转变时间之间关系的曲线。过冷奥氏体转变图是对钢材进行热处理的重要依据。

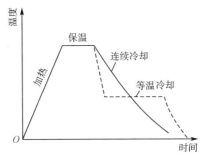

图 5-33　两种冷却方式

1. 过冷奥氏体等温转变图

过冷奥氏体的等温转变图是表示奥氏体急速冷却到临界点 A_1 以下,在各不同温度下的保温过程中,其转变量与转变时间的关系曲线图,也称 TTT 曲线,因为其形状像字母 C,所以又称 C 曲线。C 曲线是利用热分析等方法获得的。

（1）共析钢 C 曲线的分析

曲线绘制

共析钢的 C 曲线如图 5-34 所示,由两条 C 形曲线和三条水平线（A_1、M_s及 M_f）组成。左边的 C 形曲线和 M_s 线是过冷奥氏体的转变开始线,右边的 C 形曲线和 M_f 线是过冷奥氏体的转变终了线。A_1 线、M_s 线、转变开始线及纵坐标所包围的区域为过冷奥氏体区,转变终了线以右及 M_f 线以下为转变产物区。转变开始线与终了线之间及 M_s 线与 M_f 线之间为转变区。转变开始线与纵坐标之间为孕育期。孕育期越小,过冷奥氏体稳定性越小。孕育期最短处称为 C 曲线的"鼻尖"。对于碳钢,"鼻尖"处的温度为 550 ℃。过冷奥氏体的稳定性取决于相变驱动力和扩散两个因素。在"鼻尖"以上,过冷度越小,相变驱动力也越小;在"鼻尖"以下,温度越低,原子扩散越困难。两者都使奥氏体稳定性增加,孕育期增长。此外,C 曲线还明确表示了奥氏体在不同温度下的转变产物。

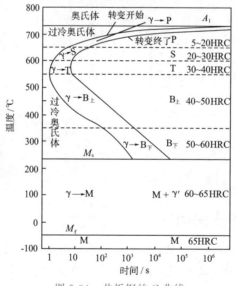

图 5-34　共析钢的 C 曲线

（2）影响 C 曲线的因素

影响 C 曲线的主要因素是奥氏体的成分和奥氏体化条件。

①碳质量分数的影响

共析钢的过冷奥氏体最稳定,C 曲线最靠右。由共析钢成分开始,碳质量分数增加或减少都使 C 曲线左移,而 M_s 与 M_f 则随碳质量分数增加而下降。与共析钢相比,亚共析钢和过共析钢 C 曲线的上部还分别多了一条铁素体相和渗碳体相的析出线,如图 5-35 所示。因为在过冷奥氏体转变为珠光体之前,亚共析钢中要先析出铁素体,过共析钢中要先析出渗碳体。先析出相会促进后续的共析转变,因此亚共析钢和过共析钢过冷奥氏体都没有共析钢稳定。

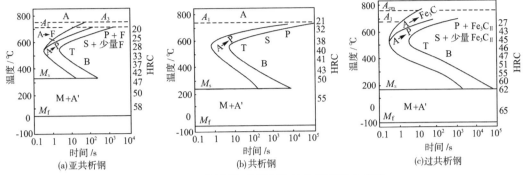

图 5-35　亚共析钢、共析钢及过共析钢的 C 曲线

②合金元素的影响

除 Co 以外,凡溶入奥氏体的合金元素都使 C 曲线右移。除 Co 和 Al 以外,其他合金元素都使 M_s 与 M_f 下降。碳化物形成元素质量分数较多时,还会使 C 曲线的形状发生变化,如图 5-36 所示。

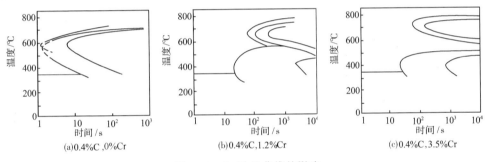

图 5-36　Cr 对 C 曲线的影响

③奥氏体化条件的影响

奥氏体化温度提高和保温时间延长,可使奥氏体成分均匀,晶粒粗大,未溶碳化物减少,过冷奥氏体的稳定性增加,C 曲线右移。因此,在使用 C 曲线时,必须注意奥氏体化条件及晶粒度的影响。

2.过冷奥氏体连续冷却转变图

在实际生产中,热处理的冷却多采用连续冷却。因此,对于确定热处理工艺及选材,过冷奥氏体连续冷却转变图比等温转变图更具有实际意义。过冷奥氏体连续冷却转变图又称 CCT 曲线,它是通过测定不同冷却速度下过冷奥氏体的转变量与转变时间的关系获得的。

在碳钢中,共析钢的 CCT 曲线(图 5-37 中的

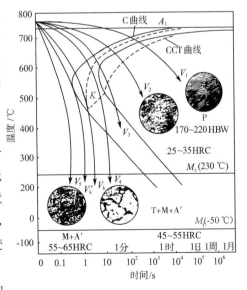

图 5-37　共析钢的 C 曲线和 CCT 曲线

虚线)最简单。它没有贝氏体转变区,在珠光体转变区之下多了一条转变中止线 K。当连续冷却曲线碰到转变中止线时,过冷奥氏体中止向珠光体转变,余下的奥氏体一直保持到 M_s 以下转变为马氏体。CCT 曲线位于 C 曲线右下方。图 5-37 中的 V_k 为 CCT 曲线的临界冷却速度,即获得全部马氏体组织时的最小冷却速度。V'_k 为 C 曲线的临界冷却速度,$V'_k \approx 1.5V_k$。显然,C 曲线越靠右,V_k 越小,过冷奥氏体越稳定。

由于 CCT 曲线获得困难,而 C 曲线容易测得,因此在手册中 C 曲线较多。可用 C 曲线定性说明连续冷却时的组织转变情况,方法是将冷却曲线绘在 C 曲线图上,依其与 C 曲线交点的位置来说明最终转变产物(图 5-37)。当冷却缓慢时(V_1,炉冷),过冷奥氏体转变为珠光体;冷却较快时(V_2,空冷),过冷奥氏体转变为索氏体;采用油冷时(V_4),过冷奥氏体先有一部分转变为托氏体,剩余的奥氏体在冷却到 M_s 以下后转变为马氏体,其室温组织为 T+M+A′;当冷却速度(V_5,水冷)大于 V_k 时,过冷奥氏体将在 M_s 以下直接转变为马氏体,其室温组织为 M+A′。

过共析钢的 CCT 曲线与共析钢一样也无贝氏体转变区,但比共析钢多一个 $A \to Fe_3C$ 转变区[图 5-38(a)]。由于 Fe_3C 的析出,使奥氏体中碳质量分数下降,因此 M_s 线右端升高。亚共析钢的 CCT 曲线中有贝氏体转变区,还多一个 $A \to F$ 转变区[图 5-38(b)]。由于铁素体的析出使奥氏体碳质量分数升高,因此 M_s 线右端下降。

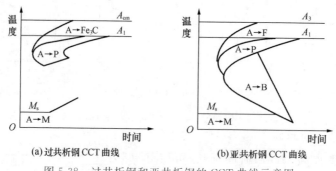

(a)过共析钢CCT曲线   (b)亚共析钢CCT曲线

图 5-38   过共析钢和亚共析钢的 CCT 曲线示意图

5.7.4   钢的退火

机械零件的一般加工工艺路线为

毛坯(铸、锻)→预备热处理→机加工→最终热处理

将钢加热至适当温度保温,然后缓慢冷却(炉冷)的热处理工艺叫作退火。退火后的组织接近于钢在平衡状态下的组织。

1. 退火目的

(1)调整硬度,便于切削加工。工件经铸造或锻造等热加工后,硬度常偏高或偏低,而且不均匀,切削加工性能差。适当的退火处理可使工件的硬度调整为 170~250HBW,从而改善切削加工性能。

(2)消除残余内应力,防止在后续加工或热处理中发生变形和开裂。

(3)细化晶粒,提高力学性能,或为最终热处理做组织准备。

2. 退火工艺

退火工艺的种类很多,常用的有完全退火、等温退火、球化退火、均匀化退火[A_{c3}+(150～200)℃]、去应力退火[A_{c1}-(100～200)℃]和再结晶退火[A_{c1}-(50～150)℃]。后三种退火工艺前面已经介绍,不再赘述。各种退火及正火的加热温度范围如图 5-39 所示。

(1)完全退火

完全退火是指将工件加热到 A_{c3}+(30～50)℃,保温后缓慢冷却的退火工艺。完全退火主要用于亚共析钢,使中碳以上的钢软化以便于切削加工,并消除内应力。

(2)等温退火

等温退火是指将亚共析钢加热到 A_{c3}+(30～50)℃,共析钢、过共析钢加热到 A_{c1}+(20～40)℃,保温后快冷到 A_{r1} 以下的某一温度,并在此温度停留,待相变完成后出炉空冷的退火工艺。等温退火可缩短工件在炉内停留的时间,更适合于孕育期长的合金钢,如图 5-40 所示。

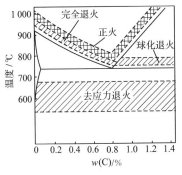

图 5-39 退火及正火的加热温度范围

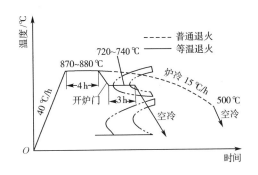

图 5-40 等温退火与普通退火的温度范围比较

(3)球化退火

球化退火是指将工件加热到 A_{c1}+(10～20)℃充分保温后缓冷,或者加热后冷却到略低于 A_{r1} 的温度下保温,从而使珠光体中的渗碳体球状化的退火工艺。球化退火主要用于共析钢和过共析钢,目的在于降低硬度,改善切削加工性能,并为后续热处理做组织准备。球化退火的组织为铁素体基体上分布的颗粒状渗碳体,称为球状珠光体(图 5-41),用 $P_球$ 表示。对于有网状二次渗碳体的过共析钢,在球化退火前应先进行正火,以消除网状渗碳体。

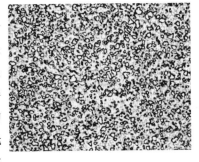

图 5-41 球状珠光体(400×)

5.7.5 钢的正火

正火是指将亚共析钢加热到 A_{c3}+(30～80)℃,共析钢加热到 A_{c1}+(30～80)℃,过共析钢加热到 A_{ccm}+(30～80)℃,保温后空冷的热处理工艺。由于正火比退火冷却速度快,因此正火组织比退火组织细,强度和硬度也比退火组织高。当碳钢的碳质量分数小于 0.6%

时,正火后组织为铁素体＋索氏体;当碳质量分数大于0.6%时,正火后组织为索氏体。对于低中碳的亚共析钢而言,正火与退火目的相同,即:调整硬度,便于切削加工;细化晶粒,为淬火做组织准备;消除残余内应力。对于过共析钢而言,正火是为了消除网状二次渗碳体,为球化退火作组织准备。对于普通结构件而言,正火可增加珠光体量并细化晶粒,提高强度、硬度和韧性,从而作为最终热处理。从改善切削加工性能的角度出发,低碳钢宜采用正火;中碳钢既可采用退火,也可采用正火;过共析钢在消除网状渗碳体后采用球化退火。图5-42为钢的几种热处理工艺与合适加工硬度范围的关系,图中阴影部分为合适的切削加工硬度范围。

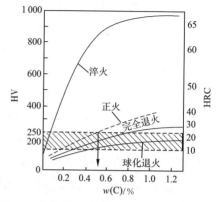

图 5-42　钢的碳质量分数对热处理性能的影响

5.7.6　钢的淬火

1.淬火

淬火是指将钢加热到临界点以上,保温后以大于 V_k 的速度冷却,使奥氏体转变为马氏体的热处理工艺。因此,淬火的目的是获得马氏体,提高钢的力学性能。淬火是钢的最重要的强化方法,也是应用最广的热处理工艺之一。

(1)淬火温度

淬火温度即钢奥氏体化温度,是淬火的主要工艺参数之一。碳钢的淬火温度可利用铁-碳合金相图来选择,如图5-43所示。

对于亚共析钢,淬火温度一般为 $A_{c3}+(30\sim50)$ ℃。当碳质量分数等于或低于0.5%时,淬火后组织为马氏体,如图5-44所示;当碳质量分数高于0.5%时,淬火后组织为马氏体＋少量残余奥氏体。

对于共析钢和过共析钢,淬火温度为 $A_{c1}+(30\sim50)$ ℃。共析钢淬火后的组织为马氏体＋少量残余奥氏体。过共析钢由于淬火前经过球化退火,因此淬火后组织

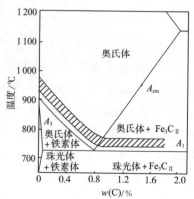

图 5-43　钢的淬火温度

为细马氏体＋颗粒状渗碳体＋少量残余奥氏体,如图5-45所示。分散分布的颗粒状渗碳体对提高钢的硬度和耐磨性有利。如果将过共析钢加热到 A_{ccm} 以上,则由于奥氏体晶粒粗大、碳质量分数提高,使淬火后马氏体晶粒也粗大,且残余奥氏体量增多,这将使钢的硬度、耐磨性下降,脆性和变形开裂倾向增加。

图 5-44　45 钢正常淬火组织(400×)

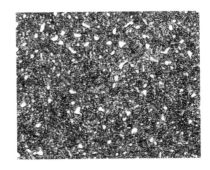
图 5-45　T12 钢正常淬火组织(400×)

对于合金钢,由于大多数合金元素(Mn、P 除外)有阻碍奥氏体晶粒长大的作用,因此淬火温度比碳钢高,一般为临界点以上 50~100 ℃。

(2)淬火介质

理想淬火介质的冷却曲线(图 5-46)应只在 C 曲线"鼻尖"处快冷,而在 M_s 附近尽量缓冷,以达到既获得马氏体组织,又减小内应力的目的。但目前还没有找到这种理想的淬火介质。

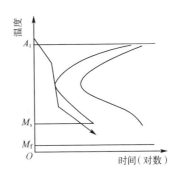
图 5-46　理想淬火介质的冷却曲线

常用的淬火介质为水及水溶液、油和热浴(盐浴和碱浴)。水是经济的且冷却能力较强的淬火介质(表 5-1)。水的缺点是在 550~650 ℃ 的冷却能力不够强,而在 200~300 ℃ 的冷却能力又太大,因此生产中水主要用于形状简单、截面较大的碳钢件的淬火。

油在低温区冷却能力较理想,但在高温区冷却能力太低(表 5-1),因此主要用于合金钢和小尺寸碳钢件的淬火。大尺寸碳钢件油淬时,由于冷却不足,会出现珠光体型分解。

熔融的碱或盐也常用作淬火介质,称为碱浴或盐浴。它们的冷却能力介于水和油之间,使用温度多为 150~500 ℃。这类介质只适用于形状复杂及变形要求严格的小型件的分级淬火和等温淬火。

其他淬火介质如聚乙烯醇、硝盐水溶液等工业上也比较常用。

表 5-1　常用淬火介质的冷却能力

淬火介质	冷却能力/(℃·s⁻¹)		淬火介质	冷却能力/(℃·s⁻¹)	
	200~300 ℃	550~650 ℃		200~300 ℃	550~650 ℃
水(18 ℃)	270	600	10%Na₂CO₃ 水溶液(18 ℃)	270	800
10%NaCl 水溶液(18 ℃)	300	1 100	矿物机油	30	150
10%NaOH 水溶液(18 ℃)	1 200	300	菜籽油	35	200

（3）淬火方法

采用适当的淬火方法可以弥补冷却介质的不足。常用的淬火方法如图 5-47 所示。

①单介质淬火法

单介质淬火法是指将加热工件在一种介质中连续冷却到室温的淬火方法。如水淬和油淬都属于这种方法。该方法操作简单，易实现机械化，应用较广。

②双介质淬火法

双介质淬火法是指将加热工件先在一种冷却能力强的介质中冷却，躲过 C 曲线"鼻尖"后，再转入另一种冷却能力较弱的介质中发生马氏体转变的淬火方法。常用的有水淬油冷、油淬空冷等。其优点是冷却比较理想，缺点是在第一种介质中的停留时间不易掌握，需要具有实践经验。该方法主要用于形状复杂的碳钢工件及大型合金钢工件。

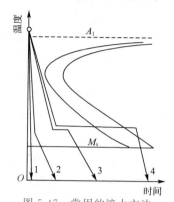

图 5-47　常用的淬火方法

1—单介质淬火法；2—双介质淬火法；
3—分级淬火法；4—等温淬火法

③分级淬火法

分级淬火法是指将加热工件在 M_s 附近的盐浴或碱浴中淬火，待工件内外温度均匀后再取出缓冷的淬火方法。分级淬火法可显著降低工件的内应力，减少工件变形或开裂的倾向。

④等温淬火法

等温淬火法是指将加热工件在稍高于 M_s 的盐浴或碱浴中保温足够长时间，从而获得下贝氏体组织的淬火方法。经等温淬火的零件具有良好的综合力学性能，淬火应力小，适用于形状复杂及要求较高的小型件。

（4）钢的淬透性

淬透性是钢的主要热处理性能，它对合理选材和正确制定热处理工艺具有重要意义。

①钢的淬透性及其测定方法

钢在淬火时获得淬硬层深度的能力称为钢的淬透性，其高低用规定条件下的淬硬层深度来表示。淬硬层深度是指由工件表面到半马氏体区（即 50% 马氏体＋50% 非马氏体组织区）的深度。淬硬性与淬透性不同，淬硬性是指钢淬火后所能达到的最高硬度，即硬化能力。

同一材料的淬硬层深度与工件的尺寸、冷却介质有关，工件尺寸小、介质冷却能力强，淬硬层深；而淬透性与工件尺寸、冷却介质无关，它是在尺寸、冷却介质相同时，不同材料的淬硬层深度之间的比较。淬透性常用末端淬火实验方法（简称"端淬法"或"Jominy 试验"）测定 [见 GB/T 225—2006《钢　淬透性的末端淬火试验方法（Jominy 试验）》]。如图 5-48（a）所示，将圆柱形试样加热到规定的淬火温度，保温一定时间后，向其端面喷水淬火。在试样表面上沿轴线方向磨制出两个相互平行的平面，然后测量距淬火端面不同距离处的硬度值，即可得到试样沿轴向的硬度变化曲线，通常称作淬透性曲线，如图 5-48（b）所示。图 5-48（c）为钢的半马氏体区硬度与其碳质量分数的关系。利用图 5-48（b）和图 5-48（c）可以找出相应钢的半马氏体区至水冷端的距离,该距离越大,钢的淬透性越高。

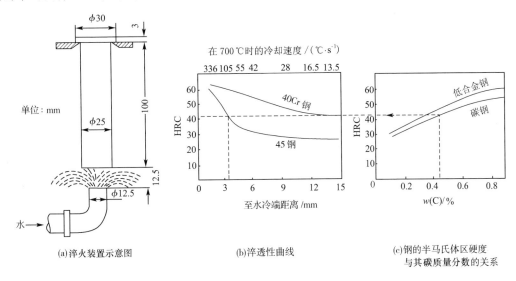

(a)淬火装置示意图　　　　　(b)淬透性曲线　　　　　(c)钢的半马氏体区硬度
与其碳质量分数的关系

图 5-48　末端淬火试验方法

根据 GB/T 225—2006 规定,在不同距离处测得的硬度可用"淬透性指数"J××－d 表示。其中,J 是 Jominy 的大写字头,××表示硬度(HRC 或 HV30),d 表示从测量点至淬火端面的距离(mm)。如 J35－15 表示距淬火端面 15 mm 处的硬度为 35HRC。

在实际生产中,常用临界直径来表示淬透性。所谓临界直径是指圆形钢棒在介质中冷却时,中心被淬成半马氏体的最大直径,用 d_c 表示。显然,在相同冷却条件下,d_c 越大,钢的淬透性越好。

②影响淬透性的因素

钢的淬透性取决于其临界冷却速度。临界冷却速度越小,奥氏体越稳定,钢的淬透性越高。临界冷却速度取决于 C 曲线的位置,C 曲线越靠右,临界冷却速度越小,因而凡是影响 C 曲线的因素都是影响淬透性的因素。在碳钢中,共析钢的临界冷却速度最小,因而其淬透性最高。除 Co 外,凡溶入奥氏体的合金元素都使 C 曲线右移,临界冷却速度减小,钢的淬透性提高。提高奥氏体化温度、延长保温时间,可使奥氏体晶粒长大、成分均匀,从而提高奥氏体的稳定性,使钢的淬透性提高;而钢中未溶的第二相则促进冷却转变时的形核,降低奥氏体的稳定性,使钢的淬透性下降。

③淬透性的应用

力学性能是机械设计中选材的主要依据,而钢的淬透性又直接影响其热处理后的力学性能。选材时必须对钢的淬透性有充分的了解。图 5-49 为两种淬透性不同的钢制成相同尺寸的轴经调质处理(淬火加高温回火)后,其力学性能的比较。高淬透性钢的整个截面都是回火索氏体(渗碳体为颗粒状)组织,力学性能均匀,强度高,韧性好。低淬透性钢的中心组织为片状索氏体＋铁素体,韧性差。此外,淬火组织中马氏体量增加还会提高钢的屈强比 R_e/R_m 和疲劳极限 σ_D。

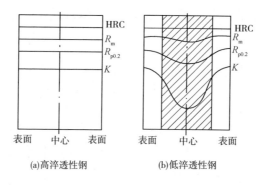

(a)高淬透性钢　　　(b)低淬透性钢

图 5-49　不同淬透性钢经调质后的力学性能

对于截面面积较大、形状复杂的重要零件以及承载较大、要求截面力学性能均匀的零件，如螺栓、连杆、锻模、锤杆等，应选用高淬透性的钢制造，并要求全部淬透。而承受弯曲和扭转的零件，如轴类、齿轮等，由于其外层受力较大，中心受力较小，可选用淬透性较低的钢种，不必全部淬透。由于淬硬层深度受工件尺寸影响，在设计制造时应注意尺寸效应。

5.7.7　钢的回火

回火是指将淬火钢加热到 A_1 以下某温度保温后，再冷却的热处理工艺。

1. 回火目的

（1）减少或消除淬火内应力，防止工件变形或开裂。

（2）获得工艺所要求的力学性能。淬火钢一般硬度高，脆性大，通过适当回火可调整硬度和韧性。

（3）稳定工件尺寸。淬火马氏体和残余奥氏体都是非平衡组织，有自发向平衡组织——铁素体+渗碳体转变的倾向。回火可使马氏体与残余奥氏体转变为平衡或接近平衡的组织，防止使用时变形。

（4）对于某些高淬透性的钢，空冷即可淬火，如采用退火则软化周期太长，而采用回火软化既能降低硬度，又能缩短软化周期。对于未经淬火的钢，回火是没有意义的，而淬火钢不经回火一般也不能直接使用。为避免淬火件在放置过程中发生变形或开裂，钢件经淬火后应及时进行回火。

2. 回火种类

根据钢的回火温度范围，可将回火分为三类。

（1）低温回火

回火温度为 150～250 ℃。低温回火时，马氏体将发生分解，从马氏体中析出 ε-碳化物（Fe_xC），使马氏体过饱和度降低。析出的碳化物以细片状分布在马氏体基体上［图5-50（b）］，这种组织称为回火马氏体，用 $M_{回}$ 表示。在光学显微镜下 $M_{回}$ 为黑色，A' 为白色，如图 5-50（a）所示。由于马氏体分解，其正方度下降，减轻了对残余奥氏体的压力，马氏体点上升，因此残余奥氏体分解为 ε-碳化物和过饱和铁素体，即转变为 $M_{回}$。低温回火可在保留淬火后高硬度（58～64HRC）、高耐磨性的同时，降低内应力，提高韧性。低温回火主要用于处理各种工具、模具、轴承及经渗碳和表面淬火的工件。

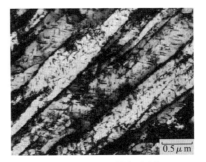

(a) 光学显微镜下形貌（400×）　　　　　　　(b) 透射电子显微镜下形貌

图 5-50　回火马氏体微观组织

（2）中温回火

回火温度为 350～500 ℃。中温回火时，ε-碳化物溶解于铁素体中，同时从铁素体中析出 Fe_3C。加热到 350 ℃时，马氏体中的碳质量分数已降到铁素体的平衡成分，内应力大量消除，$M_回$ 转变为在保持马氏体形态的铁素体基体上分布着细粒状渗碳体的组织，称为回火托氏体，用 $T_回$ 表示，如图 5-51 所示。回火托氏体组织具有较高的弹性极限和屈服极限，并具有一定的韧性，硬度一般为 35～45HRC，主要用于处理各类弹簧。

热处理工艺-
转变动力学曲线-
转变产物关系

（3）高温回火

回火温度为 500～650 ℃。高温回火时，Fe_3C 发生聚集长大，铁素体发生多边形化，由针片状转变为多边形，这种在多边形铁素体基体上分布着颗粒状 Fe_3C 的组织称为回火索氏体，用 $S_回$ 表示，如图 5-52 所示。回火索氏体组织具有良好的综合力学性能，在保持较高强度的同时，具有良好的塑性和韧性，硬度一般为 25～35HRC。通常把淬火加高温回火的热处理工艺称为"调质处理"，简称"调质"。表 5-2 为 45

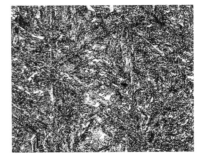

图 5-51　回火托氏体微观组织（400×）

钢经调质和正火处理后力学性能的比较。由于调质组织中的渗碳体是颗粒状的，正火组织中的渗碳体是片状的，而颗粒状渗碳体对阻碍裂纹扩展比片状渗碳体更有利，因此调质后组织的强度、硬度、塑性及韧性均高于正火后的组织。调质广泛用于各种重要结构件，如连杆、轴、齿轮等的处理，也可作为某些要求较高的精密零件、量具等的预备热处理。

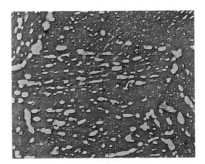

(a) 光学显微镜下形貌（400×）　　　　　　(b) 透射电子显微镜下形貌（9 000×）

图 5-52　回火索氏体的微观组织

表 5-2　45 钢($\phi20\sim\phi40$)经调质和正火处理后力学性能的比较

工艺	力学性能				组织
	R_m/MPa	A/%	K/J	HBW	
调质	750~850	20~25	80~120	210~250	回火索氏体
正火	700~800	12~20	50~80	163~220	细片状珠光体+铁素体

3. 回火脆性

回火时的组织变化必然引起力学性能的变化,总的趋势是随回火温度升高,钢的强度、硬度下降,塑性、韧性提高。淬火钢硬度随回火温度的变化如图 5-53 所示。可以看出,在 200 ℃以下回火时,由于马氏体中碳化物的弥散析出,钢的硬度并不下降,高碳钢硬度甚至略有提高。在 200~300 ℃回火时,由于高碳钢中的残余奥氏体转变为回火马氏体,硬度再次升高。300 ℃以上回火时,由于渗碳体粗化,马氏体转变为铁素体,硬度直线下降。淬火钢的韧性并不总是随温度升高而提高,如图 5-54 所示,在某些温度范围内回火时,会出现冲击韧性下降的现象,称为回火脆性。根据回火脆性出现的温度范围,可将回火脆性分为两类。

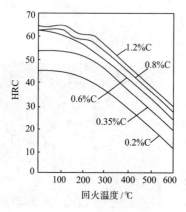

图 5-53　淬火钢硬度随回火温度的变化

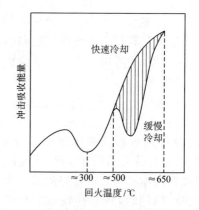

图 5-54　钢的冲击性能随回火温度的变化

(1)不可逆回火脆性

不可逆回火脆性是指淬火钢在 250~350 ℃回火时出现的脆性,又称第一类回火脆性。这类回火脆性是不可逆的,只要在此温度范围内回火就会出现脆性,目前尚无有效的消除办法。因而回火时应避开这一温度范围。

(2)可逆回火脆性

可逆回火脆性是指淬火钢在 500~650 ℃回火后缓冷时出现的脆性,又称第二类回火脆性。这类回火脆性主要发生在含 Cr、Ni、Si、Mn 等合金元素的结构钢中。一般认为这类回火脆性与上述元素促进 Sb、Sn、P 等杂质在原奥氏体晶界上偏聚有关。如果回火后快速冷却则不出现这类脆性。此外,在钢中加入合金元素 W(约 1%)、Mo(约 0.5%)也可有效抑制这类回火脆性的产生,这种方法更适用于大截面的零部件。

5.8　非晶合金转变

液体金属(合金)在常规冷却条件下会以结晶方式凝固,即形成晶体。当冷却速度足够

快（通常要大于 10^5 K/s），原子的重组来不及进行时，液体的原子
组态会保留下来，虽然也是固态，但是原子呈无规排列，称为非晶
合金，又称为金属玻璃。图 5-55 为二元系非晶合金原子排列，A
和 B 代表不同原子。

图 5-55　二元系非晶合金
原子排列

不仅非晶的微观结构不同于晶体的微观结构，而且形成非晶
的过程也与结晶过程不同。结晶时有明显的结晶温度，在结晶温
度区间物质的黏度发生突变，而形成非晶过程中没有明显的转变
温度，物质是逐渐变硬的。图 5-56 是液体金属合金冷却过程中形成晶体和非晶体。

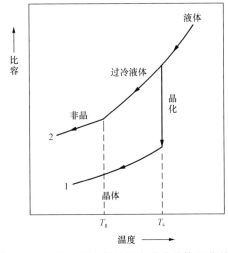

图 5-56　液体金属冷却过程中形成晶体和非晶体

正常冷却条件下，按路径 1 进行，在结晶温度以上，比容连续降低；冷却到结晶临界温度
T_c 后发生晶化，此时比容发生突变，结晶完毕后随温度降低，比容又连续降低。快速冷却条
件下，按路径 2 进行，由于冷却速度快，结晶过程来不及进行，当温度低于结晶临界温度 T_c
时，液体变为过冷液体，比容连续降低；直至玻璃化温度 T_g，转变为固态非晶，比容变化率略
有减小；温度低于玻璃化温度后，比容又连续变化。总体来说，快速冷却形成非晶的过程中，
由于原子组态变化不大，比容随温度的变化也接近连续。另外，固化后非晶的比容也比晶体
高，说明非晶合金没达到最密堆排列。

5.8.1　非晶合金的制备

传统上主要用下述两种方法制备非晶合金：

1. 气态急冷法

气态急冷法即气相沉积法，主要包括溅射法和蒸发法。这两种方法制得的非晶态材料只
是小片的薄膜，不能进行工业生产，但由于其可制成非晶态材料的范围较宽，因此可用于研究。

2. 液态急冷法

目前最常用的液态急冷法是旋辊急冷法，分为单辊法和双辊法。图 5-57 为单辊急冷法

制备非晶合金薄带示意图。将试块放入石英管中,在氩气保护下用高频感应加热使其熔化,再用氩气将熔融金属从管底部的扁平口喷出,落在高速旋转的铜辊轮上,经过急冷立即形成很薄的非晶带。这种方法已经工业化,制备的非晶合金薄带用于变压器磁芯。

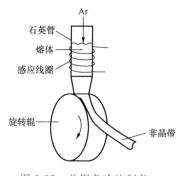

图 5-57 单辊急冷法制备
非晶合金薄带

金属液体凝固过程中结晶与非晶是一对矛盾,固态下晶体结构越复杂,凝固过程中越容易形成非晶。根据经验,下述三个原则有利于形成非晶:

(1)组元数越多,越容易形成非晶,因为多组元增加了系统的混乱度,使原子尺度的周期性排列更加困难。

(2)在主要组元元素中,原子尺寸大小不一,形成一定梯度,这样有利于形成更加密堆结构,阻碍元素扩散。

(3)不同组元之间呈现一定的负的混合热,这样元素之间有一定的牵制,限制扩散,同时混合热又不能过大,否则易形成化合物晶体。

根据上述原则已经设计出了一系列缓慢冷却条件下就可以得到非晶合金,如 Zr-Al-Ni-Cu,Zr-Ti-Cu-Ni-Be 两个体系在 10^0 K/s 的冷却速度下就可以得到非晶合金。因此可以制得毫米以上量级的所谓大块非晶合金。

5.8.2 非晶合金的性能

1.力学性能

非晶合金力学性能的特点是具有高的强度和硬度。例如,非晶铝合金的抗拉强度(1 140 MPa)约为超硬铝抗拉强度(520 MPa)的 2 倍。非晶合金 Fe80B20 的抗拉强度达 3 630 MPa,而晶态超高强度钢的抗拉强度仅为 1 820~2 000 MPa。非晶合金强度高的原因是由于其结构中不存在位错,没有晶体那样的滑移面,因而不易发生滑移。非晶合金伸长率低但并不脆,而且具有很高的韧性,非晶薄带可以反复弯曲 180° 而不断裂,并可以冷轧,有些非晶合金的冷轧压下率可达 50%。

2.耐蚀性

非晶合金具有很强的耐腐蚀能力。例如,不锈钢在含有氯离子的溶液中,一般都要发生点腐蚀、晶间腐蚀,甚至应力腐蚀和氢脆,而非晶 Fe-Cr 合金可以弥补不锈钢的这些不足。Cr 可显著改善非晶合金的耐蚀性。非晶合金耐蚀性好的主要原因是能迅速形成致密、均匀、稳定的高纯度 Cr_2O_3 钝化膜。此外,非晶合金组织结构均匀,不存在晶界、位错、成分偏析等腐蚀形核部位,因而其钝化膜非常均匀,不易产生点蚀。

3.电性能

与晶态合金相比,非晶合金的电阻率显著增高(2~3 倍)。非晶合金的电阻温度系数比晶态合金的小。多数非晶合金具有负的电阻温度系数,即随温度升高电阻率连续下降。

4. 软磁性

非晶合金磁性材料具有高导磁率、高磁感、低铁损和低矫顽力等特性,而且无磁各向异性。这是由于非晶态合金中没有晶界、位错及堆垛层错等钉扎磁畴壁的缺陷。

5. 其他

非晶合金还具有好的催化特性,高的吸氢能力,超导电性,低居里温度等特性,这使其在某些特殊领域有着广阔的应用前景。

5.9　金属焊缝的组织与力学性能特点

金属的焊接是工程中材料热成型的主要工艺(铸造、锻造、焊接、热处理)之一。在桥梁、压力容器、车辆、船舶、飞机等制造过程中,往往需要焊接。焊接是被焊工件的材质(同种或异种)通过加热或加压或两者并用,并且用或不用填充材料,使工件的材质达到原子间的结合而形成永久性连接的工艺过程。焊接过程中,工件和焊料熔化形成熔融区域,熔池冷却凝固后便形成材料之间的连接。

焊接过程中,焊缝组织最终决定整个构件的性能。以最普通的电弧焊为例(图 5-58),焊接过程是将焊丝熔化,同时两端的金属边缘也发生熔化,形成熔池填充满焊缝。待熔池凝固后将两块金属以冶金方式连接起来。整个过程(包括加热熔化和冷却凝固)是在很短的时间内完成的,基体金属相当于一个大冷却体,热量迅速沿垂直于焊缝的基体方向快速扩散。因此焊缝部分往往形成扇状的柱状晶形态。距焊缝最近的基体部分由于熔体的高温作用会发生晶粒长大,称为焊接热影响区,围绕焊缝。焊接热影响区由于晶粒粗大,往往是最薄弱环节。此外,焊接过程的快速加热和冷却还会在焊缝区产生内应力,使得焊缝性能下降。

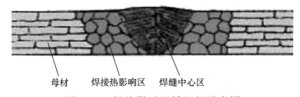

焊缝中心区

母材　焊接热影响区

图 5-58　焊缝附近区域组织示意图

另外,焊接材料有固态相变时情况就更复杂。焊缝区以及焊接热影响区还会产生相变内应力。

焊接的能量来源有很多种,包括气体焰、电弧、激光、电子束、摩擦和超声波等。无论哪种焊接,都会产生熔融区域和热焊接影响区。

扩展读物

1. 张贵锋,黄昊. 固态相变原理及应用[M]. 2 版. 北京:冶金工业出版社,2016.

2. 李凤银. 金属熔焊基础与材料焊接 [M]. 北京:机械工业出版社,2012.

3. 陈光,傅恒志. 非平衡凝固新型金属材料 [M]. 北京:科学出版社,2004.

思 考 题

5-1 试说明枝晶偏析对材料性能可能产生的影响。

5-2 结合图 5-37,共析钢连续冷却,试分析当冷却曲线经过珠光体转变中止线冷却到室温后的组织。

5-3 如何消除过共析钢中的网状渗碳体?为什么?

5-4 试解释等温转变 C 曲线的成因。

5-5 说明马氏体的特征。

5-6 比较马氏体和下贝氏体的差异。

5-7 根据 C 曲线来说明什么情况易得到马氏体。

5-8 试讨论如何容易得到非晶态。

5-9 说明金属实际凝固时,铸锭的三种宏观组织的形成机制。

第6章

材料表面技术

陶瓷表面的釉

我们现在看到的陶瓷器皿都有色彩斑斓的图案和光洁的表面,这层光洁的表面是一种特殊的涂层,称为陶瓷釉。陶瓷釉是覆盖在陶瓷制品表面的无色或有色的玻璃质薄层,是一种硅酸盐。一般以石英、长石、黏土为原料,经研磨、加水调制后,涂覆于坯体表面,经一定温度的焙烧而熔融,当温度下降时,即可形成陶瓷表面的玻璃质薄层。

陶瓷釉是偶然发现的,当古代陶瓷工匠把多种土的混合浆料涂覆到干燥的陶器表面后烧结,表面会形成一层光亮致密的物质,不仅更加美观,而且能防止液体的渗漏,使陶器的实用功能大为提高。这在陶瓷发展历史上具有里程碑意义。值得一提的是,我国先民发现,通过改变涂覆浆料的配比和烧制工艺,陶瓷的表面可以形成丰富多彩的釉层,如彩陶、青花、釉里红、粉彩等,使陶瓷除做实用器物外,还有了丰富的文化内涵。由此,西方人把陶瓷与中国紧密联系在一起。

釉不但能增加陶瓷的机械强度、热稳定性、介电强度,还能防止液体、气体的侵蚀。陶瓷表面的制釉技术对陶瓷的发展起到了至关重要的作用。

工程环境常常对材料表面性能和内部性能有不同的要求。首先,轴类零件受扭矩作用,应力分布不均匀,表面受力最大,而心部受力很小,要求材料表面强度高,心部韧性好;其次,轴类零件表面要耐磨,要求材料表面硬度高;第三,轴类零件承受周期性载荷,常常发生疲劳破坏,要求表面具有一定的预压应力。此外,在腐蚀性介质中工作的零件要求有一定的耐蚀性,腐蚀是与材料表面密切相关的行为。材料的表面性能非常重要,有时甚至决定了整个零件的寿命。因此,在工程实践中,常常要求在保证材料基体力学性能的同时,对表面进行一定的改性。此外还有为热障、绝缘、电磁吸收等进行的表面处理。

材料表面技术就是在不改变基体材料的成分和性能的条件下,通过某些物理或化学手段来赋予材料表面特殊性能,以满足产品或零件使用需要的技术或工艺。从应用角度看,材料表面技术可以分为改善材料表面力学性能的技术、改善表面物理性能的技术和改善材料表面化学性能的技术。本章重点介绍以改善材料表面力学性能为主的表面改性技术。

6.1 喷丸处理

对于承受周期性载荷的零件,表面存在压应力时,其疲劳寿命会大大提高。在材料表面形成压应力的最简单办法是喷丸处理。喷丸处理就是用气体将一定尺寸的沙子或钢球以一定的速度喷到零件表面。具有一定能量的沙子或钢球打到零件表面后,会使零件表面的材料发生塑性变形,进而产生内应力(图 6-1)。喷丸时,距离材料表面越近,材料变形越严重,内应力也越大。

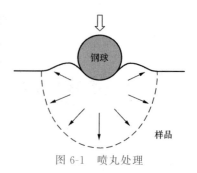

图 6-1 喷丸处理

图 6-2 是纯钛经喷丸处理后的表面微观组织分布。从图 6-2 可见,纯钛经喷丸处理后,表面组织变形最严重,越往心部变形越小。图 6-3 是 X 射线衍射测定的纯钛经喷丸处理后的表面微观应变(晶格畸变)分布,微观应变与内应力成正比。喷丸处理不改变表面成分,但是通过引入畸变而使表面产生压应力,进而提高零件的疲劳寿命。喷丸处理适于所有金属及合金。

图 6-2 纯钛经喷丸处理后的表面微观组织分布

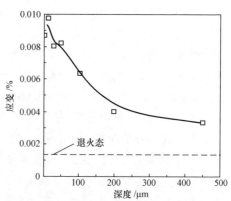

图 6-3 纯钛经喷丸处理后的表面微观应变分布

6.2 表面淬火

表面淬火是指在不改变钢的化学成分及心部组织的情况下,快速加热将表层奥氏体化后进行淬火,以使表面得到马氏体组织,进而强化零件表面,同时又保持心部良好韧性的热处理方法。

6.2.1 表面淬火用材及预备热处理

1. 碳质量分数为 0.4%~0.5% 的中碳结构钢

若碳质量分数过高,则会使工件心部的韧性下降;若碳质量分数过低,则使工件表面的硬度、耐磨性降低。

对于结构钢而言,表面淬火所要求的预备热处理为调质或正火。前者性能高,用于要求较高的重要零部件,后者用于要求不高的普通构件。预备热处理的目的是为表面淬火做组织准备,并获得最终的心部组织。

2. 碳质量分数为 0.1%～0.25% 的低碳结构钢

在表面淬火前需要渗碳,使表面碳浓度到达共析成分附近,然后再进行表面加热淬火。适用于扭矩不大的小件轴类或小齿轮。

3. 珠光体基铸铁

表面淬火还可用于珠光体基铸铁,其珠光体部分可以加热为奥氏体,然后淬火得到表面马氏体,提高表面耐磨性,如机床导轨。

6.2.2　表面淬火方式

表面淬火主要有感应加热、火焰加热、激光加热、电子束加热几种方式。前两种方式需后续水冷,后两种方式加热速度快,激光或电子束扫描过后依靠基体自身巨大热容可使表面产生淬火效应。

1. 感应加热

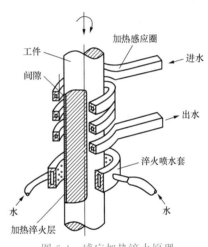

感应加热表面淬火利用交变电流在工件表面感应产生巨大涡流,使工件表面迅速加热,在加热感应圈后端有喷水口,当加热感应圈移动时,加热部分被快速冷却,使表面产生马氏体组织。一般频率越高,加热速度越快,淬硬层越薄。图 6-4 是感应加热淬火原理,工件一般为圆形,如轴类、齿轮等。工作时工件由上向下运动,加热感应圈将工件表面加热后,加热部分随后移动到淬火喷水套处实现表面淬火硬化。加热感应圈中流水是为加热感应圈冷却用。

图 6-4　感应加热淬火原理

根据电流频率不同,感应加热又可分为三类:

(1)高频感应加热

常用电流频率为 250～300 kHz,一般淬硬层深度为 0.5～2 mm。适用于中小模数的齿轮和中小尺寸的轴类零件等。

(2)中频感应加热

常用电流频率为 2 500～8 000 Hz,一般淬硬层深度为 2～10 mm。适用于较大尺寸的轴类和大中模数的齿轮等。

(3)工频感应加热

电流频率为 50 Hz,淬硬层深度可达 10～15 mm。适用于较大直径零件的穿透加热及大直径零件(如轧辊、火车车轮等)的表面淬火。

感应加热表面淬火的特点:

(1)加热速度快,过热度大,淬火后组织为细的隐晶马氏体,因此硬度比普通淬火提高

2～3 HRC,且脆性较低。

（2）由于淬火时马氏体体积膨胀,在工件表面造成较大的残余压应力,因此具有较高的疲劳强度。

（3）由于加热速度快,没有保温时间,工件不易发生氧化和脱碳,因此工件变形小,表面质量好。

（4）加热温度和淬硬层深度容易控制,便于实现机械化和自动化。

上述特点使感应加热表面淬火在生产中得到了广泛应用,其缺点是设备一次投入较高,对于形状复杂的零件的处理比较困难。一般对轴类且尺寸较小的零件处理比较方便,特别适合同类形状、数量较大的批量淬火。

2. 火焰加热

火焰加热是利用乙炔火焰直接加热工件表面的方法。其淬硬层深度一般为 2～8 mm。这种方法的特点是设备简单,成本低,灵活性大,但淬火质量不易控制。图 6-5 是火焰加热淬火原理,其中冷却喷水管在火焰后面,与加热火焰同步移动实现淬火。主要用于单件、异形、小批量生产工件及大型工件的表面淬火。

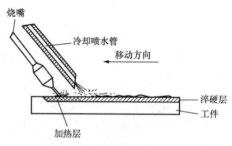

图 6-5 火焰加热淬火原理

3. 激光加热

激光是由受激辐射引起并通过谐振放大了的光。与一般光相比,激光是纯单色光,具有相干性,因而具有强大的能量密度。由于激光束能量密度高(10^6 W/cm²),因此可在短时间内将工件表面快速加热或熔化,而工件心部温度基本不变。激光加热表面淬火不用外部介质冷却,当激光束扫过后,基体金属巨大的热容使该表面迅速冷却,产生所谓“自激冷”而发生马氏体相变。激光加热表面淬火加热时间短,形成的马氏体细小,表面硬度高(比普通淬火高 15%～20%),耐磨,耐疲劳,变形小,表面光亮,已广泛应用于发动机缸套、滚动轴承圈、机床导轨、冷作模具等。

4. 电子束加热

电子束表面改性技术以在电场中高速移动的电子束作为载能体,电子束的能量密度最高可达 10^9 W/cm²,比激光束能量密度还高。除所使用的热源不同外,电子束表面改性技术与激光表面改性技术的原理和工艺基本类似。凡激光可进行的热处理,电子束也都可以进行。

与激光表面改性技术相比,电子束表面改性技术还具有以下特点:

（1）由于电子束具有更高的能量密度,加热的范围和深度更大。

（2）设备投资较低,操作较方便。

（3）因需要真空条件,故零件的尺寸受到限制。

6.2.3 表面淬火后的回火及组织

表面淬火后需要进行回火,为保持表面高硬度,采用低温回火,回火温度不高于 200 ℃。回火的目的是降低内应力,并保留表面淬火后的高硬度和高耐磨性。经表面淬火加低温回火后,工件的表层组织为回火马氏体,心部组织为回火索氏体(预备热处理为调质时)或铁素体+索氏体(预备热处理为正火时)。

6.3 热喷涂

当材料自身无法满足外界环境要求,如耐腐蚀、抗高温、绝缘等,则需要在表面涂覆其他材料。将涂覆材料加热至熔化或半熔化状态,用高压气流使其雾化并喷射于工件表面形成涂层的工艺称为热喷涂。热喷涂技术可改善材料的耐磨性、耐蚀性、耐热性及绝缘性等,已广泛应用于包括航空航天、原子能、电子等尖端技术在内的几乎所有领域。热喷涂技术也用于大型轴类或轧辊磨损后的修复。

6.3.1 热喷涂方法

常用的热喷涂方法有如下三种:

(1)火焰喷涂

利用各种可燃性气体燃烧放出的热进行的热喷涂称为火焰喷涂。火焰喷涂装置由两部分组成:燃烧系统和粉末供给系统。燃烧系统多用氧-乙炔火焰作为热源,其中乙炔为可燃气体,氧既作为助燃气体,也作为输送粉末的载体。氧-乙炔火焰的温度可达 3 100 ℃,能在 2 500 ℃ 以下熔化的材料都可以作为涂层材料用火焰喷涂方式形成涂层。火焰喷涂具有设备简单、操作方便、成本低的优点,目前应用较广。其缺点是涂层质量不太高。

(2)电弧喷涂

电弧喷涂是利用两电极之间的气体介质放电所产生的电弧为热源,用高速气流将熔化金属的液滴从金属丝端部吹离、雾化并喷射到工件表面而形成涂层。图 6-6 是电弧喷涂原理,一般将喷涂材料做成丝状,以两根丝状喷涂材料 2 作为自耗电极,加上电压,两根丝由送丝轮 3 分别经装在导电块 4 上的导电管 5 送进,当两根丝端部接近时,空气击穿,产生电弧焦点 7,使丝材熔化,由喷气嘴 6 将熔化的液滴吹成喷涂射流 8 吹向工件表面,形成涂层 9。与火焰喷涂相比,电弧喷涂法涂层结合强度高、能量利用率高、孔隙率低、易于实现自动化;而且电弧喷涂仅使用电和压缩空气,不用氧和乙炔等易燃气体,安全性高。

电弧喷涂

电弧喷涂要求被喷涂材料导电,且可成型为丝材,一般主要用于金属涂层。

（3）等离子喷涂

等离子喷涂是以在阴极和阳极之间产生的直流电弧把气体电离后形成的等离子焰为热源，将待喷涂粉末加热熔化，借助工作气体将熔化的粉末喷射到工件表面形成涂层。图 6-7 是等离子喷涂原理。与电弧喷涂不同的是，等离子喷涂阳极和阴极都是设备固定部分，称为等离子体发生器。工作气体一般为氩气、氮气等稀有气体。等离子体弧能量高度集中，焰心温度可达 30 000 K，喷嘴出口处温度也可达 20 000 K，喷粉速度比电弧喷涂快，因此涂层与基体结合性能更好，结合强度可达 40～70 MPa。可用于在金属表面喷涂高熔点的材料，而且不要求喷涂材料导电，可喷涂金属化合物、陶瓷等，具有涂层质量优良、适应材料广泛等优点；当使用稀有气体作为载体时，能防止喷涂材料在喷涂过程中氧化；但等离子喷涂设备成本高。

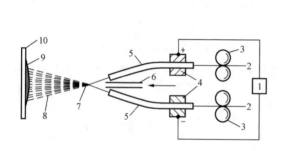

图 6-6　电弧喷涂原理

1—直流电源；2—丝状喷涂材料；3—送丝轮；
4—导电块；5—导电管；6—喷气嘴；7—电弧焦点；
8—喷涂射流；9—涂层；10—基体

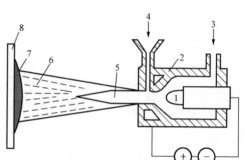

图 6-7　等离子喷涂原理

1—阴极；2—阳极；3—工作气体；4—喷涂粉末；
5—等离子体弧区；6—喷涂束流；7—涂层；8—基体

6.3.2　热喷涂工艺

热喷涂工艺的过程一般为

$$表面预处理 \rightarrow 预热 \rightarrow 喷涂 \rightarrow 喷后处理$$

表面预处理主要是在去油、除锈后，对表面进行喷砂粗化。预热主要用于火焰喷涂。喷后处理主要包括封孔、重熔等。

金属涂层形成过程包括三个阶段：

（1）金属熔化。

（2）熔化金属雾化并在气流作用下撞击到工件表面。

（3）金属沉积到工件表面上，冷却后形成涂层。

6.3.3　涂层的结构

热喷涂层是由无数变形粒子相互交错呈波浪式堆叠在一起的层状结构，粒子之间不可避免地存在着孔隙和氧化物夹杂缺陷。孔隙率因喷涂方法不同，一般为 4%～20%，氧化物夹杂是喷涂材料在空气中发生氧化形成的。孔隙和夹杂缺陷的存在使涂层的质量降低，可通过提高喷涂温度、喷速,采用保护气氛喷涂及喷后重熔处理等方法减少或消除这些孔隙和夹杂缺陷。涂层与基体之间以及涂层中颗粒之间主要通过镶嵌、咬合、填塞等机械形式连接,其次是通过微区冶金结合及化学键结合。

6.3.4　热喷涂的特点及应用

1. 热喷涂的特点

(1)工艺灵活

热喷涂的对象小到直径为 10 mm 的内孔,大到铁塔、桥梁、大型焚烧炉等。可整体喷涂,也可局部喷涂。

(2)基体及喷涂材料广泛

基体可以是金属和非金属,喷涂材料可以是金属、合金、塑料及陶瓷等。

(3)工件变形小

热喷涂是一种冷工艺,基体材料温度不超过 250 ℃。

(4)热喷涂层可控

涂层厚度可从几十微米到几毫米。

(5)生产效率高

2. 热喷涂的应用

由于喷涂材料的种类很多,所获得的涂层性能差异很大,因此,热喷涂可应用于各种材料的表面保护、强化及修复,并可满足特殊功能的需要。如垃圾焚烧炉内衬喷涂上耐热合金,可以大大提高焚烧炉的寿命。飞机发动机叶片表面喷涂一层隔热功能好的氧化锆陶瓷,可以提高叶片承受的温度,进而提高发动机效率。

6.4　表面氧化

金属及合金在使用过程中常常发生腐蚀和氧化。腐蚀和氧化都是化学反应过程,腐蚀是在电解质溶液中,金属原子不断转化为离子并溶入液体中的失重过程;氧化是金属与环境中的氧结合形成氧化物的增重过程。这两个过程的共同点是通过表面电子的交换,作为结构有效支撑的金属(合金)不断减少,最终导致结构失稳。如果我们在金属表面预先形成一层惰性层,就可以阻止这种反应的发生。表面氧化就是通过化学手段,在金属表面预先形成一层稳定而致密的氧化物层,以阻止化学或电化学反应进一步发生的工艺。

6.4.1　钢铁的化学氧化

将钢铁在含有氧化剂的溶液中进行化学处理,可在其表面生成一层微米级的、坚固而又致密的、以 Fe_3O_4 为主的氧化物,这层致密的氧化物可以防止氧与内部基体进一步接触,而且耐磨。常用的工艺是将钢铁零件放在添加了氧化剂的强碱溶液中,加热到 150 ℃左右处理一段时间。依据钢铁的成分、表面状态和氧化操作条件的不同,形成的 Fe_3O_4 氧化膜可以从蓝到黑变化,生产中又称为发蓝或发黑处理。

钢铁表面经化学氧化处理得到的氧化膜很薄,一般为几微米,因此不影响零件的尺寸。但是上述氧化膜的耐蚀性较差,因此需定期涂油保养。

钢铁的化学氧化溶液是主要成分为氢氧化钠和亚硝酸钠的碱性水溶液。为加快氧化过程,一般要把溶液加热到 130~150 ℃。此时溶液处于沸腾状态。温度越高,氧化速度越快,但是膜层致密度越低。

化学氧化主要适合碳质量分数大于 0.4% 的碳素钢,合金钢则效果较差。

6.4.2 有色金属的阳极氧化

铝和钛都是比较活泼的金属,又是易钝化金属。可以利用其易钝化的特点预先在表面形成致密氧化物层,还可以进一步形成外层多孔、内层致密的复合氧化物层,以满足更复杂要求。图 6-8 是阳极氧化过程中氧化膜生长。氧化膜生长分为三个阶段:

(1)将铝或钛零件作为阳极放置于电解液中,在外加电流的作用下,表面会迅速形成一层致密氧化膜[图 6-8(a)]。

(2)介质或工艺条件不同,致密氧化膜会有差异。当电流较小时,致密氧化膜较薄;当电流较大时,致密氧化膜变厚。由于氧化膜不导电,在阳极金属和外加阴极之间形成了一层类似电介质层,此时电流会减小,如果不增大电压,膜层会在电解液中发生局部溶解,形成空隙,电解液得以与新的金属表面接触,电化学反应继续,致密氧化膜会继续生长,而远离金属基体的氧化膜会形成多孔状[图 6-8(b)]。

(3)当致密氧化膜生长速度与溶解速度达到平衡时,致密层厚度保持恒定,但是表面多孔层的孔却不断加深[图 6-8(c)]。

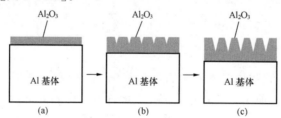

图 6-8 阳极氧化过程中氧化膜生长

阳极氧化生成的氧化膜包括致密层和孔隙层。致密层厚度很小,孔隙层则存在大量孔隙。借助此孔隙,可以进行着色处理,获得装饰性外观。

微弧氧化视频

当电解液选择适当时,甚至可以形成数十微米长度、整齐排列的纳米孔甚至纳米管。其中在钛表面通过阳极氧化制备的 TiO_2 纳米管具有很好的光催化功能,在新能源、环保等领域具有很大的应用潜力。

如果在致密氧化膜初期(第一阶段)形成后加大电压,直至将这层电介质击穿,并形成等离子体弧,在氧化膜击穿处形成高温,最后会形成类似火山口状表面形貌。第三阶段以微弧不断击穿致密氧化膜而使多孔膜持续生长为特征,又称为微弧氧化。图 6-9 是纯钛经微弧氧化处理后典型的表面形貌。由于是在基体上原位形成氧化物涂层,因此这种涂层结合力强。多孔表面可以含油,以提高耐磨性;而且可以控制表面孔的大小、深度以及形状。通过改变电解液成分,还可以改变微弧氧化孔的形态。

图 6-9　纯钛经微弧氧化处理后典型的表面形貌

阳极氧化电压一般为几十伏,微弧氧化电压一般为几百伏。

6.5　表面渗镀

为改变材料表面性能,可以将工件放在特定介质中加热保温,使介质中活性原子渗入工件表层,从而改变工件表面成分和组织,工业中又常常把这种处理方式称为化学热处理。

根据介质存在条件,分为气体渗、液体渗(热浸镀)、固体渗以及等离子体渗。其中前三种方法由下面三个基本过程组成:

(1)介质(渗剂)的分解,即加热时介质中的化合物分子发生分解并释放出活性原子。

(2)工件表面的吸收,即活性原子向固溶体中溶解或与材料中某些元素形成化合物。

(3)原子向内部扩散,即溶入的元素原子在浓度梯度的作用下,由表面向材料的内部扩散。

元素由材料表面向内部渗入的驱动力来自表面与内部渗入元素的浓度差,渗入过程主要为元素的扩散,符合扩散第一定律和第二定律。

6.5.1　钢的渗碳

渗碳是指向钢的表面渗入碳原子的过程。渗碳是为了使低碳钢(0.1%～0.25%)工件表面获得高的碳质量分数(0.85%～1.05%),配合表面淬火,可以提高工件表面的硬度、耐磨性及疲劳强度,同时保持心部良好的韧性和塑性。根据铁-碳平衡相图(图 3-29),C 在 α-Fe 中的最大溶解度是 0.021 8%,C 在 γ-Fe 中的最大溶解度是 2.11%,因此渗碳一般在高温奥氏体区进行。另外,高温下碳原子在铁基体中的扩散速度也快。渗碳后往往要进行表面淬火,以便表面得到马氏体,从而提高表面硬度和耐磨性。渗碳主要用于那些对耐磨性要求较高,同时承受较大冲击载荷的零件,如齿轮、活塞销及套筒等。

1. 渗碳方法

(1)气体渗碳法

气体渗碳法是最常用的渗碳方法。它是将工件放入密封的渗碳炉内,加热到 900～950 ℃,向炉内滴入有机液体(如煤油、苯、甲醇等)或直接通入富碳气体(如煤气、液化石油气等),通过 $CH_4 \rightarrow 2H_2 + [C]$ 等反应,使工件表面渗碳。气体渗碳的优点是生产效率高,渗层质量好,劳动条件好,便于直接淬火;缺点是渗层碳质量分数不易控制,耗电量大。

（2）固体渗碳法

固体渗碳法是将工件埋入以木炭为主的渗剂中,装箱密封后在高温下加热渗碳。其优点是操作简单,设备费用低,大小零件都可用;缺点是渗速慢,效率低,劳动条件差,不易直接淬火。

（3）真空渗碳法

真空渗碳法是将工件放入真空渗碳炉中,抽真空后通入渗碳气体加热渗碳。该法的优点是渗碳速度快,时间短,渗件表面质量好;缺点是成本较高。

低碳钢渗碳后,其表面碳质量分数已达到过共析钢的碳质量分数,由表及里碳质量分数逐渐降低,直至钢的原始碳质量分数。低碳钢渗碳后缓冷的组织分布如图 6-10 所示,其表层组织为珠光体＋网状渗碳体,心部组织为铁素体＋珠光体,中间为过渡区。一般规定,从表面到过渡区一半处的厚度为渗层的厚度。对于某一具体工件,其渗层厚度应根据其工作条件及具体尺寸来确定。渗层太薄,易引起表层疲劳剥落;渗层太厚,则耐冲击载荷能力降低。对于机器零件,渗层厚度通常为 0.5～2 mm。

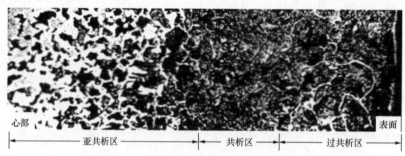

图 6-10　低碳钢渗碳后缓冷的组织分布

2. 渗碳后的热处理

工件渗碳后必须进行淬火加低温回火处理才能使用。回火温度一般为 160～180 ℃,常用的淬火方法有以下三种:

（1）直接淬火法

直接淬火法是将工件自渗碳温度预冷到略高于心部的 A_{r3} 后直接淬火。这种方法工艺简单,效率高,成本低,工件脱碳和变形倾向小。但由于渗碳温度高,奥氏体晶粒粗大,淬火后残余奥氏体量较多,使工件性能下降。直接淬火法只适用于本质细晶粒钢或对性能要求较低的工件。

（2）一次淬火法

一次淬火法是将工件渗碳缓冷后重新加热淬火的方法。对于对心部性能要求较高的零件,淬火温度应略高于心部的 A_{c3} 以使其晶粒细化,并获得低碳马氏体组织。对于对表面性能要求较高的零件,淬火温度应选用 $A_{c1}＋(30～50)$ ℃,以使表面晶粒细化。

（3）二次淬火法

对于对力学性能要求很高的或本质粗晶粒钢工件,应采用二次淬火法。第一次淬火的目的是改善心部组织并消除表面网状渗碳体,淬火温度为 $A_{c3}＋(30～50)$ ℃。第二次淬火的目的是细化表面组织,淬火温度为 $A_{c1}+(30\sim50)$ ℃。这种方法的缺点是工艺复杂,成本高,效率低,工件变形和脱碳倾向大。

上述三种淬火方法中,最常用的是淬火温度为 $A_{c1}+(30\sim50)$ ℃的一次淬火法。此时的组织,表面为高碳回火马氏体+颗粒状碳化物+少量残余奥氏体,心部为低碳回火马氏体+铁素体(淬透时)。

6.5.2　钢的渗氮

渗氮是向钢的表面渗入氮原子的过程,又称氮化,其目的是提高工件表面的硬度、疲劳强度、耐磨性及耐蚀性。

氮化的依据是 Fe-N 二元平衡相图。图 6-11 是 Fe-N 二元平衡相图靠近铁的部分相图,可以看到五种相:

α 相,N 在 α-Fe 中形成的间隙固溶体,最大溶解度约为 0.1%(590 ℃)。

γ 相,N 在 γ-Fe 中形成的间隙固溶体,最大溶解度约为 2.8%(650 ℃)。

γ' 相,一种面心立方结构金属间化合物,中心成分为 Fe_4N,有一定的固溶度。γ' 相在 680 ℃以上将发生分解并溶于 ε 相中。

ε 相,氮质量分数为 $4.55\%\sim11\%$ 的一种密排六方结构金属间化合物。

ζ 相,以密排六方晶格化合物 Fe_2N 为基的间隙固溶体,氮质量分数为 $11.1\%\sim11.35\%$。ζ 相在 500 ℃以上将发生分解并溶于 ε 相中。

实际上一般渗氮温度为 500~570 ℃,因此渗氮过程中不出现 γ 相。渗氮过程中表面氮浓度最高,而且最大浓度也小于 ζ 相的析出浓度,因此渗氮过程中也不出现 ζ 相。实际工件渗氮后由表及里依次为 ε 相→γ' 相→α 相。氮原子在向铁内部扩散过程中伴随化学反应,这种扩散又称为反应扩散。二元系在反应扩散过程中不会形成两相区。图 6-12 为纯铁渗氮后氮浓度分布及相分布。

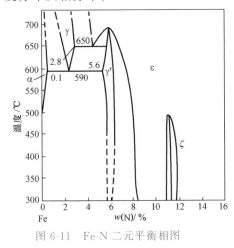

图 6-11　Fe-N 二元平衡相图

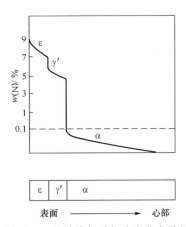

图 6-12　纯铁渗氮后氮浓度分布及相分布

工件在渗氮前需进行调质或正火处理,以保证渗氮件心部具有较高的强度和韧性。

1. 渗氮方法

(1)气体渗氮法

气体渗氮法是目前应用最广泛的渗氮方法,氨加热时分解出的活性氮原子($2NH_3 \rightarrow 3H_2 + 2[N]$)被钢的表面吸收并向内扩散,形成渗氮层。气体渗氮法的优点是工艺简单;缺点是渗氮时间过长。

(2)离子渗氮法

离子渗氮法的基本原理是在低真空中的直流电场作用下,迫使电离的氮离子高速冲击作为阴极的工件,并使其渗入工件表面。离子渗氮法的优点是渗氮时间短(仅为气体渗氮法的 1/4～1/3),渗氮层脆性小;缺点是对工件的尺寸和形状要求较高。

2. 渗氮的特点及应用

与渗碳相比,渗氮的特点如下:

(1)渗氮件表面硬度高(1 000～2 000HV),耐磨性好,具有高的热硬性。

(2)渗氮件疲劳强度高。这是由于渗氮后表层体积增大,产生了压应力。

(3)渗氮件变形小。这是由于渗氮温度低,而且渗氮后不再进行热处理。

(4)渗氮件耐蚀性好。这是由于渗氮后表层形成了一层致密的化学稳定性高的 ε 相。

由于渗氮工艺复杂,成本高,渗氮层薄,因此主要用于对耐磨性及精度均要求很高的零件,或要求耐热、耐磨及耐蚀的零件。例如,精密机床丝杠、镗床主轴、汽轮机阀门和阀杆、精密传动齿轮和轴、发动机汽缸和排气阀以及热作模具等。

6.5.3 钢的热浸镀

热浸镀是将被镀材料放入远比工件的熔点低的熔融金属或合金中获得金属镀层的技术。热浸镀的镀层有以下几个特点:

(1)作为镀层的金属或合金处于熔融状态,活性较大,会向工件材料基体内部扩散,形成合金。

(2)最外层一般是镀层金属或合金。

(3)当镀层金属质量分数超过被镀材料溶解度限度时,在基体和镀层之间会形成中间化合物,如果被镀材料也是金属,会形成金属间化合物。

热浸镀的优点是工艺简单,镀层较厚;缺点是表面精度较低。

被镀材料常为金属材料如钢、铜、铸铁等,也可以是陶瓷材料。用于热浸镀的镀层材料有锌(420 ℃)、铝(660.4 ℃)、铅(327.5 ℃)、锡(231.9 ℃)及其合金等。热浸镀前要进行预处理,主要是去除表面油污和氧化皮;热浸镀后要进行后处理,主要是控制冷却和整形。下面以钢表面镀锌来简单介绍热浸镀过程。

热镀锌技术广泛用于钢结构耐大气腐蚀。在大气中,锌的表面能够形成一层致密、坚固、耐蚀的 $ZnCO_3 \cdot 3Zn(OH)_2$ 保护膜,防止铁基体继续氧化。另外,在有电解质的环境下,锌的电极电位比铁低,铁基体与涂层锌会组成原电池,锌为阳极,铁为阴极,通过锌的溶解而使铁基体得到保护,称为牺牲阳极保护法。

同渗氮一样,热浸镀也存在反应扩散。根据铁-锌相图,锌和铁可以形成一系列化合物,从钢基体开始,依次会形成锌在铁中的固溶体 α 相(室温最大质量分数为 6%Zn)、铁-锌化合物 γ 相(Fe_3Zn_{10})、δ 相($FeZn_7$)、ξ 相($FeZn_{13}$)及铁在锌中的固溶体 η 相(0.003%Fe)。由于化合物相比较脆,因此热浸镀层不能太厚。

普通钢热浸镀锌温度一般为 450~470 ℃。

热浸镀工艺流程如下:

$$冷轧板→氧化→还原退火→调节到镀锌温度→热浸锌→冷却→矫直$$

6.5.4　离子镀(渗)

将工件与沉积材料同放于真空室中,用电加热方式使沉积材料气化产生原子或分子。在成膜材料与工件之间加一个电场,使工件带有 1~5 kV 的负压,同时向真空室内通入氩气,在电场的作用下,氩气产生辉光放电,在工件周围形成一个等离子体区。当成膜材料的分子或原子飞向工件时,首先被电离成离子,离子在电压的作用下加速飞向工件并沉积到工件表面,由于离子具有一定的能量,因此会有部分渗入工件表面,提高结合力。离子镀的优点是时间短,渗层脆性小;缺点是对工件的尺寸和形状要求较高。

离子镀可用于钢的渗氮,也可以获得金属涂层和化合物涂层。如在高速钢刀具表面镀 TiN、TiC 等,可以提高其耐磨性。

6.6　离子注入

离子注入是指在真空下,将注入元素离子在几万至几十万电子伏电场作用下高速注入材料表面,使材料表面的物理、化学和力学性能发生变化的方法。

离子注入的特点是:

(1)可注入任何元素,不受固溶度和热平衡的限制。

(2)注入温度可控,不氧化,不变形。

(3)注入层厚度可控,注入元素分布均匀。

(4)注入层与基体结合牢固,无明显界面。

(5)可同时注入多种元素,也可获得两层或两层以上性能不同的复合层。

离子注入产生双重强化作用:高能量的离子对表面的形变强化和形成化合物产生的第二相强化(弥散强化)。同时,根据注入离子种类的不同,可以改善材料的耐磨性、耐蚀性、抗疲劳性、抗氧化性及电、光等特性。目前,离子注入在微电子技术、生物工程、宇航及医疗等高技术领域获得了比较广泛的应用,尤其在工具和模具制造工业的应用效果突出。

扩展读物

徐滨士,朱绍华. 表面工程的理论与技术 [M]. 2 版. 北京:国防工业出版社,2010.

思 考 题

6-1 说明喷丸强化的机理。

6-2 说明表面淬火的机理。

6-3 说明表面渗氮与渗金属的异同。

第7章

工程用钢

不锈钢——偶然的发明

大规模炼钢技术的发明是 19 世纪最伟大的技术创新之一,人类从此进入了钢时代。一个国家的工农业和国防无不与钢密切相关,钢产量甚至用来衡量一个国家的国力。工程师们把钢广泛用于各种新机器和人们的生活,但是普通钢容易生锈,那些持续受力和暴露在湿气中的钢制工具会很快被腐蚀。科学家们试图通过钢与其他金属相熔合来形成各种抗锈合金。第一次世界大战期间,英国科学家亨利·布里尔利(Harry Brearly)受英国政府军部兵工厂委托,研究武器的改进工作。那时,士兵用的步枪枪膛极易磨损,布里尔利想发明一种不易磨损、适于制造枪管的合金钢。1913 年,在一次试验中,他把铬加入钢中,但由于某些原因,试验没有成功。他只好失望地把它抛在实验室外面的废铁堆里。过了很长时间,奇怪的现象出现了:原来的废铁都锈蚀了,仅有那几块含铬的钢仍旧亮晶晶的。布里尔利很奇怪,就把它们拣出来进行了详细的研究。结果发现,碳质量分数为 0.24%、铬质量分数为 12.8% 的铬钢,在任何情况下都不会生锈,即使酸碱也不能将其腐蚀。但由于它太贵、太软,没有引起军部的重视。布里尔利只好与莫斯勒合办了一个餐刀厂,生产不锈钢餐刀。这种漂亮耐用的餐刀很快轰动欧洲,而"不锈钢"一词也不胫而走,布里尔利后来也被尊称为"不锈钢之父"。

7.1 钢的分类

钢是指以铁为基,添加其他元素所形成的合金的总称,其中碳元素是主加元素。仅仅控制碳质量分数的铁基合金称为碳素钢,为达到某种目的添加除碳元素以外的元素形成的铁基合金称为合金钢。

由于普通钢的力学性能对碳质量分数比较敏感,因此可以根据碳质量分数对钢进行分类,即低碳钢[$w(C) < 0.25\%$]、中碳钢[$w(C)$ 为 $0.25\% \sim 0.6\%$]和高碳钢[$w(C) > 0.6\%$]。合金钢中的主要合金元素包括 Si、Mn、Cr、Ni、W、Mo、V、Ti、Nb、Al、Cu、B 等,这些元素会使钢的性能和行为发生较大的变化。根据含有合金元素总量的多少,合金钢可以细分为三种:低合金钢(合金元素总量 $< 5\%$),中合金钢(合金元素总量为 $5\% \sim 10\%$)以及高合金钢(合金元素总量 $> 10\%$)。

钢(碳素钢和合金钢)中除了刻意添加的元素外,通常还含有 Si、Mn、P、S 以及微量的其他杂质元素。这些杂质元素可能是在生产过程中由原料(例如铁矿石和废钢添加物)带入的,也可能是因工艺目的(例如用硅或者铝来脱氧)在生产过程中引入的。为了与那些以提高钢的性能为目的,刻意以规定限量添加的合金元素区别,可以将它们称为残存杂质元素。多数残存杂质元素是有害的,应限制其在钢中的质量分数,如钢中一般都规定了 S、P 的质量分数不超过 0.05%。

钢有不同的成分,在不同的应用环境中有不同的热处理工艺,因此钢的牌号有上千种。根据钢的应用,将其主要分为三种:

(1)结构钢,以承受静载荷或动载荷为主要设计指标,用于在常温、普通大气环境下工作的各种工程结构、装备、仪器等的钢的统称。

(2)工具钢,用于制造各种加工工具的钢的统称。这类钢要求具有高硬度、高耐磨性,在某些情况下还要有抗加热软化的能力。

钢铁生产过程

(3)特种钢,设计指标除力学性能外,还对其他物理或化学性能有一定要求的钢的统称。如耐腐蚀、耐热、耐低温、抗核辐射、不导磁等。

典型工程用钢的分类如图 7-1 所示。

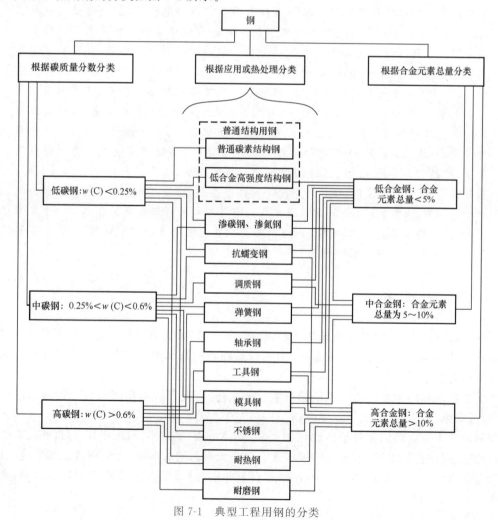

图 7-1　典型工程用钢的分类

7.2 钢的编号方法

7.2.1 标准钢号表示方法

我国钢的牌号表示方法根据 GB/T 221—2008《钢铁产品牌号表示方法》执行。采用汉语拼音、化学元素符号和阿拉伯数字相结合的原则;产品名称、用途、特性和工艺方法等一般用汉语拼音的缩写字母表示;质量等级符号采用 A、B、C、D、E 字母表示;牌号中主要化学元素含量(质量分数,%)采用阿拉伯数字表示。不锈钢和耐热钢牌号表示方法按 GB/T 20878—2007《不锈钢和耐热钢 牌号及化学成分》执行。常用各类钢牌号的表示方法见表 7-1。

表 7-1 常用各类钢牌号的表示方法

钢类	牌号举例	表示方法及说明
普通碳素结构钢和低合金高强度结构钢	Q235AF Q345DTZ Q345R Q295GNH L415 HPB235	主要是低碳(<0.25%)低合金(<5%)钢。牌号通常由四部分组成: (1)前缀符号+强度值,其中通用结构钢前缀符号为代表屈服强度的拼音字母"Q",专用结构钢有特定前缀字符; (2)(必要时)加钢的质量等级,用英文字母 A、B、C、D、E 等表示; (3)(必要时)加脱氧方式表示符号,即沸腾钢、半镇静钢、镇静钢、特殊镇静钢分别以 F、b、Z、TZ 表示,镇静钢、特殊镇静钢表示符号通常可以省略; (4)(必要时)加后缀字符表示产品用途、特性和工艺方法等
优质碳素结构钢	10F 20R 45 50MnE	用两位数字表示钢平均碳质量分数的万分之几;较高含锰量的优质碳素结构钢,加元素符号 Mn;高级优质钢、特级优质钢分别用 A、E 表示,优质钢不用字母表示;产品用途、特性或工艺方法表示方法同上
碳素工具钢	T7 T8MnA T10	用"T"(碳)+表示碳质量分数千分之几的数值表示;含锰量高的加元素符号 Mn
合金结构钢	40Cr 40CrNiMo 38CrMoAl 60Si2Mn GCr15 20MnVB	碳质量分数表示方法同优质碳素结构钢;合金元素平均质量分数少于1.5%的,仅表示元素,特殊情况下,为避免混淆可标1。质量分数为1.5%~2.49%,2.5%~3.49%,…,22.5%~23.49%,…,分别以 2,3,…,23,…表示,例外:高碳铬滚动轴承钢,在钢号前冠以"G"(滚),碳质量分数标注同合金工具钢,铬质量分数用千分之几表示;钢中的重要微量合金元素 V、Ti、Nb、B、Re 等,虽然质量分数很低,仍在钢号中标出
合金工具钢	9SiCr CrWMn Cr06 Cr12MoV 5Cr06NiMo W6Mo5Cr4V2 SM3Cr2Mo	平均碳质量分数以千分之几表示,当碳质量分数≥1%时,不标出;合金元素表示方法同合金结构钢。例外:低铬合金工具钢,其铬质量分数以千分之几表示,并在表示质量分数的数字前加"0";塑料模具钢冠以"SM";高速钢一般不标碳质量分数,如 W18Cr4V 的碳质量分数为 0.73%~0.83%
不锈钢和耐热钢	30Cr13 022Cr19Ni10 21Cr12MoV 42Cr9Si2 20Cr25Ni20 102Cr17Mo	用两位或三位数字表示碳质量分数最佳控制值;一般用两位数字表示碳质量分数的万分之几,当平均碳质量分数超过 0.1%时,用三位数字表示,但仍然是万分之几(第一位数字是 1);对于超低碳不锈钢(碳质量分数≤0.03%),用三位数字表示碳质量分数的十万分之几(第一位数字是 0)。合金元素表示方法同合金结构钢

7.2.2 标准 ISC 表示方法

现有钢铁牌号表示体系繁杂、混乱,多数牌号表示冗长,为了适应现代化管理需要,我国于 1998 年颁布了《钢铁及合金牌号统一数字代号体系》(GB/T 17616—1998)国家标准,简称"ISC",并于 2013 年 12 月 17 日发布 GB/T 17616—2013《钢铁及合金牌号统一数字代号体系》代替 1998 年标准。标准规定,凡列入国家标准和行业标准的钢铁及合金产品应同时列入产品牌号和统一数字代号,相互对照,并列使用,共同有效。

统一数字代号由固定的六位符号组成,左边首位用大写的拉丁字母作前缀(一般不使用"I"和"O"字母),后接五位阿拉伯数字,字母和数字之间应无间隙排列。前缀字母代表不同的钢铁及合金类型,第一位数字代表各类型钢铁及合金细分类,第二~五位数字分别代表不同分类内的编组和同一编组内的不同牌号的区别顺序号。对任何产品都规定统一的固定位数,对于每一个统一数字代号,只能适用于一个产品牌号。

7.3 钢中合金元素的作用

合金元素的添加常会引起碳素钢性能的巨大变化。一般情况下,将合金元素添加到钢中主要有四个目的:

(1)提高钢的淬透性。

(2)固溶强化和弥散强化。

(3)提高耐腐蚀性。

(4)使奥氏体或铁素体稳定,使钢在室温下为奥氏体(面心立方)或者铁素体(体心立方)。

7.3.1 提高淬透性

淬透性是指过冷奥氏体在冷却过程中获得马氏体组织能力的大小,具体体现在 C 曲线的位置上。C 曲线靠右,则以较慢的冷却速度就可以得到全部马氏体组织,钢的淬透性大;反之,则钢的淬透性小。通过向钢中添加适当的合金元素,可以提高其淬透性。现有研究表明,除了 Co 以外,溶入奥氏体的其他合金元素都会提高钢的淬透性。向钢中添加少量的 Mn、Si、Cr、Ni、Mo 和 B 等提高淬透性的合金元素,均会使 C 曲线向右移动(图 7-2)。许多具有优良淬透性的低合金钢正是在此基础上发展起来的。低的合金化使钢在油淬时能形成马氏体,更高的合金化使钢在空气中冷却时也能形成马氏体。形成马氏体之后,再进行不同程度的回火处理,可以使工件获得所期望的强度和韧性。

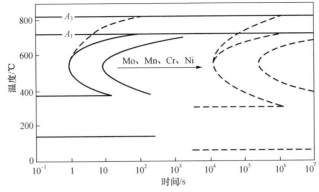

图 7-2　合金元素对钢的 C 曲线的影响

7.3.2　固溶强化

低合金钢中的合金元素溶解到铁素体中形成置换固溶体,这种固溶体会增加钢的强度,这种强化作用称为固溶强化。在低合金钢中,Si、Mn、Cr 和 Ni 是常用的固溶强化元素,而工具钢中含有大量的 W、Cr 和 Co,这些合金元素在铁素体和奥氏体中均具有很大的固溶度,不需要进行特殊热处理就能产生较高的固溶强化效果。此外,在对钢的强度贡献中,固溶强化作用不会因为钢的过度加热而受到影响。

7.3.3　弥散强化

弥散强化在工具钢中具有重要的作用。传统上,普通切削工具钢由含有大约 0.3% 硅元素以及 0.4% 锰元素的普通高碳钢制得。它们在淬火和回火状态下具有足够的硬度,可以用来切削低碳钢,而且具有足够的韧性承受间歇切削的冲击作用。但是它们具有明显的缺点:当其工作时,随着温度的升高,很容易发生回火软化现象,从而钝化切削刃。采用低切削速度以及喷射切削液冷却可以解决这一问题。但低切削速度意味着低生产率以及高生产成本,使用高速钢来制作切削工具可以很好地解决这一问题。以某种典型高速钢为例,其成分(质量分数,下同)为 1% C、0.4% Si、0.4% Mn、4% Cr、5% Mo、6% W、2% V 和 5% Co。这种钢在淬火、回火状态下使用(Mo、Mn、Cr 使钢具有较好的淬透性),其强化作用可归功于两个主要因素:回火时细小的 Fe_3C 相弥散析出;溶解的合金元素带来的固溶强化。区别于普通碳素工具钢,当这种高速钢淬火得到马氏体后再加热到 $500 \sim 600\ ℃$ 时,Fe_3C 析出相会溶解,且释放的 C 会与部分溶解的强碳化物形成元素 Mo、W 和 V 结合,形成细小弥散的 Mo_2C、W_2C 和 VC 析出相,因此钢的硬度会出现不降反升的现象,这就是二次硬化效应。也就是说,控制高速钢的回火过程会使钢的硬度增加,而不是减小,可以使其在更高的切削速度下工作。

7.3.4　提高耐蚀性

普通碳素钢在潮湿环境下会生锈,在空气中加热会发生氧化。但是如果将 Cr 添加到钢中,会在其表面形成一层硬而致密的 Cr_2O_3 薄膜,从而保护基体金属免受腐蚀或氧化。对钢起到保护作用的 Cr 的最小添加量为 13%,这种 Fe-Cr 系钢便是各种不锈钢的基础。

7.3.5 奥氏体或铁素体稳定化

添加合金元素(Mn、Cr、Ni、Ti 等)会使铁-碳相图发生很大改变。相界位置以及相区形状的变化程度取决于合金元素的种类和质量分数。基于合金元素对铁-碳相图奥氏体相区(γ 相区)和铁素体相区的影响,这些合金元素可以分为两个主要的类别,即奥氏体形成元素和铁素体形成元素。

1. 奥氏体形成元素

向铁中添加 C 有利于奥氏体的形成。Ni 和 Mn 同样有扩大 γ 相区的效果,且它们的作用相似。当向铁中添加足够的合金元素 Ni(在奥氏体不锈钢中的质量分数>8%)或者 Mn(在耐磨钢中的质量分数>11%)时,会使奥氏体向 α 铁素体转变的温度降低到室温以下,从而在室温下得到单相的奥氏体组织。合金元素 Mn 对 γ 相区的影响如图 7-3 所示。

2. 铁素体形成元素

向铁中添加 Cr、Ti、V、Mo、Si 等使得 γ 相区缩小。当钢中存在大量这样的合金元素时,γ 相区会消失。例如,含有 13%Cr 的 Fe-Cr 合金从 0 K 到熔点,只有体心立方结构,组织中不会出现面心立方结构,所以也就不能通过淬火形成马氏体组织。图 7-4 显示了合金元素 Cr 对 γ 相区的影响。

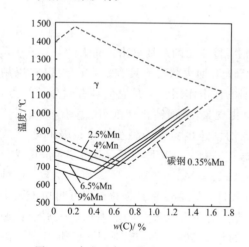

图 7-3　合金元素 Mn 对 γ 相区的影响

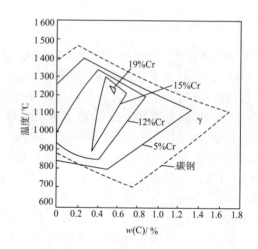

图 7-4　合金元素 Cr 对 γ 相区的影响

7.4　典型工程用钢

用于制作工程结构、机械零件的钢的种类繁多,为了选材上的方便,下面依据其使用侧重点(如力学、化学、物理和工艺性能)的不同,对一些典型的工程用钢及其合金化特点逐一介绍。

7.4.1 以力学性能为主的钢

钢作为制备机械产品的原材料,在其众多的性能中,力学性能与应用的关系最密切。绝大多数情况下,材料的力学性能应在交货时进行限定。某些情况下,材料的力学性能需要通过进一步的热处理或者冷加工获得。在工程应用中,主要利用其力学性能的钢种包括制造工程结构件的普通结构用钢、制造各种机械结构件的高性能结构用钢、制造各种工具和模具的工模具钢、制造特定耐磨件的耐磨钢和应用于高低温环境下的高低温用钢等。

1. 普通结构用钢

此类钢大多用于制造工程结构件,常见于土木工程、水利工程、桥梁工程、海洋工程、输送管道工程等主要在环境温度下使用的场合。这些钢一般以在室温下的强度、韧性以及焊接性能进行分级。因其冶炼简便、成本低、用量大,一般不进行热处理。考虑工程用钢的焊接性能,必须对钢中的碳质量分数以及合金元素质量分数加以限制。普通结构用钢包括普通碳素结构钢和低合金高强度结构钢(HSLA)。

(1)普通碳素结构钢

普通碳素结构钢简称碳素结构钢,属低碳钢,S、P质量分数较高。这类钢通常在热轧空冷状态下使用,其塑性高,可焊性好,使用状态下的组织为铁素体+珠光体。碳素结构钢的性能与碳质量分数密切相关,随着碳质量分数的增加,珠光体质量分数增加,钢的强度提高,塑性下降。碳素结构钢常以热轧板、带、棒及型钢使用,用量约占钢材总量的70%,适于焊接、铆接、栓接等。部分碳素结构钢的牌号、化学成分、力学性能及应用见表 7-2。

表 7-2　部分碳素结构钢的牌号、化学成分、力学性能及应用(摘自 GB/T 700—2006)

牌号	等级	化学成分(质量分数,不大于)/%					力学性能			应用举例
		C	Si	Mn	S	P	R_{eH}/MPa	R_m/MPa	A/%	
Q195	—	0.12	0.30	0.50	0.040	0.035	≥195	315～430	≥33	用于载荷不大的结构件、铆钉、垫圈、地脚螺栓、开口销、拉杆、螺纹钢筋、冲压件和焊接件
Q215	A	0.15		1.20	0.050	0.045	≥215	335～450	≥31	
	B				0.045					
Q235	A	0.22	0.35	1.40	0.050	0.045	≥235	370～500	≥26	用于结构件、钢板、螺纹钢筋、型钢、螺栓、螺母、铆钉、拉杆、齿轮、轴、连杆;Q235C、Q235D 可用于重要焊接结构件
	B	0.20			0.045					
	C	0.17			0.040	0.040				
	D				0.035	0.035				
Q275	A	0.24		1.50	0.050	0.045	≥275	410～540	≥22	强度较高;用于承受中等载荷的零件,如键、链、拉杆、转轴、链轮、链环片、螺栓及螺纹钢筋等
	B	0.21			0.045					
	C	0.20			0.040	0.040				

应用举例:Q235 钢,碳质量分数适中,是最通用的工程结构钢之一,具有一定的强度和塑性,焊接性能良好,且成本较低,能满足一般钢结构和钢筋混凝土结构用钢要求。图 7-5

所示为建筑结构用 Q235 螺纹钢和工字钢型材。

(a) 螺纹钢　　　　　　　　　　　　　　　　(b) 工字钢

图 7-5　建筑结构用 Q235 螺纹钢和工字钢型材

（2）低合金高强度结构钢

碳素结构钢等级较低，难以满足重要工程结构对材料性能的要求。在上述碳素结构钢的基础上添加少量合金元素（一般总量＜5％），就可以形成低合金高强度结构钢。低合金高强度结构钢具有较高的强度和韧性，工艺性能较好（如良好的焊接性能），部分低合金高强度结构钢还具有耐腐蚀、耐低温等特性。

低合金高强度结构钢采用低碳、多组元合金元素，尽量不含或少含贵金属元素，以降低成本。碳质量分数不大于 0.2％，Mn 和 Si 主要起固溶强化作用。添加少量的强碳化物、氮化物形成元素 V、Ti、Nb，以及少量 Al（形成 AlN），主要起细晶强化和弥散强化作用，可以得到微合金化钢。添加少量的 Cu、P、Cr 和 Ni 等，使其在金属基体表面形成保护层，以改善钢材耐大气腐蚀的性能，可以得到在大气和海水中锈蚀缓慢的耐候钢。此外，添加少量 RE（稀土）可脱硫、去气，使钢材的韧性提高。

低合金高强度结构钢的供货状态通常为热轧或控制轧制状态，也可根据用户要求以正火或正火加回火状态供应，用户在使用时通常不再进行热处理。低合金高强度结构钢通常为铁素体＋珠光体组织，其屈服极限约为 460 MPa。一些低合金高强度结构钢的牌号、主要成分和力学性能见表 7-3。

表 7-3　一些低合金高强度结构钢的牌号、主要成分和力学性能

（摘自 GB/T 1591—2018）

牌号（等级）	力学性能			主要成分（质量分数）/％		
	R_{eH}/MPa	R_m/MPa	A/％	C	Si	Mn
Q355（B～D）	≥355	470～630	≥20	B 级≤0.24 C～D 级≤0.20	≤0.50	≤1.60
Q390（B～D）	≥390	490～650	≥20	≤0.20	≤0.50	≤1.70
Q420（B～C）	≥420	520～680	≥20	≤0.20	≤0.50	≤1.70
Q460（C）	≥460	550～720	≥18	≤0.20	≤0.60	≤1.80

注：元素 V、Ti、Nb、Ni、Cu、Cr、Mo、B、Al、P 和 S 的质量分数见 GB/T 1591—2018。表中所列屈服强度为厚度不大于 16 mm 时的数据，抗拉强度为厚度不大于 100 mm 时的数据，断后伸长率为厚度不大于 40 mm 时的数据。

应用举例：Q460E钢强度高，可焊性良好，在正火、正火＋回火或淬火＋回火的状态下有很好的综合力学性能。该牌号钢材具有良好的韧性。适于制造各种大型工程结构及要求强度高、载荷大的轻型结构中的部件。如图7-6所示，鸟巢体育场主框架就大量应用了Q460E钢板。"鸟巢"的跨度很大，为了保证结构强度，选用的Q460E钢板的最大厚度达到110 mm。如果换成低强度钢材，厚度要超过200 mm，材料断面增大之后，在焊接过程中会更容易产生缺陷。除了焊接不便外，低强度钢材体积和负重大是另外一个不被选用的原因。

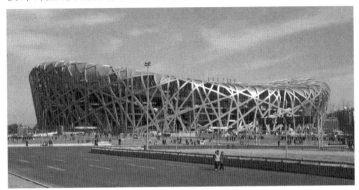

图7-6 大量应用Q460E钢材焊接而成的鸟巢体育场主框架

2. 高性能结构用钢

对于重要结构件，如车辆、船舶、飞机、压力容器、机器零件等，出于安全考虑，除屈服强度要达到指标外，还要对其成分进行严格控制。高性能结构用钢包括优质碳素结构钢和优质合金钢。常用优质碳素结构钢的牌号、化学成分、力学性能和应用见表7-4。这类钢S、P质量分数较低(平均质量分数≤0.035%)，力学性能优于普通碳素结构钢，多用于制造比较重要的机械零件。

表7-4 常用优质碳素结构钢的牌号、化学成分、力学性能和应用
(摘自GB/T 699—2015)

牌号	统一数字代号	化学成分(质量分数)/%			力学性能					应用举例
		C	Si	Mn	R_m/MPa	R_{eL}/MPa	A/%	Z/%	K_a/J	
08	U20082	0.05～0.11	0.17～0.37	0.35～0.65	325	195	33	60		属低碳钢，强度、硬度低，塑性、韧性好。08F钢属沸腾钢，成本低、塑性好，用于制造冲压件和焊接件，如壳、盖、罩等；08～25钢常用来做冲压件、焊接件、锻件和渗碳件、齿轮、销钉、小轴、螺钉、螺母等；其中20钢用量最大
10	U20102	0.07～0.13	0.17～0.37	0.35～0.65	335	205	31	55		
20	U20202	0.17～0.23	0.17～0.37	0.35～0.65	410	245	25	55		
25	U20252	0.22～0.29	0.17～0.37	0.50～0.80	450	275	23	50	71	
40	U20402	0.37～0.44	0.17～0.37	0.50～0.80	570	335	19	45	47	属中碳钢，综合力学性能好，多在正火、调质状态下使用，主要用于制造齿轮、轴类零件，如曲轴、传动轴、连杆、拉杆、丝杠等；其中45钢应用最广泛
45	U20452	0.42～0.50	0.17～0.37	0.50～0.80	600	355	16	40	39	
50	U20502	0.47～0.55	0.17～0.37	0.50～0.80	630	375	14	40	31	
60	U20602	0.57～0.65	0.17～0.37	0.50～0.80	675	400	12	35		属高碳钢，具有较高的强度、硬度、耐磨性，多在淬火、中温回火状态下使用，主要用于制造弹簧、轧辊、凸轮等耐磨件与钢丝绳等；其中65钢是最常用的弹簧钢
65	U20652	0.62～0.70	0.17～0.37	0.50～0.80	695	410	10	30		
70	U20702	0.67～0.75	0.17～0.37	0.50～0.80	715	420	9	30		
15Mn	U21152	0.12～0.18	0.17～0.37	0.70～1.00	410	245	26	55		应用范围基本与对应的普通碳素结构钢相同；由于其淬透性、强度相应提高，可用于截面积较大，或强度要求较高的零件；其中65Mn钢最常用
65Mn	U21652	0.62～0.70	0.17～0.37	0.90～1.20	735	430	9	30		
70Mn	U21702	0.67～0.75	0.17～0.37	0.90～1.20	785	450	8	30		

注：表中拉伸性能均为正火处理值，冲击性能为调质处理(回火温度为600 ℃)值，试样毛坯尺寸为25 mm。

优质碳素结构钢的力学性能主要取决于碳质量分数及热处理状态。从选材角度来看，碳质量分数越低，其强度、硬度越低，塑性、韧性越高，反之亦然。

优质合金钢包含两类：框架结构用钢和机器用钢。框架结构用钢常常需要焊接，要求具有较低的碳质量分数。机器用钢的焊接性能一般不处于主导地位，因此其碳质量分数无须限制在较低水平。相反，为了使机器用钢具有高强度，有时需要在钢中保持较高的碳质量分数。

框架结构用钢的典型例子是汽车框架及面板。汽车面板需要冷冲压成型，使用低碳钢。为保证冷冲压成型后高的表面光滑度而采用的超低 C、N 钢 $[w(C)<0.005\%, w(N)<0.004\%]$，称为无间隙原子钢（Interstitial-free steels），简称 IF 钢。此类钢具有低屈服强度、高延伸率、高硬化指数和无时效性等特点。而汽车框架作为车的结构主体，为保证安全性要求则选用较高强度的钢（σ_s 为 210~550 MPa），甚至高强度钢（$\sigma_s>550$ MPa）。此时在低碳钢基础上还要添加一定量的合金元素。传统高强度钢多以固溶、析出和细化晶粒等为主要强化手段，常见的主要有碳-锰（C-Mn）钢、低合金高强度钢和烘烤硬化（BH）钢等。先进高强度钢则是指主要通过相变进行强化的钢种，组织中含有马氏体、贝氏体和残余奥氏体，如双相（DP）钢、马氏体（M）钢、相变诱发塑性（TRIP）钢、孪生诱发塑性（TWIP）钢等。

机器用钢主要指各种机床、发动机、燃气机等机器中各种零部件用钢。这些零部件工作条件各异，且往往是在动载荷下工作，要求具有高的综合性能。这些零部件用钢在加工过程中往往需要热处理。因为铁在室温和熔点之间进行加热或冷却时，其晶格会发生两次相的转变，所以对具有不同化学成分的钢进行不同的热处理，可获得多样性的微观组织结构，从而使其性能可在一个很宽的范围内进行调整。

对钢进行淬火和回火或者类似热处理时，强度和韧性是优先考虑的因素。经过淬火和回火处理的钢种具有较广的应用范围，如车辆和机械构件、大的锻件、弹簧以及滚动轴承、各种工模具钢等。通常，此类钢的 $w(C)$ 为 0.25%~1%，或者更高。根据不同的应用，高性能结构用钢可以是碳素钢、低中合金钢（例如渗碳钢、调质钢、高碳铬轴承钢以及弹簧钢）或者高合金钢（例如马氏体时效钢）。

（1）渗碳钢

渗碳钢是经渗碳、淬火和回火后使用的结构钢。其典型 $w(C)$ 为 0.1%~0.25%，渗碳以后其表层 $w(C)>1\%$。渗碳、淬火后在相对低的温度（大约 200 ℃）下回火。热处理后钢的表面为高碳马氏体加弥散碳化物，表层向内碳质量分数逐渐降低。这种处理方法可以使钢获得表面硬度高、心部韧性好的特性，能够提高钢的耐磨性、抗疲劳和抗冲击性能。

进行渗碳处理的钢种必须具有良好的渗碳能力，同时又不会在渗碳温度（900~950 ℃）下形成粗大的晶粒。所以，普通碳素结构钢虽然可以进行渗碳处理，但常用的是含有 Cr、Cr-Mn、Cr-Mo 或 Cr-Ni-Mo 的低中合金钢。Cr 可以增加钢表层的硬度以及耐磨性，但具有促进晶粒长大的作用，质量分数应控制在少量。Mn 的存在可以稳定渗碳体以及提高硬化层深度，但它容易引起钢的淬火开裂。渗碳钢中加入 Ni 可以提高心部的强度，在渗碳过程中也可以减缓晶粒的长大。渗碳钢中加入 Ti、V 等强碳化物形成元素同样可以有效防止渗碳时奥氏体晶粒的粗化。

根据淬透性不同，渗碳钢可分为三类：

①低淬透性渗碳钢

典型钢种有 20、20Cr 等，用于制造冲击载荷较小的耐磨件，如小轴、小齿轮、活塞销等。

②中淬透性渗碳钢

典型钢种有 20CrMnTi 等,用于制造承受高速中载、抗冲击和耐磨损的零件,如汽车、拖拉机的变速箱齿轮、离合器等。

③高淬透性渗碳钢

典型钢种有 18Cr2Ni4WA 等,用于制造大截面、高载荷的重要耐磨件,如飞机或坦克的曲轴、齿轮等。

应用举例:汽车、拖拉机的变速箱齿轮受力比较大,受冲击频繁,因此在耐磨性、疲劳强度、抗冲击能力等方面的要求均比机床齿轮高。为了满足表面高耐磨和整体强韧性的要求,可采用 20CrMnTi,20MnVB 等制造。其工艺路线为

备料→锻造→正火→机械加工→渗碳＋淬火＋低温回火→喷丸→磨削→装配

正火处理为预备热处理,可改善组织,消除锻造应力,调整硬度以便于机械加工,并为后续的调质工序做组织准备。经渗碳＋淬火＋低温回火后,齿面硬度可达 58～62HRC,心部硬度为 35～45HRC,齿轮的耐冲击能力、弯曲疲劳强度和接触疲劳强度均相应提高。喷丸处理能提高齿面硬度 2～3HRC,并提高齿面的压应力,进一步提高接触疲劳强度。在使用状态下,齿轮表面的显微组织为回火马氏体＋残余奥氏体＋颗粒状碳化物,心部淬透时为低碳回火马氏体(＋铁素体),未淬透时为索氏体＋铁素体。图 7-7 为由 20CrMnTi 渗碳钢制备的汽车变速箱齿轮。

图 7-7　由 20CrMnTi 渗碳钢制备的汽车变速箱齿轮

(2)调质钢

调质钢是指 $w(C)$ 为 0.3%～0.5% 的碳素钢或低合金钢,一般需要在调质处理(淬火加高温回火)后使用。普通中碳钢具有低淬透性,仅适于制造截面面积小的零件,并需要较快的淬火冷却速度。向钢中添加合金元素可以提高其淬透性,按合金元素对淬透性提高能力由低到高排序,常用合金调质钢有 Cr 系、Cr-Mo 系和 Cr-Ni-Mo 系。合金元素的添加提高了这些钢的可热处理性,并可获得各种强度、韧性的组合。Cr 和 Ni 对提高钢的淬透性有积极作用,是两种重要的合金元素。在低合金钢中添加 Mo,可有效降低钢的回火脆性。钢中加入 B 还可以进一步提高其淬透性。对于一般的低合金钢来说,在热处理强化过程中,合金会完全奥氏体化。但是,若钢中添加某种强碳化物形成元素,例如 V、Ti、Nb,由于它们与碳形成的碳化物分解温度较高,在钢加热奥氏体化过程中会有部分保留,阻止了奥氏体晶粒长大,从而能够细化奥氏体晶粒。

调质钢的强度比低碳钢高,但其塑性和韧性则有所降低。其应用包括机车车轮、轨道、齿轮、曲轴以及其他需要综合高强度、高韧性的机械零件和高强度结构件。表 7-5 列出了一些典型调质钢的化学成分。表 7-6 给出了这些典型调质钢经淬火、回火后的力学性能以及用途。

表 7-5 典型调质钢的化学成分

(摘自 GB/T 699—2015、GB/T 3077—2015)

材料牌号	化学成分(质量分数)/%						
	C	Mn	Cr	Si	Ni	Mo	其他
45	0.42~0.50	0.50~0.80	≤0.25	0.17~0.37			
40Mn	0.37~0.44	0.70~1.00		0.17~0.37			
45MnB	0.42~0.49	1.10~1.40		0.17~0.37			B0.000 8~0.003 5
40CrNi	0.37~0.44	0.50~0.80	0.45~0.75	0.17~0.37	1.00~1.40		
35CrMo	0.32~0.40	0.40~0.70	0.80~1.10			0.15~0.25	
42CrMo	0.38~0.45	0.50~0.80	0.90~1.20	0.17~0.37		0.15~0.25	
40CrNiMoA	0.37~0.44	0.50~0.80	0.60~0.90	0.17~0.37	1.25~1.65	0.15~0.25	
40CrMnMo	0.37~0.45	0.90~1.20	0.90~1.20	0.17~0.37		0.20~0.30	

表 7-6 典型调质钢经淬火、回火后的力学性能以及用途

(摘自 GB/T 699—2015、GB/T 3077—2015)

材料牌号	热处理/ ℃		力学性能(不小于)			用途
	淬火	回火	R_m/MPa	R_{eL}/MPa	A/%	
45	840(水)	600	355	600	16	小截面、中载荷的调质件如主轴、曲轴、齿轮、连杆、链轮等
40Mn	840(水)	600	355	590	17	比 45 钢强韧性要求稍高的调质件
45MnB	840(油)	500	835	1 030	9	代替 40Cr 钢,制作直径＜50 mm 的重要调质件,如机床齿轮、钻床主轴、凸轮、蜗杆等
40CrNi	820(油)	500	785	980	10	用于制作较大截面的重要件,如曲轴、主轴、齿轮、连杆等
35CrMo	850(油)	550	835	980	12	代替 40CrNi 钢,制作大截面齿轮和高负荷传动轴、发电机转子等
42CrMo	850(油)	560	930	1 080	12	用于制作要求较 35CrMo 钢强度更高和调质截面更大的锻件,如机车牵引用大齿轮、高速内燃机曲轴、受载荷极大的连杆及弹簧夹等
40CrNiMoA	850(油)	600	835	980	12	用于制作高强韧性大型重要零件,如飞机起落架、航空发动机轴
40CrMnMo	850(油)	600	785	980	10	部分代替 40CrNiMoA 钢,如制作卡车后桥半轴、齿轮轴等

通过对调质钢进行表面淬火,可以提高其表面耐磨性。表面淬火时,仅在材料表层一定深度完全形成马氏体组织,而材料内部组织结构保持不变。$w(C)$ 不低于 0.4 % 的中碳钢或者含铬的中碳低合金钢,由于表面硬化时硬化曲线相对较陡,比较适于此种处理。

根据淬透性不同,调质钢可分为三类:

①低淬透性调质钢

典型钢种有 45、40Cr 等,用于制作尺寸较小的车床变速箱中次要齿轮、简易机床主轴、汽车曲轴等。

②中淬透性调质钢

典型钢种有 42CrMo 等,用于制作截面较大的零件,如内燃机曲轴、主轴、齿轮等。

③高淬透性调质钢

典型钢种有 40CrNiMo 等,用于制作大截面、重载荷的重要零件,如汽轮机主轴、航空发动机主轴等。

应用举例 1:图 7-8 所示为某简易车床主轴。该主轴承受交变扭转和弯曲载荷,但载荷和转速不高,冲击载荷也不大,轴颈和锥孔处有摩擦。按以上分析,选用 45 钢制作该车床主轴,经调质处理后,硬度为 220~250HBW,轴颈和锥孔需进行表面淬火,硬度为 46~54HRC。其工艺路线为

备料→锻造→正火→粗机械加工→调质→精机械加工→

轴径表面淬火＋低温回火→磨削→装配

正火的目的同样是改善组织,消除锻造缺陷,调整硬度以便于机械加工,并为调质处理做组织准备。调质可获得回火索氏体,具有较高的综合力学性能,提高疲劳强度和抗冲击能力。表面淬火＋低温回火可获得高硬度和高耐磨性。

应用举例 2:曲轴是内燃机的脊梁骨,工作时受交变扭转、弯曲载荷以及振动和冲击力的作用,且转速越高,所需要的强度也越高。强度级别高的 42CrMo 合金调质钢可用来制造高速运转的内燃机曲轴,其工艺路线同上述机床主轴的工艺路线。图 7-9 所示为由 42CrMo 钢制造的某高速内燃机曲轴。

图 7-8　某车床主轴

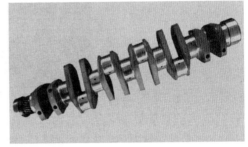

图 7-9　由 42CrMo 钢制造的某高速内燃机曲轴

(3)高碳铬轴承钢

轴承长期承受周期性交变载荷,同时还承受摩擦作用,其主要失效形式是接触疲劳损坏和摩擦磨损破坏。因此,需要轴承内外圈和滚动体具有高机械强度、高耐滚动疲劳性能、高硬度以及高耐磨性。此外,制作轴承的材料应具有优良的尺寸稳定性,以防止由于尺寸改变引起轴承性能的恶化。同时,考虑到生产的经济性,轴承材料还要具有很好的切削性。

使用最广泛的制作轴承材料是高碳铬轴承钢,其典型牌号为 GCr15。这种钢的碳质量分数约为 1%,并以铬质量分数 1.5% 进行合金化。具有高碳质量分数是为了获得高硬度,进而使钢具有高耐磨性。添加铬元素可以提高钢的淬透性和耐腐蚀性,同时还可以形成合金渗碳体或合金碳化物,进一步提高钢的硬度以及耐磨性。但轴承钢中过量铬元素的添加会增加淬火后残余奥氏体质量分数,降低钢的硬度以及尺寸稳定性。所以,一般控制高碳铬轴承钢中铬质量分数小于 1.65%。但对于大尺寸工件来说,可以将铬质量分数增加到

1.8%左右,同时还可以加入 0.3%的钼元素。

高碳铬轴承钢的热处理主要为球化退火、淬火和低温回火。淬火温度为 850 ℃左右,在油中淬火,再在 160～250 ℃进行回火处理,得到的组织为回火马氏体＋颗粒状未溶碳化物＋大约 5%的残余奥氏体。

轴承疲劳开裂最常见的原因是材料中存在非金属杂质。通过冶金净化,降低材料中非金属杂质的质量分数,可延长轴承的滚动疲劳寿命。对于需要长寿命的轴承,可以采用低含氧量、低非金属杂质,并用真空除气精炼的钢种。对要求更高可靠性的轴承,为了进一步提高材料的纯度,则需要真空自耗重熔和电渣重熔技术来熔炼轴承钢。

高碳铬轴承钢的使用温度一般低于 120 ℃。如果在较高的温度下使用,该轴承材料会出现软化或尺寸改变等问题。

应用举例:由 GCr15 钢制造的滚动轴承(图 7-10),其内外圈及滚动体在 840 ℃油淬后获得隐晶马氏体基体,其上分布着细小碳化物颗粒,体积分数为 7%～9%,此外还有少量残余奥氏体。这种显微组织使得零件获得最高的硬度、弯曲强度和一定的韧性。淬火后应立即回火,采用 160 ℃保温 3 h 或更长,回火后硬度为 62～66HRC。其工艺路线为

备料→锻造→正火(消除网状碳化物)→球化退火→粗机加工→淬火→低温回火→磨削

图 7-10　由 GCr15 钢制造的某型号滚动轴承

球化退火的目的是得到合格的淬火前组织。球化退火温度为 780～800 ℃,其冷却方式有两种:一种是连续冷却,按冷却速度 20～30 ℃/h 冷却到 650 ℃出炉;另一种是在 700 ℃保温 2～4 h,再炉冷到 650 ℃出炉。两种方式皆可得到球状珠光体。

(4)马氏体时效钢

所谓时效,是指将淬火后的金属工件置于室温或较高温度下保持适当时间,以改变金属性能的热处理工艺。环境温度下进行的时效处理是自然时效,控制温度下进行的时效处理是人工时效。马氏体时效钢中碳质量分数极低,实际上碳元素对提高该类钢的强度没有任何贡献,它仅是钢冶炼过程中的残留物。Ni 和 Co 是必要的组成成分,其中 Ni 质量分数高达 18%,Co 质量分数为 8%～12%。另外还有质量分数约 3%的 Mo。将这样的合金在820 ℃下进行固溶处理,组织中的金属间化合物第二相会溶解到基体中,并得到均匀的奥氏体组织。因合金中存在的大量合金元素能够减缓奥氏体的分解,合金经空冷就可得到一种Fe-Ni 合金马氏体组织。此种马氏体要比传统含碳马氏体软而韧,硬度为 30～32HRC。最后,再将合金在 480 ℃左右时效处理 3 h 或更长时间,基体中就会析出与基体共格的含 Ni的金属间化合物($TiNi_3$、$MoNi_3$ 或 $AlNi_3$)相。与基体共格的金属间化合物的析出会大大阻

碍位错的滑移,使钢的硬度上升到 50HRC 以上,钢的抗拉强度最高可以达到 2 400 MPa,属于超高强度钢。钢中 Co 的主要作用可能是提供更多的晶格位置,以促进金属间化合物的析出。

典型的高合金马氏体时效钢的牌号有 18Ni(200)(00Ni18Co8Mo3TiAl)钢、18Ni(250)(00Ni18Co8Mo5TiAl)钢、18Ni(300)(00Ni18Co9Mo5TiAl)钢、18Ni(350)(00Ni18Co13Mo4TiAl)钢等。其中 18Ni(250)钢的化学成分和力学性能分别见表 7-7 和表 7-8。

表 7-7　18Ni(250)钢的主要化学成分

元素	质量分数/%	元素	质量分数/%
C	≤0.03	Al	0.05~0.15
Ni	17~19	P	≤0.01
Co	7~8.5	S	≤0.01
Mo	4.6~5.2	Si	≤0.1
Ti	0.3~0.5	Mn	≤0.1

表 7-8　18Ni(250)钢的主要力学性能

力学性能	数值	力学性能	数值
固溶温度/℃	815~830	σ_b/MPa	1 850
时效温度/℃	480±5	δ_5/%	10~12
时效后硬度/(HRC)	50~52	ψ/%	48~58
σ_s/MPa	1 800		

马氏体时效钢在时效处理之前具有低强度和良好的延展性,可以方便地对其进行塑性成型或机加工。与其他钢相比,在不损失强度的情况下,可以制作出更薄的火箭和导弹外壳,以减轻其飞行质量。马氏体时效钢具有非常稳定的性能,即使在时效之后,其软化损失也不是很大。因此,适当提高使用温度,仍能保持其原有的性能,其服役温度可以超过 400 ℃。马氏体时效钢适于制作发动机部件,例如曲轴、齿轮等。还适于制作自动武器撞针这种承受大载荷,冷热循环交变的场合。此类钢时效之前的均匀膨胀以及易切削加工性还可以使其应用于装配线以及模具的高耐磨部件上。

(5)弹簧钢

弹簧要求具有较高的屈服强度,承受较大的扭转或者弯曲载荷而不发生永久变形。弹簧钢是中高碳(一般碳质量分数为 0.5%~1.0%)低合金钢的一种,典型的合金元素包括 Si 和 Mn,其中 Si 是使钢具有高屈服强度的关键元素。但钢中较多的 Si 具有强烈促进表面脱碳的倾向,所以硅质量分数为 1.5%~2% 的弹簧钢需要谨慎使用。典型钢种为 65Mn 和 60Si2Mn。热处理时可以采用保护性气氛炉以防止脱碳现象发生,或利用后续机加工消除钢热处理后的表面脱碳层。弹簧钢的典型应用包括锯条、卷尺、螺旋弹簧以及汽车悬架部件等。

弹簧可以通过冷成型或者热成型制成。较小的弹簧经常采用冷缠绕成型方式制成,这种方式成本低。冷成型之后要进行低温去应力退火,除了能够维持尺寸稳定性外,还可以提高冷拔材料的屈服强度。热成型弹簧通常要经淬火、中温回火处理(得到回火屈氏体),以获得高的弹性极限。弹簧在热处理后通常还要进行喷丸处理,使表面强化并在表面产生残余压应力以提高疲劳极限。

对于需要淬火、回火处理的弹簧,需要根据其大小、松弛要求和服役温度来选择钢种。钢中 Si 的添加可减缓碳化物的形成,其回火温度可提高到一个较高的温度(一般为 410~480 ℃),避开了在 250~300 ℃加热时易发生蓝脆(强度增大,塑性、韧性降低的现象)的温度区。更重要的是,这会提高钢的抗松弛能力。V 可以细化晶粒,它的添加可提高弹簧钢的性能。随着弹簧尺寸的增加,钢的淬透性需求提高。随着弹簧使用温度的升高,其组织中需要更加稳定的碳化物。这时,就要采用含有 Si-Cr、Cr-V、Si-Cr-V 或 Cr-W-V 等组合体系的钢种(元素形成碳化物能力越强,在组织中越稳定)。

应用举例:汽车减振所用的板簧[图 7-11(a)]和螺旋弹簧[图 7-11(b)]常用钢种有55Si2Mn、60Si2Mn、50CrVA 等。其中 60Si2Mn 在油中的淬火温度为 860~870 ℃,随后在450~460 ℃回火,回火后硬度为 45~50HRC,其组织为保留马氏体位向的回火托氏体。该组织特点是碳化物尚未发生明显的聚集长大,保持弥散的分布状态,马氏体只发生回复过程,由淬火所造成的第二类内应力几乎全部消除,但未发生再结晶,仍保持马氏体的针状形态和一定的强化效果,故而有较高的弹性极限。

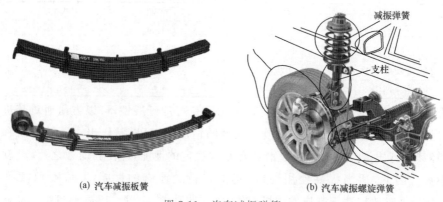

(a) 汽车减振板簧　　　　　　　　　(b) 汽车减振螺旋弹簧

图 7-11　汽车减振弹簧

制作螺旋弹簧件的加工工艺为

热卷→磨端面→淬火→中温回火→精磨端面→喷丸处理→强压处理→表面处理

3.工具钢

工具钢是指适于制作工具的各种碳素钢以及合金钢。要求具有高硬度、高耐磨性,保持切削刃的能力,以及在高温下抵抗变形的能力。工具钢一般在热处理状态下使用,其碳质量分数为 0.7%~1.5%,在制备过程中需要严格控制生产条件来达到所需性能要求。工具钢中 Mn 的质量分数往往保持在较低的水平,以避免其水淬开裂倾向。在高速条件下使用的工具钢或者在高温下工作的工具钢,往往采用合金钢,且钢中含有一种或多种能够形成硬质碳化物的合金元素,如 Cr、W、Mo、V 等。

(1)碳素工具钢和低合金工具钢

碳素工具钢的碳质量分数较高,为 0.65%~1.35%,以保证高硬度、高耐磨性。经淬火、低温回火后得到的组织为高碳回火马氏体+碳化物+少量残余奥氏体。不同牌号的碳素工具钢(T7~T13)经淬火(760~820 ℃)、低温回火(≤200 ℃)后硬度差别不大,但耐磨性和韧性有较大差别。碳质量分数越高、耐磨性越好,韧性越差。这类钢价格低、加工容易,综合力学性能不高。碳素工具钢因热硬性差,大多在小部件中使用,不在高温条件下或者能够产生摩擦热的高速运转机器环境下使用;当使用温度高于 150 ℃时,会有明显的软化现象。碳素工具钢的淬透性较低,必须在水中淬火,因此会比其他工具钢的脆性大。可以通过在碳素工具钢的基础上添加少量合金元素来改善其淬透性和韧性,由此发展而来的工具钢为低合金工具钢。低合金工具钢中常用的合金元素为 Cr、Mn、Si、W 等。若同时加入 0.2% 的 V,可以使钢在热处理时保持细小的晶粒。

应用举例:T13 钢在碳素工具钢中硬度和耐磨性最好,但韧性较差,不能承受冲击,适于制作锉刀(图 7-12)。而低合金工具钢中的 9SiCr 钢,由于 Si、Cr 的加入,其淬透性、淬硬性以及耐回火性均较好,适于制作形状较复杂、对变形要求小的工件,例如丝锥(图 7-12)。它们的加工工艺一般为

备料→锻造→正火(消除网状碳化物)→球化退火→粗机加工→淬火→低温回火→磨削

(a) 材质: T13　　　　(b) 材质: 9SiCr

图 7-12　由碳素工具钢(左)和低合金工具钢(右)制造的锉刀和丝锥

(2)高速钢

高速钢在高速操作环境下仍具有很高的硬度。其成分特点是碳质量分数高,有时可达 1.5%,主加合金元素为强碳化物形成元素,如 Cr、Mo、W 和 V。有时在某些高速钢中还添加 Co,其质量分数最多可达 12%。

Mo 和 W 是高速钢中最主要的合金元素,它们的质量分数可以分别达到 10% 和 20%。这两种元素的碳化物在钢中具有低的固溶度,因此几乎不能提高高速钢的淬透性。但是 Mo 和 W 在钢中的少部分溶解可以有效提高钢的抗回火性,且有利于在切削温度下获得较高的硬度(红硬性)。这两种合金元素还会使钢在马氏体状态下产生二次硬化效应。大部分高速钢约含有 4% 的 Cr,Cr 的碳化物较易溶解,在高速钢的正常淬火加热温度(1 200~1 300 ℃)下,能够全部溶解到奥氏体基体中。因此 Cr 是作为一种提高淬透性和促进马氏体形成的元素加入到钢中的。同时,Cr 还有利于提高钢在机加工产生的高温条件下的耐氧化性。所有高速钢均含有 1%~5% 的 V。V 是一种强碳化物形成元素,其碳化物硬度很高,在钢中具有很低的固溶度,对提高淬透性的作用不大。但是,V 的碳化物会提高高速钢的耐磨性,而且还有利于钢晶粒的细化。为了获得高硬度的马氏体基体以及形成一次碳化物,以有效提高高速钢在金属切削过程中的耐磨性,高速钢中必须含有较多的碳元素。但高的碳质量分数会导致残余奥氏体量的增加,所以大部分高速钢的碳质量分数限制在 0.6%~1.4%。在一

些高速钢中会加入Co,Co不会形成碳化物,且在奥氏体中具有高的固溶度。对于一定的淬火温度,Co可能会减少残余奥氏体的质量分数,并能提高二次硬化效应。Co可以提高钢在高温下的导热系数。由于高速钢中含有较多的合金元素,奥氏体化后在空气中冷却就能淬火。因此,在锻造或者热成型之后,必须进行退火处理,目的是消除应力,降低硬度,便于机械加工,同时为随后的淬火处理做组织准备。图7-13是某种典型高速钢的热处理工艺,包括退火、淬火以及回火过程。高速钢属莱氏体钢,其铸态组织为亚共晶组织,由鱼骨状的莱氏体与树枝状的马氏体加托氏体组成,这种组织脆性大且无法通过热处理改善。因此,对高速钢进行锻造,既具有成型的作用,又可以打碎鱼骨状碳化物,使其均匀地分布于基体中,起到改善基体韧性的目的。高速钢退火后的组织为铁素体基体加细小弥散的碳化物颗粒。退火之后,高速钢的硬度一般要小于300HB。

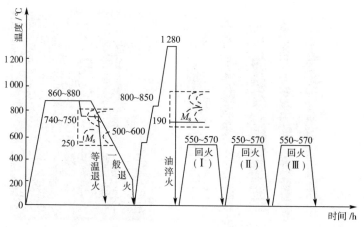

图 7-13 某种典型高速钢的热处理工艺

如上所述,Mo、W和V能够形成稳定的碳化物,在钢中的固溶度有限。但是,为了形成高碳马氏体,并使之具有良好的抗回火性和二次硬化效果,有必要使这些碳化物部分固溶于奥氏体基体。因此,高速钢的固溶处理温度与固相线温度比较接近,根据高速钢成分的不同,在1 200～1 300 ℃。为了减小快速升温时的热冲击或热应力,避免晶粒长大,高速钢的淬火加热需要分段进行:先将钢在850 ℃下进行预热,然后在更高温度下加热。采用这种方法可以缩短钢在高温环境下的停留时间,使其很快就能达到淬火温度。在如此高温条件下,钢表面会严重脱碳,因此炉膛内一般需要保持一种可控非氧化性气氛。高速钢淬火加热后的冷却处理可根据工件的尺寸以及成分不同,在空气、油或盐浴中进行。淬火后应立即进行回火,以避免残余奥氏体的稳定化。回火处理的温度为530～570 ℃,而且往往进行三次循环处理。这样处理的一个目的是减少残余奥氏体的质量分数,稳定组织结构;另一个目的是促进二次硬化。在第一次回火处理过程中,由淬火得到的马氏体和残余奥氏体中会有碳化物沉淀析出。由于残余奥氏体中的这种转变会消耗碳元素以及合金元素,使得材料 M_s～M_f 变大。在回火冷却到室温时,这部分残余奥氏体会转变成新的马氏体,因此需要进行二次回火来处理这部分马氏体组织。但是,考虑到材料性能的最优化,以及获得最大程度的尺寸稳定性,有必要进行第三次回火处理(尤其是对于含钴量高的钢种)。最后,得到高速钢的微观组织为:在回火马氏体基体中存在初生碳化物颗粒及次生碳化物颗粒。初生碳化物是粗大的颗粒,是在淬火加热时未溶的碳化物;而次生碳化物颗粒是在回火处理过程中,由马氏体基体中析出的细小颗粒(图7-14)。

目前使用最广泛的高速钢牌号是 W18Cr4V（18-4-1 型），其化学成分为 18％W、4％Cr、1％V 以及 0.75％C。另外一种比较常用的高速钢牌号为 W6Mo5Cr4V2（6-5-4-2 型），其化学成分为 6％W、5％Mo、4％Cr、2％V 以及 0.85％C。

应用举例：使用麻花钻或车刀对金属件进行高速切削时，其切削温度很容易达到 600 ℃ 以上，如果使用前述碳素工具钢或低合金工具钢来制造，则很容易发生回火软化，难以满足持续加工的需要。采用 W18Cr4V 钢来制造麻花钻和车刀（图 7-15），当切削温度达到 600 ℃ 时，硬度仍能长时间地保持在 50HRC 以上。

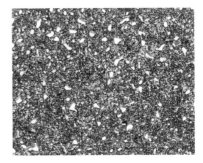

图 7-14　淬火以及多次回火后高速钢的微观组织结构

(a) 麻花钻　　　　　　　　　(b) 车刀

图 7-15　由 W18Cr4V 钢制造的高速切削刃具

W18Cr4V 钢是通用性高速钢，优点是具有较高的硬度、热硬性及高温硬度，淬火不易过热，易于磨削加工；缺点是热塑性低、韧性稍差。其加工工艺一般为

下料→锻造→球化退火→机加工→淬火＋回火→喷砂→磨削

4. 模具钢

用于制作各种冷热成型模具的钢称为模具钢，模具钢分为冷作模具钢和热作模具钢。冷作模具钢主要用于制作各种冷成型模具，如冷冲模、冷挤压模、冷镦模和拔丝模等，工作温度一般不超过 300 ℃。冷作模具钢要求材料具有高硬度、高耐磨性、足够的强度和韧性、良好的淬透性和切削加工性，因此其中同样含有 Cr、Mo、W 和 V 这四种强碳化物形成元素中的一种或多种，其热处理过程类似于高速钢，同样具有二次硬化的现象。含有 12％Cr 和 1.5％～2.3％C 的 Cr12 型冷作模具钢是常用钢种（如 Cr12 钢、Cr12MoV 钢）。热作模具钢主要用于制作使加热金属或液态金属成型的模具，如热锻模、热压模、热挤压模和压铸模等。工作时型腔表面温度超过 600 ℃，因此为了提高热作模具钢的抗回火性、抗热疲劳性以及在高温下的强度和硬度，其中往往含有合金元素 W 或者 Mo，并相对于冷作模具钢降低碳质量分数。用于热锻模的典型钢种为 5Cr06NiMo 钢、5Cr08MnMo 钢，使用状态下的组织为回火索氏体。用于压铸模的典型钢种有 4Cr5MoSiV（H11）钢、4Cr5MoSiV1（H13）钢、3Cr2W8V 钢，使用状态下的组织为回火马氏体＋颗粒状碳化物＋少量残余奥氏体。

应用举例：Cr12MoV 钢是高碳亚共晶莱氏体钢，其加热淬火时，奥氏体内溶入大量的合金元素，故此钢具有很高的淬透性，淬火、回火后的硬度为 60～63HRC，强度、韧性较高，淬火变形也小，可以做大型复杂的承受冲击的模具，如图 7-16（a）所示的翻边模。5Cr06NiMo 钢是中碳低合金钢，钢中的 Cr、Ni 的主要作用是提高淬透性、强化铁素体，Mo 的主要作用是防止第二类回火脆性,其淬火、回火后具有良好的韧性、强度和高耐磨性。它在室温和 500～600 ℃时的力学性能几乎相同。在加热到 500 ℃时,仍能保持 300HBS 左右的硬度。故它可以用来制造各种形状较简单的大中型热锻模,如图 7-16(b)所示的曲轴热锻模。4Cr5MoSiV1 钢是一种空冷硬化的热作模具钢,也是所有热作模具钢中最广泛使用的钢之一。该钢钒质量分数约为 1%,淬火、回火后会产生二次硬化作用,在 650 ℃下仍有很高的强度、韧性和一定的耐磨性。Cr 和 Si 可提高钢的抗氧化、热烧蚀和抗热疲劳能力,在较低的奥氏体化温度下空淬,热处理变形小,空淬时产生的氧化铁皮倾向小,可以有效抵抗熔融铝、镁等金属的冲蚀作用。因此可用来制作各种中低熔点金属的挤压模、压铸模,如图 7-16(c)所示的汽车发动机缸体压铸模。

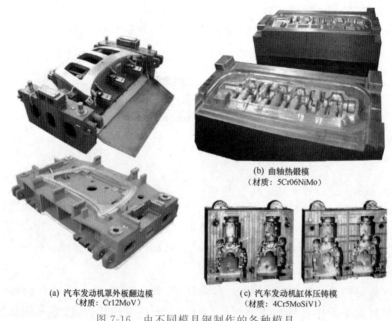

(a) 汽车发动机罩外板翻边模
(材质:Cr12MoV)

(b) 曲轴热锻模
(材质:5Cr06NiMo)

(c) 汽车发动机缸体压铸模
(材质:4Cr5MoSiV1)

图 7-16   由不同模具钢制作的各种模具

5. 高温用钢(抗蠕变钢/热强钢)

电力生产和石油化工行业用钢必须具有适于在高温环境下应用的强度和延展性能,且其性能在这种操作条件下必须具有长期的稳定性,此类钢一般称为抗蠕变钢。抗蠕变钢有多种产品形式,如大的锻件和铸件可以用于制作涡轮机,而管材、板材和连接件则大量用于压力容器、锅炉以及管道系统。高的抗蠕变强度是此类钢的特点。抗蠕变强度可通过高温屈服强度、蠕变极限或者持久强度(也称蠕变断裂强度)来表征。除此之外,根据不同的使用环境,对抗蠕变钢的其他性能也有要求。如对于大的涡轮机转子用钢,要求高淬透性;对于发电厂管道用钢,良好的焊接性是其先决条件。而在较高温度介质(例如煤气、空气、蒸汽等)中应用的钢,则必须具有很好的抗高温腐蚀性能。高温用钢包括低碳珠光体钢、中碳珠光体钢、高铬马氏体钢和奥氏体抗蠕变钢。

此处提到的抗蠕变钢应区别于同样在高温条件下和恶劣环境中使用的超合金(高温合金)。超合金的发展主要源于航空发动机。表 7-9 列出了两种不同应用场合下材料服役条件和性能要求对比。

表 7-9　发电厂受热部件与航空发动机受热部件服役条件和性能要求对比

材料	温度/℃	压力/MPa	设计寿命/h	$\sigma_{100\,000\,h}$/MPa	涂层	强制冷却	单晶
发电厂受热部件：抗蠕变钢	540～750	16～37	250 000	100	否	否	否
航空发动机受热部件：镍基超合金	>1 000	≈0.3	10 000	10	是	是	是

（1）低碳珠光体钢

在低于 400 ℃、受力较小的条件下（如锅炉管线），可使用添加微量合金元素的低碳低合金钢。为了提高材料的韧性和限制钢在焊接时热影响区的硬化能力，要求这种钢的碳质量分数小于 0.20%，有时甚至小于 0.15%。钢中锰质量分数不大于 2%，且以不同组合形式添加少量的 Al、V、Nb、Ni 等，目的是通过细化晶粒的方式提高钢的强度。还可以通过添加少量的 Mo、Ni 以及 Cu 来提高钢的高温屈服强度。这类钢包括正火处理的铁素体＋珠光体钢和热处理贝氏体钢。它们可用于核电站的承压部件，也可用于常规电站的压力锅炉管线、圆柱状锅炉壳体等，在化学和石油工业领域也有应用。一般情况下，这种钢只能用于低于其高温屈服强度设计标准的温度范围。典型钢种为 15CrMo 钢、12Cr1MoV 钢。

应用举例：高压锅炉管是锅炉管的一种，属于无缝钢管类别，使用时经常处于高温和高压条件，管子在高温烟气和蒸汽的作用下，会发生氧化和腐蚀。要求钢管具有高的持久强度，高的抗氧化腐蚀性能，并有良好的组织稳定性。高压锅炉管主要用来制造高压和超高压锅炉的过热器管、再热器管、导气管、主蒸汽管等。选用 12Cr1MoVG 钢来制造时（图 7-17），其正火温度为 950～1 020 ℃，回火温度为 720～760 ℃，在 580 ℃下工作时，仍具有高的热强性、抗氧化性和较高的持久塑性。

图 7-17　由 12Cr1MoVG 钢制造的高压锅炉管

（2）中碳珠光体钢

对于工作温度为 400～550 ℃的场合（如汽轮机），采用中碳钢调质处理。Mo 是提高这类钢抗蠕变性最有效的合金元素。热处理之后，含 Mo 钢有铁素体＋珠光体组织结构，其应用温度为 400～500 ℃。在高于 440 ℃条件下长期使用，含 Mo 钢会有脆化现象，可通过添加 Cr 来防止。此发现促进了含有更多 Mo（达到 1%）、具有更强抗蠕变性能的 Cr-Mo 钢的发展。此类钢中 Cr 的添加量达到了 2%，使用温度为 450～550 ℃，已在世界范围内广泛应用。根据尺寸、形状以及热处理工艺的不同，Cr-Mo 钢中含有不同比例的铁素体和贝氏体组织。Cr 对钢的抗蠕变性能贡献不大，但会提高钢的抗氧化性能。在长期应力作用下，根据材料组织稳定性的不同，低合金抗蠕变钢的韧性或多或少会有所降低，且热处理并不会改善这种情况。典型钢种为 35CrMo 钢、35CrMoV 钢。

应用举例:汽轮机转子主要包括主轴、叶轮、叶片等部件。叶轮的作用是用来装置动叶片,并将蒸汽流在动叶栅上产生的转矩传给主轴。叶轮工作时除了受高温高压蒸汽的作用外,更主要的是要承受高速旋转时的离心力作用。其材质可选用 35CrMoV 钢(图 7-18),这种钢经 900 ℃油淬,600 ℃回火后,屈服强度超过 930 MPa,伸长率大于 10%,具有良好的强度、韧性组合,热强性高于 35CrMo 钢,可以长期在 500~520 ℃下工作。

图 7-18　由 35CrMoV 钢制造的汽轮机叶轮

（3）高铬抗蠕变马氏体钢

随着电站设计的进步,发电机设备目前的发展趋势是向更大体积、更高温度以及更高压力方向发展。在这种条件下,需要使用高强度的构件。例如,制造主蒸汽管这样的高应力部件时,若采用低合金钢,需要很厚的管壁;而采用低碳质量分数、但铬质量分数为 9%~12% 的钢材,则具有更高的强度和抗蠕变性能,使得该构件的制造更加轻便和灵活。这种钢热处理后的组织是回火马氏体,其亚结构具有高的位错密度和细小板条马氏体组织特征,该板条马氏体组织因 $M_{23}C_6$ 型碳化物的析出能够稳定存在。通过在该钢中加入 Mo、V、Ni、Nb 等合金元素可以进一步提高其抗蠕变性能,能够使其在 550~600 ℃提供较高的蠕变断裂强度。因钢中碳元素以稳定的碳化物形式存在,也可以满足化学和石油工业抗高压氢气的需求。典型钢种为 12Cr13 钢、20Cr13 钢、14Cr11MoV 钢、42Cr9Si2 钢。

应用举例:汽轮机叶片工作温度为 450~620 ℃,和锅炉管子工作温度相近,但要求更高的抗蠕变性能、耐腐蚀性和耐腐蚀磨损性能,可选用 14Cr11MoV 钢制造(图 7-19)。该钢是 Cr13 型不锈钢的变种,由于 Cr、Mo、V 能溶于铁素体中,产生固溶强化作用,且能提高铁素体相的回复温度和再结晶温度,从而使钢在较高的温度下仍能保持足够的强度。其调质处理工艺为 1 050~1 100 ℃油淬,720~740 ℃回火。作为叶片材料可以在 540 ℃下长期使用。

图 7-19　由 14Cr11MoV 钢制造的汽轮机叶片

（4）奥氏体抗蠕变钢

Cr-Ni 奥氏体钢大多为不锈钢,可用于温度≥600 ℃的场合。为了避免在使用温度范围内脆化（σ 相脆化）,奥氏体抗蠕变钢要比不锈钢含有更多的 Ni 和更少的 Cr（如

12Cr16Ni35)。通过在钢中单独或共同添加 N、Mo、W、V、Co、Nb、Ti、Al 和 B 等合金元素，可显著提高钢的抗蠕变性能(如 06Cr19Ni13Mo3 钢、45Cr14Ni14W2Mo 钢)。对于焊接部件来说，B 的质量分数上限为 0.006%。添加 10%～20%Co 的奥氏体抗蠕变钢在 650 ℃ 以上具有最高的蠕变断裂强度，可用于制造燃气轮机部件和传热系统组件等。在成分和使用上，它们接近于高温 Ni-Co 合金(超合金)。

应用举例:内燃机车的柴油机排气阀工作时承受很高的热负荷和冲击性机械负荷，服役环境恶劣，可选用 45Cr14Ni14W2Mo 钢制造(图 7-20)。由于该钢中 Cr、Ni 的质量分数较高，故在室温下能获得稳定的奥氏体组织。W 是防止奥氏体组织再结晶的有效元素，一部分 W 在钢中可形成稳定碳化物，同时 W、Ni 还有利于提高钢的热强性，使钢在 650 ℃ 以下仍具有良好的力学性能，Cr 的存在使钢在 700 ℃ 下具有良好的抗氧化性。该钢经 1 050～1 180 ℃固溶处理及 760 ℃时效后的组织为奥氏体和碳化物。制作成排气阀时，在阀的工作面(密封处)上要覆盖硬化合金层，以提高工作面的耐磨、耐腐蚀等性能。

图 7-20　由 45Cr14Ni14W2Mo 钢制造的柴油机排气阀

6. 低温用钢

低温用钢必须在最低设计服役温度下依然具有好的韧性。在低温学、气体分离学、储氢技术、空间技术、超导科学以及其他一些领域里，零部件材料需要经历−200 ℃甚至更低的温度。这些部件及焊接接头位置都必须具有好的韧性，特别是在冲击载荷作用下能够避免脆断发生。为了很好地控制长的管线或刚性结构冷却到服役温度时所产生的收缩应力，还要考虑热膨胀系数和导热系数这两个材料性能指标。低温用钢包括含 Ni 的铁素体钢和含 Cr、Ni 的奥氏体钢。

(1)铁素体钢

在室温或者低至−50 ℃的服役条件下，正火态的细晶碳素结构钢能够满足材料对韧性的要求。对于更低的服役温度，主要开发出一些含 Ni 的钢种。Ni 的存在降低了相变温度，有利于贝氏体和马氏体的相变，减小了相变晶粒的尺寸。后期的淬火、回火处理会进一步强化这种效果，从而显著降低材料的韧/脆转变温度。因此，含 3%Ni 的钢(10Ni3MoVD、08Ni3D)可用于−100 ℃的低温环境，而含有 5%Ni 的钢[主要成分：$w(C) \leqslant 0.15\%$、$w(Ni)$为 5%、$w(Mo)$为 0.27%]工作温度可低至−120 ℃(低于二氧化碳、乙烷和乙烯的液化温度)。含 5.5%Ni 和 0.2%Mo 的钢是后期发展的一种具有更高韧性的钢种，可适于−170 ℃的工作环境。含 9%Ni 的钢[主要成分：$w(C) \leqslant 0.10\%$、$w(Mn) \leqslant 0.80\%$、$w(Ni)$为 9%、参考 GB/T 24510−2017《低温压力容器用镍合金钢板》]是低温用钢的典型代表，它在

－200 ℃下仍具有突出的韧性,被广泛用于天然气和空气液化装置。含9％Ni的钢具有两倍于在这一温度下使用的奥氏体钢的屈服强度,可允许设计具有更小承载面的零部件。相对于奥氏体钢来说,含9％Ni的钢的另一个更大的优势是具有更低的热膨胀系数。这种钢具有特殊的显微组织结构。通过空冷正火或水淬处理后,钢中会首先出现低碳马氏体组织并伴有贝氏体的转变结构。随后在 A_{c1} 温度以上进行回火处理后,组织中会出现少量稳定的奥氏体结构,而正是这种结构使材料具有高的韧性。

应用举例:将天然气深冷液化有利于其远距离的运输和储存。液化后的天然气体积约为其气态体积的 1/625,温度低于－150 ℃,属于低温液体。储存液化天然气(LNG)的压力罐(图 7-21)工作压力一般在 1 MPa 以下。为了保证储罐安全,常选用含9％Ni的钢板来制造,具体牌号如:9Ni(参考 GB/T 24510—2017)。该材料厚度为 30～50 mm 时,屈服强度大于 575 MPa,抗拉强度为 680～820 MPa,伸长率大于 18％,－196 ℃下的冲击吸收功大于 80 J,具有非常优异的低温强度和韧性。同时,由于碳质量分数较低,该材料还具有良好的焊接性能。

图 7-21 由 9Ni590B 钢制造的 30 m³ 液化天然气储罐

(2)奥氏体钢

Cr-Ni 奥氏体钢适于非常低的工作温度,最低甚至可以接近绝对零度(－273 ℃)。这是由于 Ni 的添加使钢具有 fcc 晶体结构。受冲击时奥氏体钢不发生韧/脆转变,其夏比冲击功仅随温度的降低而逐渐降低。

为了优化材料的韧性,合金元素的质量分数必须保证获得稳定的奥氏体组织结构,且在低温条件下材料的塑性变形不会诱发马氏体的形成。所以钢中除了含有大量奥氏体稳定化元素 Ni 外,还可通过增加 N 的质量分数来保持奥氏体的稳定性(如:022Cr19Ni10N)。因为该钢即使在很低的温度下也没有铁磁性,所以可用于超导领域。

Cr-Ni 奥氏体钢的不足之处是热膨胀系数相对较高,因此限制了其应用。但含有 36％Ni 的奥氏体钢(Invar36)热膨胀系数极低,只有传统奥氏体不锈钢的 1/10。在接近绝对零度时,Invar36 还能保持良好的韧性,其应用实例有船运薄膜式 LNG 储存舱室和火箭灌装设备的组件。

应用举例:船运薄膜式 LNG 储存舱室所用材料要求在低温下有高的强度、高的韧性,在工作温度范围(液态气体温度至常温)内材料的热膨胀系数小,要具有小的导热系数,以改善舱体的绝热性能,同时材料的工艺成型性和焊接性能要优良。综合考虑选用 Invar36[主要成分:$w(C) \leqslant 0.03％$、$w(Co) \leqslant 0.50％$、$w(Mn) \leqslant 0.35％$、$w(Cr) \leqslant 0.20％$、$w(Ni)$ 为 36％]

制造(图 7-22)。该材料常温下平均膨胀系数为 1.6×10^{-6}/℃,从 20 ℃ 到 −163 ℃ 几乎无变形,被称为不变钢;室温抗拉强度在 440 MPa 左右,屈服强度在 240 MPa 左右,伸长率为30%;导热系数低,为 10 W/m·K,仅为 45 钢导热系数的 1/4 左右。Invar36 组织稳定性好,在接近 −273 ℃ 时也能保持稳定的奥氏体状态。

LNG储存舱室

图 7-22　船运薄膜式 LNG 储存舱室(室壁采用的 Invar36 金属薄板厚度仅为 0.7 mm)

7. 耐磨钢

两个相互接触且有相对运动的物体之间,因机械交互作用会产生磨损现象,从而改变和损坏材料表面的状态。所以,承受磨损的材料,其表面性能非常重要。硬度是耐磨钢的重要指标之一。高硬度等级的钢适于制作对抗摩擦磨损性能要求较高的部件。遭受严重磨损的部件往往还需要承受弯曲和冲击载荷的作用,所以耐磨钢的韧性和抗脆断能力是另外两个非常重要的指标。耐磨钢主要包括一些莱氏体钢和高锰铸钢。

(1) 低合金耐磨钢

淬火莱氏体钢(碳质量分数大于 1.5%)和马氏体白口铸铁虽然具有优秀的抗磨损能力,但却以牺牲材料的韧性和抗脆断能力为代价。普通碳素钢和合金钢(如 42SiMn、40CrMo)含有碳化物形成元素(如 Cr、Mo、V),可用于对耐磨性和韧性要求均较高的环境。而类似于滚动轴承钢(GCr15)这样的过共析钢也可以在这样的环境下应用,但需要通过回火处理来调整其硬度和韧性。

(2) 高锰铸钢

含有 $w(C)$ 为 0.7%～1.45% 和 $w(Mn)$ 为 11%～15% 的奥氏体锰钢是耐磨钢的一个重要系列。该类型钢由 Robert Hadfield 于 1882 年发明,是唯一一种既具有优秀抗磨损性能又具有无磁性特点的钢种。它的表面硬度在冲击载荷作用下可以提升到原始硬度的三倍(由原来的 180～200HB 提升到 500～550HB)。通常来说,钢的脆性会随着硬度的增加而增加,但耐磨钢在表面硬度增加的同时,并不提高其脆性。高锰铸钢表面硬度在冲击载荷作用下增加的原因主要有两个方面:一方面,高锰铸钢中的奥氏体组织为碳过饱和的奥氏体,具有较强的应变硬化能力;另一方面,高锰铸钢表层组织在应力作用下能够诱发马氏体相变。虽然在使用过程中钢的表面硬化,但其心部仍保持奥氏体的组织结构(面心立方),因而具有良好的抗脆断能力,使得该材料具有优良的韧性。奥氏体锰钢的热加工比较困难,因此常通过铸造进行最终产品的成型,对应牌号有 ZG100Mn13、ZG120Mn13、ZG120Mn13Cr2 等,牌号中 Mn 前面的数字表示钢碳质量分数的万分之几。

Mn 质量分数高是为了保证该钢在室温下获得奥氏体组织。为此,奥氏体锰钢必须加热到 1 010～1 090 ℃ 进行固溶处理,然后进行快速的水淬处理(这种热处理称水韧处理),之后不需要回火,以避免碳化物的析出,损害钢的韧性。

由于奥氏体锰钢加工硬化迅速,可应用于土石方机械(铲齿)、碎石机、铁路路轨(辙叉、道岔)等。由于其在非常低的温度下仍具有高强度,因此也可以像低温用钢一样,在低温环境下使用。高锰铸钢的一个缺点是,因加工硬化使其难以机械加工。

应用举例:图 7-23 为由高锰铸钢制造的坦克履带板以及破碎机中的主要部件——破碎锥。其中坦克履带板由 ZG120Mn13 铸造而成,经 1 050 ℃ 水韧处理后,其抗拉强度大于735 MPa,伸长率大于 35%,冲击吸收功大于 140 J,布氏硬度大于 180。

(a) 覆带板材料: ZG120Mn13   (b) ZG120Mn13 2 200×2 200×992

图 7-23   由高锰铸钢制造的坦克履带板和破碎锥

7.4.2   以化学性能为主的钢

在某些工程领域中,材料失效的主要原因可归结为其所在服役环境中各种化学侵蚀作用所造成的材料有效承载截面的缩减。因次,优先选择在相应环境下能够保持化学或组织稳定性的钢种就显得十分必要。此类钢包括各种不锈钢、耐热钢等。

1. 不锈钢

不锈钢是具有高耐化学腐蚀性的合金钢。它既可以在正常环境(空气、水)下使用,也可以在腐蚀性化学溶液(酸、碱)中使用。不锈钢的主要合金元素是 Cr,且其质量分数至少要达到11%(满足 Tammann 定律:将较稳定的 A 组元加入到较活泼的 B 组元固溶体中,当 A 组元质量分数达 $n/8$ 原子比时,固溶体电极电位突然升高,耐腐蚀性也急剧变化。该定律也称为二元合金固溶体电位的 $n/8$ 定律)。钢的耐腐蚀性还可以通过添加 Ni、Mo、Cu、Si、Ti、Nb 或其他合金元素来进一步增强。Cr 使钢具有"不锈"性质的原因还在于,它可以促进钢的表面形成一层薄而致密的氧化铬膜,从而有效防止表面遭受进一步的腐蚀损害。

不锈钢的应用范围涵盖家用电器、机动车辆、建筑、化工设备、发电、海洋技术和环境保护等领域。

按使用组织分类,不锈钢大致可分为五类,即奥氏体不锈钢、马氏体不锈钢、铁素体不锈钢、双相不锈钢和沉淀硬化不锈钢。宽泛的力学性能结合优良的耐腐蚀性,使不锈钢的应用非常灵活。

(1)奥氏体不锈钢

Cr-Ni 奥氏体不锈钢应用最广,占不锈钢产量的绝大部分。为了在室温下形成稳定的奥氏体组织,钢中必须添加足够的奥氏体稳定化元素。例如,常用的奥氏体不锈钢 12Cr18Ni9 中除了含有 $17\%\sim19\%$ 的 Cr 以外,还含有 $8\%\sim10\%$ 的 Ni,因此,常被称为"18-8"型不锈钢。Cr-Ni 奥氏体不锈钢常用于厨房设备、室内装饰品和不会受到严重腐蚀的户外建筑结构件。

为了提高奥氏体不锈钢抗均匀腐蚀、抑制局部腐蚀的能力,通过降低碳质量分数,添加 N、Mo、Cu、Si、Ti 和 Nb 等合金元素,已经开发出多种新型奥氏体不锈钢。

在中温条件下,含铬钢的晶界会析出富铬碳化物 $Cr_{23}C_6$,从而造成晶界附近区域贫铬,使钢对晶间腐蚀变得敏感。这种现象会出现在经去应力退火的整个工件内,也可能出现在焊接接头附近的热影响区内。已经敏化的钢,可以通过将其加热到 1 040~1 150 ℃,随后快速冷却至室温来校正。这是因为高温固溶处理过程溶解了碳化物,快速冷却可以抑制碳化物的沉淀析出。通过降低碳质量分数或者添加微量强碳化物形成元素 Nb、Ti,也可以防止不锈钢的敏化。Nb、Ti 可以和 C 形成稳定的碳化物,抑制富铬碳化物的析出。

钢中添加 Mo 可以提高其抗点蚀和缝隙腐蚀的能力。因此,Cr-Ni-Mo 奥氏体不锈钢是在腐蚀性大气环境下抗点蚀和缝隙腐蚀的首选,在室内管道工程、汽车构件上应用较多。Cr 质量分数小于 30%、Mo 质量分数小于 6% 的奥氏体不锈钢是一种耐腐蚀性更优良的钢种,具有良好的耐含氯化物溶液、硫酸和有机酸腐蚀的性能。在 Cr-Ni 奥氏体不锈钢中添加 Si 可使其具有突出的耐浓硝酸腐蚀的能力。

由于 Cr-Ni 奥氏体不锈钢的强度较低(屈服强度在 200 MPa 左右),故在大载荷下使用时需要较大的零件尺寸。可以通过加工硬化、沉淀硬化、间隙(添加 N)或置换固溶强化的方式使其强度增加。奥氏体不锈钢无磁性,且具有优良的低温韧性、可焊性和耐腐蚀性。典型牌号为 06Cr19Ni10、022Cr17Ni12Mo2N。

应用举例:图 7-24 为由奥氏体不锈钢制造的列管式蒸汽换热器和食品行业常用的生物发酵罐。

(a) 材质: 06Cr19Ni10　　　　　　　(b) 材质: 022Cr17Ni12Mo2N

图 7-24　由奥氏体不锈钢制造的列管式蒸汽换热器和生物发酵罐

(2)马氏体不锈钢

马氏体不锈钢中含有相对较多的 C(质量分数<1%)。C 的添加扩大了 γ 相区,使钢在加热时有比较多的或完全奥氏体相。由于马氏体相变临界温度 M_s 仍在室温以上,所以淬火冷却能产生马氏体组织。因钢中有一部分 Cr 要和 C 形成碳化物,并不存在于固溶体中,故为了保证钢的不锈、耐腐蚀能力,其相应的 Cr 质量分数要提高到 $13\%\sim18\%$。Fe-Cr 马氏体不锈钢必须在 800~1 400 ℃加热并淬火至室温才能形成马氏体。马氏体不锈钢通常要比奥氏体和铁素体不锈钢具有更高的强度和硬度,但是由于成分和组织的限制,其耐腐蚀

性一般。

马氏体不锈钢一般在淬火和回火状态下使用。碳质量分数为 0.20％的马氏体不锈钢（20Cr13）经淬火和高温回火后，其组织为回火索氏体，可用于蒸汽涡轮叶片和其他机械部件。碳质量分数更高的钢经淬火和低温回火可用于切削刀具、滚动轴承和其他需要良好耐磨性能的组件，如 40Cr13、95Cr18 等。

应用举例：图 7-25 为应用 13Cr13Mo 钢制造的蒸汽轮机叶片，以及采用 90Cr18MoV 钢制造的医用手术刀片。13Cr13Mo 马氏体不锈钢经淬火、回火处理后，显微组织同样为回火索氏体，具有较高的强度、韧性组合和加工性能。由于 Mo 的添加，该钢的耐腐蚀性比 12Cr13 钢更加优良，适合制造受力较大、对韧性要求较高且有耐腐蚀要求的各种汽轮机叶片。而 90Cr18MoV 钢作为高碳马氏体不锈钢，其热处理和力学性能类似于 95Cr18 钢，但由于加入了 Mo 和 V，故钢的抗点蚀性能、热强性和抗回火能力均得到较大提升，特别适合制造各种不锈钢刃具。

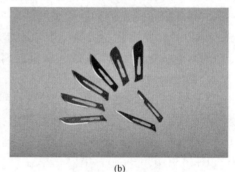

图 7-25　由马氏体不锈钢制造的蒸汽轮机叶片和医用手术刀片

（3）铁素体不锈钢

铁素体不锈钢比马氏体不锈钢含有更多的 Cr（质量分数为 10.5％～30％）和较少的 C（质量分数＜0.25％）。除了少数牌号含有不足 1％的 Ni 以外，大部分铁素体不锈钢不含 Ni。常见的牌号有 06Cr13Al、10Cr17Mo。这种成分特点使得钢中的铁素体组织在各种温度下都能保持稳定，因此，铁素体不锈钢不能像马氏体不锈钢那样进行热处理强化。

铁素体不锈钢在硝酸、氨水等介质中有较好的耐腐蚀性和抗氧化性，特别是抗应力腐蚀性能比较好。铁素体不锈钢常用于生产硝酸、维尼龙等化工设备或储藏氯盐溶液及硝酸的容器。

06Cr11Ti 不锈钢具有最低的铬质量分数（10.5％～11.7％），是铁素体不锈钢系列中最便宜的。Ti 与钢中的 C 或 N 相结合，可以避免焊接热影响区发生晶间腐蚀，以稳定钢的组织。此钢种常用于汽车排气系统。

铁素体不锈钢具有磁性，且力学性能和工艺性能较差，脆性较大，常规的铁素体铬钢的韧/脆转变温度接近室温。因为该钢不经历相变，当对大截面零件进行热轧时，组织中有形成粗晶的倾向，从而导致其韧性进一步降低。在低碳铁素体钢中，C、N 质量分数的减少会使钢的韧/脆转变温度向低温方向偏移，使其冲击韧性明显提高。

随着钢中 Cr、Mo 质量分数的增加，铁素体不锈钢在 400～980 ℃保温或缓慢冷却时，会出现两种脆化现象，即 475 ℃脆化（400～550 ℃）和 σ 相脆化（565～980 ℃）。475 ℃脆化由 Fe-Cr 固溶体的调幅分解引起，产生富 Fe 相和富 Cr 相。富 Cr 相与母相保持共格关系，引起大的晶格畸变和内应力,虽然钢的强度提高,但韧性大大降低。可通过把钢加热到 675 ℃以上来避免 475 ℃脆化。σ 相脆化是由于钢长时间停留在 565～980 ℃,导致金属间化合物 σ 相的析出。σ 相为非磁性相,主要由 Fe 和 Cr 组成。σ 相硬度高,形成时还伴有大的体积效应,并且常沿晶界分布,所以使钢产生了很大的脆性,并可能促进晶间腐蚀。可通过在 565～980 ℃快速冷却来抑制 σ 相的析出。

应用举例:008Cr30Mo2 钢属于超低碳高铬铁素体不锈钢,脆性转变温度低,耐腐蚀性与纯镍相当,并具有良好的韧性、加工成型性和焊接性。钢中加入 Mo,可提高钢的耐点蚀、耐缝隙腐蚀性能及强度。因此,该钢可用于制造硫黄制酸干吸塔的内衬、浓碱储存罐等(图 7-26)。

(a)   (b)

图 7-26 由 008Cr30Mo2 铁素体不锈钢制造的硫黄制酸干吸塔内衬及浓碱储存罐

(4)双相不锈钢

双相不锈钢的显微组织由奥氏体和铁素体两相组成。由于其具有优良的耐局部腐蚀性,特别是耐点蚀、耐缝隙腐蚀和耐应力腐蚀开裂的特性,故越来越受到人们的重视。它的特点是比奥氏体不锈钢含有更高的 Cr(质量分数为 19%～30%)和 Mo(质量分数高达 5%)以及较低的 Ni(质量分数<8.5%)。该钢的条件屈服强度($\sigma_{0.2}$)高于 450 MPa,约为奥氏体不锈钢的两倍,其韧性和延展性优于铁素体不锈钢,但还没有达到奥氏体不锈钢的塑韧性程度。

通过调整双相不锈钢中铁素体形成元素和奥氏体形成元素的比例,可以控制奥氏体与铁素体组织的比例,从而对其抗均匀腐蚀的能力进行优化。06Cr26Ni4Mo2 双相不锈钢的成分为:C 质量分数≤0.08%,Cr 质量分数为 25.5%,Ni 质量分数为 3.5%,Mn 质量分数为 1.0%,Mo 质量分数为 1.5%。其组织为铁素体和奥氏体比例大致相同的混合组织。用于焊接的双相不锈钢材料必须保证焊接后的冷却速度,使焊缝处的铁素体与奥氏体组织的比例与母材相当。

铁素体-奥氏体不锈钢比奥氏体不锈钢具有更低的热膨胀系数和更好的导热系数。该类不锈钢可用于海水淡化厂、酸性气体管道。在对耐应力腐蚀开裂和抗腐蚀疲劳要求较高的场合(如化学和石油工业),其良好的性能更能得以发挥。

应用举例:运输化学品的船舶装载的液体货物多种多样,要求船舱材料既耐腐蚀,又有高的强度。双相不锈钢 022Cr22Ni5Mo3N 材料具有良好的耐均匀腐蚀、间隙腐蚀、点蚀和应力腐蚀性能,较高的强度,极小的热膨胀系数,良好的可焊性等,用来制造该型船舶的舱室内壳,可以大大提高船舶航行的安全性,延长船舶的使用寿命。图 7-27 为在我国上海建造的全球最先进化学品船——38 000 t 双相不锈钢化学品船"荣耀"号。螺旋桨是推动舰船前进的重要动力部件,大部分是铜制的,如锰黄铜、铁铝镍青铜等,但随着现代舰船速度的不断提高,螺旋桨的空蚀问题逐渐严重。而双相不锈钢的耐空蚀性能比铜合金和普通奥氏体不锈钢优良得多。ZG04Cr26Ni7Mo5CuN 双相不锈钢由于 Cu 的加入,增强了其在高流速条件下的耐磨蚀和空蚀能力,同时具有优良的综合力学性能和耐海水腐蚀性能,是一种优良的船用螺旋桨材料(图 7-28)。

图 7-27　38 000 t 双相不锈钢化学品船"荣耀"号　　图 7-28　由 ZG04Cr26Ni7Mo5CuN 双相不锈钢铸造而成的大型船用螺旋推进器

(5)沉淀硬化不锈钢

沉淀硬化不锈钢是通过添加少量 Al、Ti、Nb、V 和 N,使钢在热处理时效过程中析出金属间化合物沉淀相,如 Ni(Al,Ti)、NiTi 等,从而获得的具有高强韧性的 Fe-Cr-Ni 合金。根据化学成分和加工方式的不同,沉淀硬化不锈钢的基体组织既可以是马氏体组织,又可以是奥氏体组织,或者是两相的混合组织。

07Cr17Ni7Al 合金(C 质量分数≤0.09%、Cr 质量分数为 17%、Ni 质量分数为 7%、Al 质量分数为 1.0%、Mn 质量分数≤1.0%)是常用的奥氏体-马氏体沉淀硬化型弹簧不锈钢。其设计思想是:使钢在室温时基体为奥氏体;加工成型后,通过低温处理将奥氏体转变为马氏体,变形要小;然后通过较低温度的沉淀硬化处理,使钢进一步得到强化。

2. 耐热钢(抗氧化钢)和高温合金

耐热钢具有良好的抗高温腐蚀能力,尤其是在温度高于 550 ℃的气体、烟尘、熔融的盐或金属中。除了耐化学作用以外,这些钢还具有必要的在高温下承受机械载荷的能力,且不受温度变化的影响。在高温下长时间的服役,钢的显微组织必须保持稳定,不发生脆化。

钢的高温腐蚀形式主要是氧化。向钢中添加 Cr、Si 可以影响钢的抗高温腐蚀能力。这两种元素都能在材料表面形成一层牢固而稳定的氧化层,从而防止内部金属材料被进一步腐蚀。Ce、Hf 或 Y 的少量添加可以增加氧化层与金属基体的结合力。Ni 通过限制晶粒的长大可以韧化合金。而高温下材料强度的增加可以通过添加少量 W、Ti 或 Nb 来实现,这些元素可以在钢中形成细小的碳化物颗粒,提高钢在工作温度下的蠕变极限。耐热钢常用于内燃机的排气阀、加热炉的传送链或其他部件以及退火箱、蒸汽涡轮机和燃气涡轮机的转子、干馏釜等。

耐热钢有两种基本类型:铁素体耐热钢和奥氏体耐热钢。奥氏体耐热钢具有更高的强度和延展性,因此应用较广泛。

(1)铁素体耐热钢

如果对机械承载能力的要求不是太高,铁素体铬不锈钢(如 06Cr11Ti、10Cr17、16Cr25N)可以在需要抗高温腐蚀的场合下应用。这些钢含有 11%～26% 的 Cr,有时添加一些 Al 和 Si。因钢中不含 Ni,故它们在中性和氧化性甚至具有含硫组元的气氛中也能够保持稳定。然而,在含有硫化氢的还原性气氛下,此系列钢的耐腐蚀性较差。如果气氛中有像一氧化碳和烃类这样的还原性气体存在,在高于 500 ℃ 的工作温度下,铁素体耐热钢会发生渗碳现象。渗入钢中的 C 能够与钢中大量的活性 Cr 结合,从而导致钢的抗氧化性能大大降低。在富含氮气或氨气的气氛中,由于 N 会和活性 Al 结合形成 AlN,故也会降低钢的抗氧化性能。

06Cr11Ti 铁素体铬不锈钢因铬质量分数较低,故某些情况下可避免发生 475 ℃ 脆化。该钢在 650 ℃ 以下使用时仍具有一定的抗氧化性,常用于制造汽车尾气催化转化器壳体(图 7-29)。因碳质量分数低,且用 Ti 来稳定 C,所以该钢的成型性和焊接性较好。

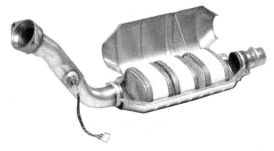

图 7-29　由 06Cr11Ti 钢制造的汽车尾气催化转化器壳体

16Cr25N 铁素体铬不锈钢含有 25% 的 Cr,具有在 1 100 ℃ 服役时所需要的抗氧化性,因此可用于制造熔融铜的容器。由于电阻高,故其最大用途是作为中性盐浴的加热电极。该钢高铬无镍的组成,使其具有最好的抗硫化性能。但其在炽热状态下强度非常低,不足含镍奥氏体钢蠕变强度的十分之一;其韧/脆转变温度高达 120 ℃。这意味着该钢在室温下脆性很大。尽管 16Cr25N 铁素体铬不锈钢力学性能较差,但常用于一些其他材料不能胜任的恶劣腐蚀环境。

用于制造内燃机气阀的钢,其服役温度约为 550 ℃,应具有高的热强性和良好的抗热腐蚀性能。因此可选用铬质量分数为 9%～20%,有时也添加较多的 Si,并经淬火和回火的钢种(如 42Cr9Si2、40Cr10Si2Mo、80Cr20Si2Ni)。为了提高钢的热强性和抗热腐蚀性能,还可添加特殊碳化物形成元素 Mo、W 和 V。这些钢油淬、回火后的强度可达到 900～1 100 MPa。使用状态的组织为回火马氏体+弥散分布的碳化物。

(2)奥氏体耐热钢

如果需要更高的机械承载力,可以使用 Fe-Cr-Ni、Fe-Cr-Mn 奥氏体耐热钢(如 16Cr25Ni20Si2、22Cr20Mn10Ni2Si2N 等)、Fe-Cr-Ni 合金、Ni-Cr-X 合金(X 可以是 W、Mo、Co、Fe)或 Co-Ni-Cr-W 合金。后面几种合金也称为超合金或高温合金,国内外已发展出很多专有名称。这些钢或合金同样主要依靠 Cr 提供抗氧化性,Cr 质量分数为 18%～28%。Si 作为另一个铁素体形成元素,在钢中的质量分数最多可以达到 2.5%。在钢中含有大量铁素体形成元素的情况下,为了使钢得到全部奥氏体组织,需要 Ni 质量分数大于 9%。奥氏体耐热钢比铁素体耐热钢的脆化倾向小,且当钢中 Ni 质量分数大于 30% 时,其塑韧性几乎不受 σ 相析出的影响。

与铁素体耐热钢不同,奥氏体耐热钢在室温下具有良好的韧性和塑性变形能力,在渗碳和渗氮气氛中的抗渗能力也很好。当 Ni 质量分数大于 30% 或 Si 质量分数大于 2% 时,钢在渗碳气体中特别稳定。这是因为 Cr-Ni 钢中 C 和 N 的扩散及其溶解度随 Ni 质量分数的增加而降低;钢中的 Si 会促使材料表面铬尖晶石保护层下形成一层 SiO_2,该层直接与内部金属相接触,这种结构强烈抑制了渗碳过程的进行。所以,像 12Cr16Ni35、22Cr20Mn10Ni2Si2N 这样的钢种可用于制造渗碳炉的炉罐(图 7-30)。不过,高镍钢在还原性含硫气氛中会因为内部硫化作用而受到腐蚀性损害。在该气氛中,当温度高于 650 ℃ 时,会在氧化层下形成一种液相硫化镍,使得氧化层失去了保护作用。

图 7-30 由 12Cr16Ni35 或 22Cr20Mn10Ni2Si2N 钢制造的渗碳炉炉罐

3. 高温、高压含氢气氛下用钢

在高压合成、炼油和其他高压技术领域,含氢气氛在高温、高压条件下会对结构材料造成一定的影响。材料必须在这样的条件下具有相应的耐氢蚀能力,且有足够的热强性使之在高的机械载荷下保持稳定。

氢蚀导致钢在高温下失效是由以下原因引起的:H_2 在高压作用下分解为 H,H 从金属表面渗透到金属晶格。温度高于 200 ℃ 时,H 可以与钢组织中的 Fe_3C 发生反应,形成 CH_4。因此,钢发生脱碳,强度降低。另一方面,形成的 CH_4 不能通过金属晶格进行扩散,逐渐积聚在晶界和夹杂物中。在这些区域中,CH_4 和重新组合的 H_2 会产生高的内压,诱发裂纹产生,从而破坏材料。钢中添加强碳化物形成元素(如 Cr、Mo、W、V、Nb、Ti 和 Zr)与 C 结合形成稳定的碳化物可以抑制氢蚀的发生。随着这些元素在钢中浓度的增加,也就是说,随着形成的复合碳化物中 Fe 浓度的减少,钢在高压含氢气氛下保持稳定的温度能够更高。

需要说明的是,氢蚀和氢脆开裂现象之间有差别。后者通常在室温下发生,主要是高质量分数的 H 溶解在固态金属中的结果,且不考虑 H 和 Fe_3C 之间是否存在反应。

Mo 质量分数为 0.5%~1%、Cr 质量分数 <3.3% 的钢(如 12Cr1MoV、12Cr2Mo1),可在壁面温度为 200~400 ℃ 的加氢装置中使用。含有 Cr 质量分数为 5%~9% 和 Mo 质量分数为 0.5%~1% 的钢(12Cr5Mo、12Cr9Mo)可用于更高氢压的场合,如炼油厂。如果要求材

料在 300～550 ℃具有高的蠕变断裂强度,可选用一种常用于发电厂的结构材料,即 Cr 质量分数为 12%,且含有一定 Mo 和 V 的钢种(如 15Cr12WMoV)。钢中 Cr 质量分数越高,抵抗含硫介质腐蚀的能力越强。对上述钢进行高温回火,并保温较长时间,能够促进稳定碳化物的析出,可使钢对高压氢气的稳定性达到最佳。在对焊接件进行热处理时,也应采取这样的措施。

应用举例:加氢反应器(图 7-31)中涉及的加氢工艺主要分为加氢精制、加氢脱硫和加氢裂化等,采用这些工艺的主要目的是改变油品性质、降低油品中的硫质量分数以及调整产品结构等。加氢装置操作温度为 300～450 ℃,操作压力为 8～18 MPa,而介质中的氢气分压很高,并且伴随 H_2S 腐蚀。目前首选的材料是临氢钢 2.25Cr-1Mo-0.25V(主要成分:0.11%～0.15%C、0.27%～0.63%Mn、1.95%～2.60%Cr、0.85%～1.15%Mo、0.25%～0.35%V)。钒的加入使钢中形成了碳化钒,碳化钒具有捕集氢的作用,改变了氢在钢中的扩散速度和溶解度特性。并且碳化钒的稳定性高,不易分解,减少了碳与氢气反应的可能性,减少了氢损伤的发生,同时也使界面上对氢致剥离敏感的组织得到改善。除此之外,该钢比不加钒的钢强度更高,抗氢脆性能显著,回火脆化倾向小,焊接性能优良。

图 7-31　由 2.25Cr-1Mo-0.25V 钢制造的加氢反应器

7.4.3　以物理性能为主的钢

在已开发的某些较简单的钢种中,材料的力学性能通常不太重要,主要利用的是其物理性能。软磁性钢是这类钢的重要成员之一,而无磁钢也在经济发展中发挥着重要作用。

1. 软磁性钢

具有低矫顽力的材料被称为软磁材料,可用于微波器件、磁屏蔽、变压器或记录磁头的制造等。一般情况下,软磁材料的矫顽力小于 1 000 A/m。在钢中,低碳钢和硅钢可以归类为软磁材料。

(1)软铁

软铁是一种含有很少杂质,仅添加少量特定组元,碳质量分数非常低的铁。它可以制成几乎所有形状的产品,适于需要产生、放大或屏蔽恒定磁场的场合。

优秀的软磁材料应具有以下特性:易磁化到较高值,高饱和极化,高磁导率和小矫顽力;磁性在工作过程中的变化不明显。如果要求低能量损耗,还必须考虑与电导率相关的涡流效应。为了得到良好的软磁性能,软铁中的铁素体显微组织应均匀、连续,晶粒尺寸相对要大。材料内碳化物、氮化物的析出相和由 O、S 引起的夹杂物会扰乱这种微观组织状态,因此应限制这些元素在软铁中的质量分数。如果析出相粒子的直径与布洛赫畴壁(Bloch wall)的直径相当,则粒子的尺寸效应对材料磁性的影响将十分明显。可以向软铁中添加少量的 Mn 和 Al,以化学键合的方式固定铁中残余的 O、S 和 N,这种措施并不损害材料的磁性。利用 Al 与铁中微量残留的 N 进行化学结合,在抑制材料磁时效(随时间延长,软磁材料的磁导率降低和矫顽力增大的现象)方面尤其重要。晶粒尺寸对矫顽力的影响也很大,可以通过加工和热处理使材料产生粗大的晶粒。

软铁的一个重要应用是在各种各样的继电器领域。冷轧或热轧带材、棒材、线材、锻件和铸件都可以用于继电器的生产。用于大型科研设备的大锻件(重达 100 t 的加速器磁铁)同样由软铁制造。

(2)电工钢

电工钢又称硅钢片或变压器钢,是能够产生特定磁性的特殊钢种。它具有小的磁滞回线面积(每个磁循环的功率耗散小,或铁损低)和高的磁导率。通常以厚度小于 2 mm 的冷轧带材的形式供货,且常在带材的一侧或两侧涂一层薄的绝缘材料。这些带材叠在一起时称为叠片,是变压器的铁芯或电动机的定子和转子部件(图 7-32)。叠片可由凸凹模冲成最终的形状,小批量也可由激光切割或线切割加工完成。

图 7-32 由电工钢制造的电动机转子(定子)、变压器铁芯部件

电工钢是含有 0~6.5%Si 的铁-硅合金。对于小型构件,由铁芯涡流效应引起的能量损耗和发热量不会引起大的问题,所以直接使用具有低极化特性的低碳钢就能满足要求。功率较大时,功率损耗就变得非常重要。随着钢中 Si 质量分数的增加,电阻率增加,功率损耗减小(主要是减弱 C 的不良作用)。降低功率损耗的另一种方法是减少钢片的厚度。然而,随着 Si 质量分数的增加,材料组织会硬化并脆化,给材料的加工性能尤其是轧制性能带来不利影响。像软铁一样,钢中的 C、S、O 和 N 的浓度必须限制在较低水平。C 的存在比 S 或 O 对钢磁性的损害更大。当 C 缓慢地从固溶体中析出形成碳化物时,会引起磁时效现象,从而导致功率损耗随时间的推移而增加。因此,钢中碳质量分数应保持在 0.005% 或更低。钢的碳质量分数可通过在脱碳气氛(如氢气)中退火来降低。Mn 和 Al 在电工钢中的质量分数可以达到 0.5%。电工钢有两种主要类型:晶粒择优取向电工钢和无序取向电工钢。晶粒择优取向电工钢通常含有 3% 的 Si。通过特定的加工工艺,严格控制电工钢的晶粒取向,可使其在轧制方向具有最优的性能。由于这种特殊的取向,尽管它的磁饱和度降低 5%,但在线

圈缠绕方向的磁通密度却增加 30%。晶粒择优取向电工钢常用于高效变压器。无序取向电工钢的 Si 质量分数通常为 2%～3.5%，且在所有方向上具有相似的磁性，即磁性各向同性。无序取向电工钢价格便宜，可应用于磁通方向不断变化的场合，如电动机和发电机的铁芯。

2. 无磁钢

无磁钢具有奥氏体组织结构，这种奥氏体即使在低温条件下或经冷加工后仍能保持稳定。无磁钢常用来防止环境磁场的有害作用，例如，发电机轴的电感器盖环、船舶上罗盘附近的结构、低温物理研究用设备等。这种钢通常还需要有良好的力学性能和耐腐蚀性能。

如果不在低于室温较多的温度下使用，最简单的无磁钢是含有高比例 Mn（约 18%）的锰钢。大多数情况下，需要用到高合金质量分数的 Cr-Ni 钢，钢中通常还要添加 N（约 0.5%），以确保符合规格。

7.4.4　以工艺性能为主的钢

为制造某个特定的机械零件选择材料时，与零件使用密切相关的材料的各种性能、价格和加工成本起着决定性的作用。作为结构件用钢，其大多数性能以及这些性能满足使用要求的程度已在先前的章节详细介绍过。接下来介绍的几种钢种，其力学性能并不是唯一需要关注的，它们的大量开发是基于材料是否容易冷成型和机加工，是否能使加工过程更快捷、更有效。

1. 冷成型板材用钢

厚度不超过 16 mm 的薄钢板最适合冷成型，目前在轧钢产品中占的比例最大。通常这种钢被热轧或冷轧成钢带卷，也有小部分平板产品。改善这类钢材的冷成型性能，能够提升产品的设计性、产量，并降低加工成本，在汽车行业中效果尤其明显。除了已广泛发展的低碳钢之外，冷成型技术的进步和模具设计能力的提高，也促进了抗拉强度高达 600 MPa 的钢的发展。复杂的结构形状也可以通过冷成型技术轻易实现，大大提升了车身的时尚性和安全性。应用具有优良成型能力的高强钢板可使结构质量减轻。在商用车辆结构上，平板材料经冷成型，再经焊接构成的部件，可以代替锻件（如悬挂系统）。随着具有良好冷成型能力的镀锌板的发展，再加上合适的上漆、焊接，汽车板材的腐蚀问题也已经基本解决。

板材的冷成型能力主要取决于其微观组织结构，而材料的微观组织结构又由其化学成分、轧制技术和热处理所决定，所以在讨论不同级别的钢时，必须要与其产品形式相联系。目前应用中最重要的钢产品是有涂层或无涂层的 IF 钢冷轧薄板，这些冷轧薄板都是由连铸热轧宽带材生产而来的，且绝大多数为铝脱氧的全镇静钢。

（1）IF 钢

所谓 IF 钢，是指无间隙原子钢（interstitial-free steel）。这类钢是不含合金元素的低碳钢，碳质量分数小于 0.1%，组织为高延展性的铁素体基体，是冷轧板中冷成型能力最好的钢种。之所以称其为无间隙原子钢，是因为钢中间隙固溶的合金元素的质量分数非常低。主要有两种途径来实现这一目的：一是在钢冶炼时小心控制 C、N 的质量分数；二是在钢中加入强碳化物、氮化合物形成元素，使之与钢中残余的 C、N 形成化合物固定，进一步降低铁素体固溶体中 C、N 的质量分数，此类元素有 Ti、Nb 或 Al 等。一种 IF 钢的典型化学成分见表 7-10。

表 7-10   一种 IF 钢的典型化学成分

化学成分	质量分数/%	化学成分	质量分数/%	化学成分	质量分数/%
Fe	平衡	S	0.007	Al	0.05
C	0.002 7	P	0.007	Ti	0.056
Mn	0.07	Si	0.006	N	0.003

如今，IF 钢代表了深冲压用钢板的最先进工艺水平。它们被广泛应用于汽车上对强度没有特殊要求，但具有不同深冲深度的深冲件和拉形件，例如汽车的侧框架（图 7-33）。IF 钢具有低屈服强度、高加工硬化指数和低平面各向异性，低平面各向异性降低了材料在深冲过程中出现"制耳"以及退火后出现强纤维组织的趋势。

图 7-33   由 IF 钢冲压而成的汽车侧框架

IF 钢最终产品的性能由其化学成分和特定的热机械加工过程所控制。IF 钢的微观组织结构由铁素体基体和其上弥散分布的各种细小的氮化物、硫化物和碳化物颗粒所组成。铁素体基体的性质取决于热轧完成后奥氏体的特性及冷却方式。如果冷却速率较慢，等轴铁素体晶粒或多边形铁素体晶粒会在高温冷却阶段形成。增加冷却速率，奥氏体将发生块状相变，会形成具有不规则晶界的非等轴的块状晶粒。

对化学成分的准确控制是获得高性能 IF 钢的重要因素。合金元素添加不足会增加基体中碳的固溶量，降低 IF 钢的深冲能力。合金元素添加过多对含钛 IF 钢几乎没有影响，但是会强烈损害含铌 IF 钢的力学性能。IF 钢，尤其是含钛 IF 钢，对二次加工脆化比较敏感（IF 钢的晶界强度较弱，钢板在冲压成型后具有一定的内应力，受外力作用容易产生晶间断裂现象），且在点焊接头处的疲劳强度较低。降低 P 质量分数和增加 B 质量分数可以改善钢的二次加工脆化。在含钛 IF 钢中加入少量的 Nb 或者 B 可以有效增加其在点焊接头处的疲劳强度。

（2）其他高强度钢

由普通碳素结构钢制造的冷轧薄板、钢带碳质量分数相对较多，比 IF 钢具有更高的强度，但由于其微观组织中含有珠光体，故导致其冷变形能力较差。通过二次冷轧可以增加材料的屈服强度，但同时也增加了材料内部的位错密度，使材料的冷变形能力下降到一个更低的程度。在钢中引入微合金元素，如 Nb、Ti 和 V，在大大降低碳质量分数的基础上，仍能提供析出强化的作用,从而发展出许多具有良好冷变形性能的高强度钢。这些钢仅在化学成分上有微小的不同,多为冷轧或热轧薄板产品。热轧薄板通常由控轧控冷技术制造,必要时再加上正火处理。该类钢属于低合金高强度钢或微珠光体钢,目前在汽车行业应用广泛,对于汽车结构的减重具有重要意义。

双相钢(dual phase steel,DP 钢)就是一种既具有足够冷变形能力,又具有较高强度的低合金高强度钢。该钢的组织由铁素体基体和弥散分布的岛状马氏体组织构成(体积分数为20%～30%)。较软的基体可以保证钢具有良好的塑性、韧度和冲压成型性,一定的马氏体可以保证钢具有较高的强度。根据其生产工艺,双相钢既可以冷轧后退火(使钢在奥氏体＋铁素体两相区长时间保温,调整合金元素在奥氏体和铁素体之间的分配,增加过冷奥氏体的稳定性,有利于马氏体组织的形成)获得,又可以结合控轧控冷技术,通过热轧制得。热轧双相钢一般含有 0.04%～0.10%C,0.8%～1.8%Mn,0.9%～1.5%Si,0.3%～0.4%Mo,0.4%～0.6%Cr 以及微量合金元素 V 等。极少量的 C 和合金元素 Si 是为了提高钢的临界温度 A_3,促使形成较多质量分数的多边形先共析铁素体。Mn、Mo、Cr 等提高淬透性的元素是防止卷取时剩余奥氏体转变为珠光体和贝氏体,最终冷却得到马氏体。双相钢典型的用途有汽车大梁、防撞杆、保险杠、发动机悬置梁等(图 7-34)。

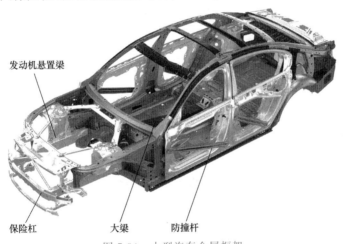

发动机悬置梁

保险杠　　　大梁　　防撞杆

图 7-34　小型汽车金属框架

烘烤硬化钢(bake hardening steel,BH 钢)是大量应用于汽车外壳的另一种低合金高强度钢。该钢在供货状态下屈服强度较低,能够抗室温时效,具有较高的可成型性,但通过加工过程中的加工硬化和烤漆过程中的时效现象(170 ℃控制时效)可获得较高的强度(屈服强度可增加 30～50 MPa)。BH 钢是在 IF 钢的基础上发展而来的,其主要机理就是 BH 钢中所含有的 Nb 和 Ti 没有 IF 钢中的质量分数高,使得 BH 钢中含有一定数量的间隙原子。间隙原子的存在并没有过多地影响钢的冲压性能,但在变形后的喷漆和烤漆过程中,间隙原子会向位错处偏聚形成"柯氏气团",对位错的移动起到了钉扎作用,使钢的变形抗力增大,硬度增加,屈服强度提高。

2. 适于冷挤压和冷镦的钢

冷挤压和冷镦在工业中一般用于制造冷拔管、冷拔丝、螺栓、螺母以及汽车和机械制造中的许多零部件,包括齿轮、轴、活塞销等。应用于冷挤压和冷镦的钢的化学成分必须有助于钢的冷变形。因此,钢中应减少 Si 和 Mn 的质量分数,冶炼时必须选择合适的原材料以避免 Cu、Ni、Mo 和 P 等有害杂质元素的引入。少量的 B 在不增加材料退火态屈服强度的情况下可提高钢的淬透性,使钢保持较高的纯度,组织中无非金属夹杂物,尤其是长条形夹杂物的存在。

从微观组织结构来看,铁素体具有最好的变形能力,粗大的片状珠光体的冷成型能力有限,因此,钢中的碳质量分数超过 0.15% 就必须进行热处理。常用球化退火将珠光体中的渗碳体转变成球形,球化处理的程度和碳化物颗粒的尺寸可以用来评估材料的变形能力。经淬火、回火处理后得到的比较细小的片状珠光体也具有良好的变形能力。无须热处理的低碳钢、具有合适化学成分且经球化处理的碳钢和合金钢被大量用于冷挤压和冷镦。

3. 易切削钢

机械加工是生产大部分钢制工程零部件的重要环节。在汽车工业中,机械加工成本可占到总成本的 60%。因此,机械制造业要求钢具有良好的机械加工能力,同时还能保持其力学性能以满足服役要求。普通的机械加工过程包括铣削、车削、钻孔、研磨、螺纹加工和锯削。在生产过程中,这些过程可由自动车床来完成。由于每种加工过程切削金属的方式不同,涉及的温度、应变速率和切削形成的条件亦不同,钢的机械加工性能就不能用单一的参数来限定。一般来说,如果某种钢在切削时消耗的功率较小,能够以很快的速度切削,很容易获得光洁的表面,且对刀具的磨损不大,则它的机械加工性能就被认为优于其他钢种,这就是所谓的易切削钢,在其牌号前加"Y"表示。

易切削钢在切削加工时切屑很小。小的切屑减小了工件和刀具之间的接触长度,从而减小了摩擦力、摩擦生热、所需功率和刀具的损耗,同时也减小了碎屑缠绕的概率。为了得到小的切屑,可以向钢中加入合金元素 S、P、Pb、Te、Bi、Se 和 Ca。S 是最廉价且广泛使用的易切削钢添加元素。虽然大多数工程结构钢中对 S 质量分数都有严格的限制(不超过 0.05%),但在易切削钢中,S 质量分数最高可达 0.35%。因为 FeS 能导致热脆性,所以在添加大量 S 的同时,需要添加大量的 Mn 来保证 S 能够以 MnS 的形式存在,而不是以 FeS 的形式存在。MnS 化合物是一种软质相,会使切屑断裂不连续,它同时也充当固体润滑剂,避免刀具上积屑瘤的形成。Pb 是另一种最常用的添加元素,在易切削钢中的质量分数为 0.15%~0.35%。Pb 能溶于钢水,但在凝固时会以分散的粒子形式析出。在切削产生的高温环境下,Pb 粒子会重新熔化,能够减小刀具与切削界面间的摩擦效应。另外,Pb 在材料主剪切带处能够产生脆化效应,使切屑变小,改善工件表面的光洁度。Pb 在组织内通常以球形存在,对钢的室温机械强度几乎没有影响。Te 是易切削钢中一种有效但相对昂贵的添加元素,通常质量分数被限制在 0.1% 以下,在钢中以碲化锰的形式存在。碲化锰是一种低熔点化合物,在钢中与 Pb 的作用类似。Se 在低合金钢中的通常添加量为 0.05%~0.1%,但在易切削不锈钢中的最少添加量为 0.15%。它通常以硫化物-硒化物混合物的形式存在,少量的 Se 可以使硫化物球化。Bi 在易切削钢中的作用类似于 Pb,它的典型添加量可以达到 0.1%。由于 Bi 的密度和 Fe 相当,因此它在钢中的分布会更均匀,相对于 Pb 来说,也更环保。

钢中的氧化物夹杂,尤其是氧化铝,其硬度高,容易充当磨粒,从而降低钢的机械加工性能。Al 是作为脱氧剂和细化晶粒元素添加到钢中的,它对机械加工性能的不良作用可以通过加入 Ca 来抑制。Ca 和 Al 会形成铝酸钙化合物,这种形式的夹杂物会在高速切削时软化,且在硬质合金刀具上形成保护层。

钢中过量添加易切削合金元素会对钢的力学性能,如延展性、冲击韧性等造成损害。所以在具体应用时,要综合考虑各方面影响因素,选出一个折中方案。

根据易切削钢中添加元素的种类,可以简单地将其分为铅易切削钢、硫易切削钢、碲易切削钢、硒易切削钢、铋易切削钢、钙易切削钢等。也可以根据易切削钢的力学性能,将其分为低碳易切削钢、中碳易切削钢、低合金易切削钢和易切削不锈钢等。

(1)低碳易切削钢

有些机械零件对材料的力学性能要求较低,但是对机械加工性能要求很高。典型的例子有软管接头和汽车火花塞,它们需要在高机械加工速率下进行批量生产。这些钢典型 S 质量分数为 0.25%～0.35%,它们的机械加工性能可以通过添加 Pb 来进一步提高。对于有更高机械加工速率要求的场合,可以使用一种含有 S、Pb 和 Bi 的低碳易切削钢(含有 0.25%S、0.25%Pb 和 0.08%Bi)。

氧化物夹杂对钢的机械加工性能影响显著,所以,必须小心控制低碳易切削钢的脱氧过程,使其氧化物夹杂降到最低水平。

(2)中碳易切削钢

中碳钢含有 0.35%～0.5% 的 C 和高达 1.5% 的 Mn。对于要求抗拉强度较高的机械零件,通常采用正火组织。中碳易切削钢在中碳钢的基础上通常还含有 0.2%～0.3% 的 S,因强度较高,故它们的机械加工比低碳易切削钢困难得多。和前述一样,无论是对普通的中碳钢,还是对含硫的中碳易切削钢,钢中的氧化夹杂物均会损害其机械加工性能。

(3)低合金易切削钢

如果要求零件既有高的力学性能,又有好的机械加工性能,就要选用低合金易切削钢。常采用成本稍高的 Pb 代替 S 来作为此类钢的易切削添加元素。或者在含硫钢中添加夹杂物改性元素,如 Ca,也可以得到更好的机械加工性能。

(4)易切削不锈钢

奥氏体不锈钢具有高的加工硬化率,这导致它的机械加工性能很差。为了改善这种情况,可以对其进行硫化处理。例如,向含有 18%Cr 和 9%Ni 的奥氏体不锈钢中添加至少 0.15% 的 S,可使该不锈钢的机械加工性能达到易切削级别。然而,因钢中出现较多的 MnS 夹杂,故使其耐腐蚀性能变差。通过向钢中添加 Se,既可以保持不锈钢优良的耐腐蚀性能,又使其具有良好的易切削性能。该钢的典型成分为 18%Cr、9%Ni 和至少 0.15%Se。

扩展读物

强文江,吴承建. 金属材料学[M]. 3 版. 北京:冶金工业出版社,2016.

思 考 题

7-1　钢的质量为什么以 P、S 的质量分数来划分?

7-2　什么是合金钢?与碳素钢相比,合金钢的优点是什么?为什么?

7-3　举例说明合金化对淬透性产生影响的机制。

7-4 20CrMnTi 钢与 T7 钢的淬透性与淬硬性有何差别？为什么？

7-5 合金元素 W、Mo、Cr、V 在高速钢中的作用是什么？

7-6 什么是二次硬化？解释其机制。

7-7 对于渗碳钢的成分要求是什么？

7-8 大多数钢中含锰量低于 1.8%，为什么在一些钢中要加入大量的锰元素（12% 或者更多）？

7-9 解释下列现象：

(1)铬质量分数为 18% 的不锈钢在室温下具有 bcc 晶体结构，然而铬质量分数为 18%、添加 8% 镍元素的不锈钢在室温下具有 fcc 晶体结构。

(2)铁素体和奥氏体不锈钢不适宜进行热处理强化。

(3)热处理具有相同碳质量分数的合金钢和碳素钢时，前者的热处理温度往往高于后者。

(4)虽然具有相同的碳质量分数，与碳素钢相比，含有碳化物形成元素的合金钢具有更高的抗回火性。

(5)对于高速钢，在热轧或者锻造之后，通过空冷即可获得马氏体组织结构。

7-10 如何通过合金化提高钢的耐腐蚀性？通过什么方法来提高不锈钢的强度？

7-11 什么是晶间腐蚀？什么是应力腐蚀？如何预防？

7-12 分析 15CrMo 钢、40CrNiMo 钢、W6Mo5Cr4V2 钢、10Cr17Mo 钢中 Mo 的主要作用。

7-13 材料库中存有：35CrMo 钢、GCr15 钢、T13 钢、60Si2Mn 钢。现要制造锉刀、齿轮、汽车板簧，请选用材料，并说明其热处理方法及使用状态下的组织。

7-14 某厂采用 T10 钢制造一机用钻头对铸件钻 φ10 深孔，在正常工作条件下仅钻几个孔，钻头便很快磨损。据检验，钻头的材料、加工工艺、组织和硬度均符合规范。试分析磨损原因，并提出解决办法。

7-15 说明下列牌号所属的钢种、成分特点、常用的热处理方法及使用状态下的组织和用途。

    T8，Q345，ZG120Mn13，20Cr，40Cr，20CrMnTi，40CrNiMo，12Cr13，

  40Cr13，GCr15，60Si2Mn，12Cr1MoV，Cr12MoV，3Cr2W8V，38CrMoAlA，

    9SiCr，5Cr06NiMo，W18Cr4V，12Cr18Ni9，42Cr9Si2，10Cr17

7-16 IF 钢是什么意思？这类钢的化学成分、微观结构以及力学性能特点是什么？

7-17 对于易切削钢经常使用的合金元素有哪些？这些合金元素在钢中是如何起作用的？

7-18 某载重汽车（载质量为 8 t）变速箱中的第 2 轴 2、3 挡齿轮，要求心部抗拉强度为 $R_m \geqslant 1\ 100$ MPa，$K = 70$ J，齿轮表面硬度 $\geqslant 58 \sim 60$ HRC，心部硬度 $\geqslant 33 \sim 35$ HRC。试合理选择材料，制定生产工艺流程及各热处理工序的工艺规范。

7-19 某柴油机曲轴技术要求如下：$R_m \geqslant 650$ MPa，$K = 15$ J，轴体硬度为 $240 \sim 300$ HBW，轴颈硬度 $\geqslant 55$ HRC。试合理选择材料，制定生产工艺路线及各热处理工序的工艺规范。

第8章

铸　铁

铁器时代与中国铁器

  铁器时代是继青铜时代之后的又一个时代，它以能够冶铁和制造铁器为标志。世界上出土的最古老冶炼铁器是土耳其(安纳托利亚)北部赫梯先民墓葬中出土的铜柄铁刃匕首，距今 4500 年(前 2500 年)。该文物年代经检测认定为冶炼所得。中国目前发现的最古老冶炼铁器是甘肃省临潭县磨沟寺洼文化墓葬出土的两块铁条，距今 3510～3310 年(前 1510—前 1310)。

  人们最初使用铁时，总是通过加热及敲打的方式来处理的，而不是把铁加热到熔化。这是因为早期炉子的加热温度达不到铁的熔点(1 528 ℃)。中国人发明了足以熔化铁的炉子，最早克服了这个局限，制备出了世界上第一块铸铁。现代所知的早期铸铁器件如江苏六合铁丸、湖南长沙铁鼎等，其年代都在前 6 世纪左右。秦汉时期，冶铁业有一个很大的发展，汉武帝实行盐铁官营，在全国设立 49 处铁官，促进了铸铁技术的推广和进步；汉代已有炉膛容积达 40～50 m³ 的炼铁炉，使用人力、畜力和水力鼓风。铁板的应用在汉代更为普遍，除直接用来铸造各种生产工具和构件外，后来还用以铸造成形铁板，再通过脱碳热处理得到钢质板材，用以锻打成形器件。公元 10 世纪已能铸造重达 50 t 的特大型铁铸件，中国流传下来的世界最大的铁铸品为河北沧州的大铁狮子。西方最早的铁厂在英国，只能追溯到 1161 年。相比之下，中国铸铁术要比西方世界早一千多年。

  铸铁是碳质量分数大于 2.11% 并含有较多硅、锰、硫、磷等元素的多元铁基合金。工业上常用的铸铁组织中不含有莱氏体，此时铸铁中的碳元素不是以渗碳体(Fe_3C)的形式存在，而是以石墨的形式存在，因此工业用铸铁需要进行石墨化。不同于白口铸铁，工业用铸铁具有许多优良的性能且生产简便，成本低廉，是应用最广泛的材料之一。例如，机床床身，内燃机的汽缸体、缸套、活塞环及轴瓦、曲轴等都可用铸铁制造。

8.1 铁-石墨相图

8.1.1 Fe-Fe₃C 和 Fe-G 双重相图

铸铁中的碳元素除少量固溶于基体中外,主要以化合态的渗碳体和游离态的石墨两种形式存在。石墨是碳元素的单质态之一,其强度、塑性和韧性都几乎为零。渗碳体是亚稳相,在一定条件下将发生分解:

$$Fe_3C \longrightarrow 3Fe + C$$

形成游离态石墨。因此,铁-碳合金实际上存在两个相图,即 Fe-Fe₃C 相图和 Fe-G 相图,这两个相图几乎重合,只是 E、C、S 点的成分和温度稍有变化,如图 8-1 所示,图中的虚线为 Fe-G 相图。根据条件不同,铁-碳合金可全部或部分按其中一种相图结晶。

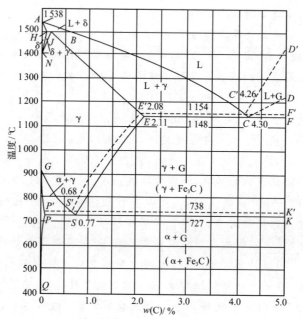

图 8-1 铁-碳合金双重相图(实线代表 Fe-Fe₃C 相图,虚线代表 Fe-G 相图)

8.1.2 铸铁的石墨化过程

铸铁中的石墨可以在结晶过程中直接析出,也可以由渗碳体加热分解得到。铸铁中的碳原子析出形成石墨的过程称为石墨化。铸铁的石墨化过程分为两个阶段:在 $P'S'K'$ 线以上发生的石墨化称为第一阶段石墨化,包括结晶时一次石墨、二次石墨、共晶石墨的析出和加热时一次渗碳体、二次渗碳体及共晶渗碳体的分解;在 $P'S'K'$ 线以下发生的石墨化称为第二阶段石墨化,包括冷却时共析石墨的析出和加热时共析渗碳体的分解。石墨化程度不同,所得到的铸铁类型和组织也不同,见表 8-1。本章所介绍的铸铁,为工业上主要使用的铸铁,是第一阶段石墨化完全进行的灰口铸铁(简称灰铸铁)。

表 8-1 铸铁的石墨化程度与其组织、类型之间的关系(以共晶铸铁为例)

石墨化程度		铸铁的显微组织	铸铁类型
第一阶段石墨化	第二阶段石墨化		
完全进行	完全进行	F+G	灰口铸铁
	部分进行	F+P+G	
	未进行	P+G	
部分进行	未进行	Le′+P+G	麻口铸铁
未进行	未进行	Le′	白口铸铁

8.1.3 影响铸铁石墨化的因素

研究表明,铸铁的化学成分和结晶时的冷却速度是影响铸铁石墨化的两个主要因素。

1.化学成分

铸铁中的碳元素和硅元素是强烈促进石墨化的元素,3%的硅元素相当于1%碳元素的作用。碳元素、硅元素质量分数过低,易出现白口组织,力学性能和铸造性能变差;碳元素、硅元素质量分数过高,会使石墨数量多且粗大,基体内铁素体量增多,降低铸件的性能和质量。因此,铸铁中的碳元素、硅元素质量分数一般控制在:$2.5\% \sim 4.0\%$C,$1.0\% \sim 3.0\%$Si。磷元素虽然可促进石墨化,但其质量分数高时易在晶界上形成硬而脆的磷共晶,降低铸铁的强度,只有耐磨铸铁中磷偏高(质量分数在0.3%以上)。此外,铝、铜、镍、钴等元素对石墨化也有促进作用,而硫、锰、铬、钨、钼、钒等元素则阻碍石墨化。

2.冷却速度

铸件冷却缓慢,有利于碳原子的充分扩散,结晶将按 Fe-G 相图进行,因而促进石墨化,而快冷时由于过冷度大,结晶将按 Fe-Fe₃C 相图进行,不利于石墨化。图 8-2 所示为在一般砂型铸造条件下,铸件壁厚和碳元素、硅元素质量分数对铸铁组织的影响。可以看出,铸件壁厚越薄,意味着冷却速度越快,铸铁越易于形成白口铸铁和麻口铸铁组织;随着铸件壁厚不断增加,铸铁组织逐渐转变为灰口铸铁,包括珠光体、珠光体+铁素体和铁素体三种灰口铸铁组织。

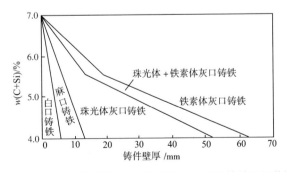

图 8-2 铸件壁厚和碳元素、硅元素质量分数对铸铁组织的影响

8.2 铸铁的特点及分类

8.2.1 铸铁的特点

1. 组织特点

铸铁的组织是由基体和石墨组成的,基体组织有三种,即铁素体、珠光体和铁素体+珠光体,可见铸铁的基体组织是钢的组织。因此,铸铁的组织实际上是在钢的基体上分布着不同形态石墨的组织。

2. 性能特点

(1)力学性能低。由于石墨相当于钢基体中的裂纹或空洞,破坏了基体的连续性,减小了有效承载截面,且易导致应力集中,因此其强度、塑性及韧性低于碳素钢。

(2)耐磨性能好。这是由于石墨本身有润滑作用;此外,石墨脱落后留下的空洞还可以贮油。

(3)减振性能好。这是由于石墨可以吸收振动能量。

(4)铸造性能好。这是由于铸铁中硅质量分数高且成分接近于共晶成分,因而流动性、填充性好。

(5)切削性能好。这是由于石墨的存在使车屑容易脆断,不粘刀。

8.2.2 铸铁的分类

铸铁是根据石墨的形态进行分类的。铸铁中石墨的形态有片状、团絮状、球状和蠕虫状四种,其所对应的铸铁分别为灰铸铁、可锻铸铁、球墨铸铁和蠕墨铸铁。表 8-2 为各类铸铁的石墨形态、基体组织和牌号表示方法(铸铁牌号表示方法依据 GB/T 5612—2008《铸铁牌号表示方法》)。

表 8-2 各类铸铁的石墨形态、基体组织和牌号表示方法

铸铁名称	石墨形态	基体组织	牌号表示方法	牌号实例
灰铸铁	片状	F F+P P	HT + 一组数字 ├─ 表示抗拉强度,MPa └─ 灰铸铁代号	HT100 HT150 HT200
可锻铸铁	团絮状	表层 F、心部 P	KTH + 两组数字 KTB + 两组数字 KTZ + 两组数字	KTH、KTB、KTZ 分别为黑心、白心、珠光体可锻铸铁代号;第一组数字表示最低抗拉强度,MPa;第二组数字表示最低断后伸长率,%	KTH300-06 KTB350-04 KTZ450-06
球墨铸铁	球状	F F+P P	QT + 两组数字 ─┬─ 第一组数字表示最低抗拉强度,MPa; │ 第二组数字表示最低断后伸长率,% └─ 球墨铸铁代号	QT400-15 QT600-3 QT700-2
蠕墨铸铁	蠕虫状	F F+P P	RuT + 一组数字 ├─ 表示最低抗拉强度,MPa └─ 蠕墨铸铁代号	RuT260 RuT300 RuT420

注:表中的铸铁代号由表示该铸铁特征的汉语拼音的第一个大写字母组成。

8.3　常用铸铁

本节介绍工业上最常用的四种铸铁:灰铸铁、可锻铸铁、球墨铸铁和蠕墨铸铁。

8.3.1　灰铸铁

灰铸铁是指石墨呈片状分布的灰口铸铁。灰铸铁价格便宜,应用广泛,其产量占铸铁总产量的 80% 以上。灰铸铁的成分(质量分数)为:2.5%～4.0%C,1.0%～3.0%Si,0.25%～1.00%Mn,0.05%～0.50%P,0.02%～0.20%S。

1. 组织

灰铸铁的组织是液态铁缓慢冷却时通过石墨化过程形成的,其基体组织有铁素体、珠光体和铁素体＋珠光体三种。灰铸铁的显微组织如图 8-3 所示。为提高灰铸铁的性能,常对灰铸铁进行孕育处理,以细化片状石墨,常用的孕育剂有硅-铁合金和硅-钙合金。经孕育处理的灰铸铁称为孕育铸铁。

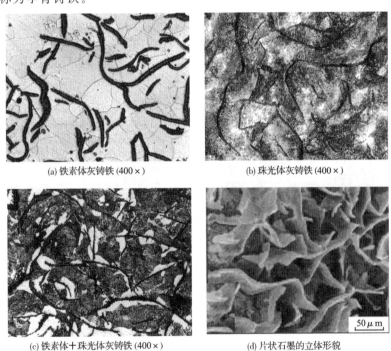

(a) 铁素体灰铸铁(400×)　　(b) 珠光体灰铸铁(400×)

(c) 铁素体＋珠光体灰铸铁(400×)　　(d) 片状石墨的立体形貌

图 8-3　灰铸铁的显微组织

2. 热处理

热处理只能改变铸铁的基体组织,而不能改变石墨的形态和分布。由于片状石墨对基体连续性的破坏严重,易产生应力集中,因此热处理对灰铸铁强化效果不大,其基体强度利用率只有 30%～50%。灰铸铁常用的热处理有如下几种。

铸铁件缺陷
——气孔

（1）消除内应力退火（又称人工时效）

消除内应力退火主要是为了消除铸件在铸造冷却过程中产生的内应力，防止铸件变形或开裂。常用于形状复杂的铸件，如机床床身、柴油机汽缸等。其工艺为：加热温度 500～550 ℃，加热速度 60～120 ℃/h，经一定时间保温后，炉冷到 150～220 ℃后出炉空冷。

（2）消除白口组织退火

铸件的表层和薄壁处由于铸造时冷却速度快，易产生白口组织，使得铸铁硬度提高、加工困难，需进行退火以降低其硬度，工艺为：加热到 850～900 ℃，保温 2～5 h 后炉冷至250～400 ℃，出炉空冷。

（3）表面淬火

对于一些表面需要高硬度和高耐磨性的铸件，如机床导轨、缸体内壁等，可进行表面淬火处理，表面淬火和低温回火后的组织为回火马氏体＋片状石墨。

3. 用途

灰铸铁主要用于制造承受压力和振动的零部件，如机床床身、各种箱体、壳体、泵体、缸体等。

应用举例：HT300 为珠光体类型的孕育灰铸铁，其强度、耐磨性高，减振性能优良，可用于制造承受高弯曲应力、拉应力，要求保持高气密性的铸件，如图 8-4 所示的重型机床床身和大型船用柴油机汽缸体。

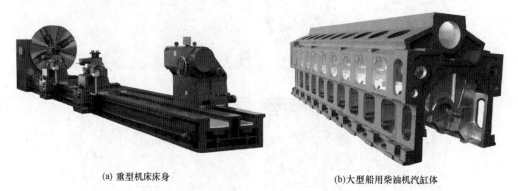

(a) 重型机床床身   (b) 大型船用柴油机汽缸体

图 8-4　由 HT300 铸造而成的重型机床床身和大型船用柴油机汽缸体

8.3.2　可锻铸铁

可锻铸铁是由白口铸铁经石墨化退火获得的，其石墨呈团絮状。可锻铸铁的成分为：C质量分数为 2.4%～2.7%，Si 质量分数为 1.4%～1.8%，Mn 质量分数为 0.5%～0.7%，P质量分数<0.08%，S 质量分数<0.25%，Cr 质量分数<0.06%。要求 C、Si 质量分数不能太高，以保证浇注后获得白口组织，但又不能太低，否则将延长石墨化退火周期。

1. 组织

可锻铸铁的组织与第二阶段石墨化退火的程度和方式有关。当第一阶段石墨化充分进行后(组织为奥氏体+团絮状石墨),在共析温度附近长时间保温,使第二阶段石墨化也充分进行,则得到铁素体+团絮状石墨组织。由于表层脱碳而使心部的石墨多于表层,断口心部呈灰黑色,表层呈灰白色,故称为黑心可锻铸铁,如图 8-5(a)所示。若通过共析转变区时冷却较快,第二阶段石墨化未能进行,使奥氏体转变为珠光体,得到珠光体+团絮状石墨组织,称为珠光体可锻铸铁,如图 8-5(b)所示。图 8-6 为获得上述两种组织的工艺曲线。

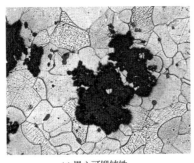 

(a) 黑心可锻铸铁　　　　　　　　(b) 珠光体可锻铸铁

图 8-5　可锻铸铁的显微组织(400×)

若退火是在氧化性气氛中进行的,可以使表层完全脱碳得到铁素体组织,而心部为珠光体+石墨组织,断口心部呈白亮色,故称为白心可锻铸铁。由于其退火周期长且性能并不优越,很少应用。

2. 性能

由于可锻铸铁中的团絮状石墨对基体的割裂程度及引起的应力集中比灰铸铁小,因此其强度、塑性和韧性均比灰铸铁高,接近于铸钢,但不能锻造,其强度利用率达到基体的 40%～70%。为缩短石墨化退火周期,细化晶粒,提高力学性能,可在铸造时进行孕育处理。常用孕育剂为硼、铝和铋。

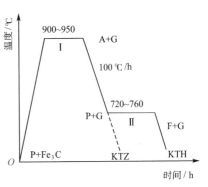

图 8-6　可锻铸铁石墨化退火工艺曲线

3. 用途

可锻铸铁常用于制造形状复杂且承受振动载荷的薄壁小型件,如汽车和拖拉机的前、后轮壳,管接头,低压阀门,等等。这些零件如用铸钢制造则铸造性能差,用灰铸铁制造则韧性等性能达不到要求。

应用举例:KTH300-06、KTH350-10 黑心可锻铸铁的强度、硬度低,塑性、韧性好,前者可用于制作管路连接件,如弯头、三通管接头等承受低动载荷及静载荷、要求气密性的零件,后者可用于制作拖拉机的变速箱体、后桥壳体等承受较高冲击、振动的零件。上述应用举例如图 8-7 所示。

(a) KTH300-06用于制作管路连接件

300型变速箱体　　　　200型变速箱体　　　　300型后桥壳体　　　　204主传动壳体

300型半轴套管　　　　300型提升器壳体　　　250型后桥壳体　　　　12型变速箱体

(b) KTH350-10用于制作拖拉机变速箱体、后桥壳体等

图 8-7　黑心可锻铸铁的应用举例

8.3.3　球墨铸铁

球墨铸铁是指石墨呈球状的灰口铸铁,是由液态铁经石墨化后得到的。球墨铸铁的成分为:C 质量分数为 3.8%～4.0%,Si 质量分数为 2.0%～2.8%,Mn 质量分数为 0.6%～0.8%,S 质量分数 < 0.04%,P 质量分数 < 0.1%。与灰铸铁相比,它的碳当量 $\left[w(\mathrm{C})\% + \frac{1}{3}w(\mathrm{Si})\%\right]$ 较高,一般为过共晶成分,这有利于石墨球化。

1. 组织

球墨铸铁的显微组织如图 8-8 所示,是由基体和球状石墨组成的。铸态下的基体组织有铁素体、铁素体+珠光体和珠光体三种。球状石墨是液态铁经球化处理得到的。加入液态铁能使石墨结晶呈球状的物质称为球化剂。常用的球化剂为镁、稀土和稀土镁。镁元素是阻碍石墨化的元素,为了避免出现白口组织,并使石墨细小且分布均匀,在球化处理的同时还必须进行孕育处理。常用孕育剂为硅-铁合金和硅-钙合金。

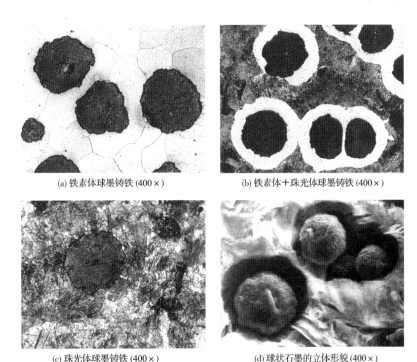

(a) 铁素体球墨铸铁 (400×) (b) 铁素体＋珠光体球墨铸铁 (400×)

(c) 珠光体球墨铸铁 (400×) (d) 球状石墨的立体形貌 (400×)

图 8-8 球墨铸铁的显微组织

2. 性能

由于球状石墨圆整程度高,对基体的割裂作用和产生的应力集中更小,基体强度利用率可达 $70\%\sim90\%$,接近于碳素钢,塑性和韧性比灰铸铁和可锻铸铁都高。球墨铸铁的突出特点是屈强比($\sigma_{0.2}/\sigma_{b}$)高,为 $0.7\sim0.8$,而钢一般只有 $0.3\sim0.5$。

3. 热处理

由于球状石墨危害程度小,因此可以对球墨铸铁进行各种热处理强化。

球墨铸铁的热处理特点:

(1)奥氏体化温度比碳素钢高,这是由于铸铁中硅质量分数高,使 S 点上升。

(2)淬透性比碳素钢高,这也与硅质量分数高有关。

(3)奥氏体中的碳质量分数可控,这是由于奥氏体化时,以石墨形式存在的碳元素溶入奥氏体的量与加热温度和保温时间有关。

球墨铸铁的热处理主要有退火、正火、淬火加回火、等温淬火等。

(1)退火

退火的目的是获得铁素体基体。当铸件薄壁处出现自由渗碳体和珠光体时,为了获得塑性好的铁素体基体,改善切削性能,消除铸造内应力,应对铸件进行退火处理。

(2)正火

正火的目的是获得珠光体基体(占基体 75% 以上),细化组织,从而提高球墨铸铁的强度和耐磨性。

（3）淬火加回火

淬火加回火的目的是获得回火马氏体或回火索氏体基体。对于要求综合力学性能好的球墨铸铁件，可采用调质处理；而对于要求高硬度和高耐磨性的球墨铸铁件，则采用淬火加低温回火处理。

（4）等温淬火

等温淬火的目的是得到下贝氏体基体，获得最佳的综合力学性能。由于盐浴的冷却能力有限，一般仅用于截面面积不大的零件。

此外，为提高球墨铸铁件的表面硬度和耐磨性，还可采用表面淬火、渗氮、渗硼等工艺。总之，碳素钢的热处理工艺对于球墨铸铁基本上都适用。

4. 用途

球墨铸铁在汽车、机车、机床、矿山机械、动力机械、工程机械、冶金机械、机械工具、管道等方面得到了广泛应用，可部分代替碳素钢制造受力复杂以及强度、韧性和耐磨性要求高的零件。如在机械制造业中，珠光体球墨铸铁常用于制造拖拉机或柴油机的曲轴、连杆、凸轮轴，各种齿轮和机床的主轴、蜗杆、涡轮，轧钢机的轧辊，大齿轮及大型水压机的工作缸、缸套、活塞等；铁素体球墨铸铁常用于制造受压阀门、机器底座、汽车后轮壳等。

应用举例：随着核工业的迅猛发展，乏燃料储运容器的需要越来越迫切。过去这种容器采用不锈钢铅屏和锻钢等材料来制造，价格昂贵，而球墨铸铁制造工艺简单，价格低廉，目前已广泛取代以上材料，可以制成百吨以上大型乏燃料容器。所用球墨铸铁牌号一般为QT350-22，该材料强度中等，但具有良好的韧性和低温性能，且有一定的耐蚀性。强度更高的QT800-2球墨铸铁具有较高的耐磨性和一定的韧性，则可以代替碳素钢制作内燃机机车曲轴等强度高、受力复杂、抗振性能优异的大型零件（图8-9）。

(a)乏燃料运输容器(QT350-22)　　　　　　(b) 内燃机机车曲轴(QT800-2)

图 8-9　球墨铸铁的应用举例

8.3.4　蠕墨铸铁

蠕墨铸铁是指碳元素主要以蠕虫状石墨存在于金属基体中的铸铁材料。蠕墨铸铁的成分为：C 质量分数为 $3.5\%\sim3.9\%$，Si 质量分数为 $2.2\%\sim2.8\%$，Mn 质量分数为 $0.4\%\sim0.8\%$，S 质量分数 $<0.1\%$，P 质量分数 $<0.1\%$。

1. 组织

与球墨铸铁类似,蠕墨铸铁是液态铁经蠕化处理和孕育处理得到的。蠕化处理是指向液态铁中加入蠕化剂,使其在凝固时析出蠕虫状石墨的一种工艺。常用的蠕化剂有稀土-硅-铁-镁合金、稀土-硅-铁合金、稀土-硅-铁-钙合金等。蠕墨铸铁的显微组织由基体与蠕虫状石墨组成,其基体组织与球墨铸铁类似,如图 8-10 所示。

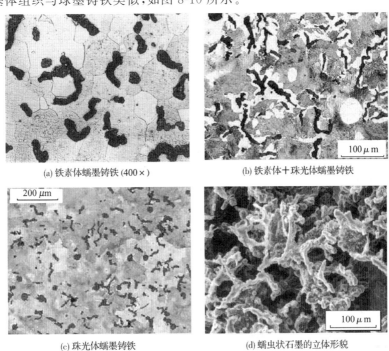

(a) 铁素体蠕墨铸铁 (400×)

(b) 铁素体+珠光体蠕墨铸铁

(c) 珠光体蠕墨铸铁

(d) 蠕虫状石墨的立体形貌

图 8-10 蠕墨铸铁的显微组织

2. 性能与用途

与片状石墨相比,蠕虫状石墨的长厚比值明显减小,尖端变钝,对基体的割裂程度和引起的应力集中减小。因此,蠕墨铸铁的强度、塑性和抗疲劳性能优于灰铸铁,其力学性能介于灰铸铁与球墨铸铁之间,常用于制造承受热循环载荷的零件,如钢锭模、玻璃模具、柴油机汽缸、汽缸盖、排气阀以及结构复杂、对强度要求高的铸件,如液压阀的阀体、耐压泵的泵体等。

应用举例: 在干滑动摩擦条件下,蠕墨铸铁与球墨铸铁、灰铸铁相比具有最低的磨损率、最高的摩擦系数与最低的摩擦系数衰减量。蠕墨铸铁的导热系数则介于灰铸铁与球墨铸铁之间。所以,在当前用于制作载重汽车制动鼓的材质中,以蠕墨铸铁为优,它使用寿命最长,性价比最好,常用牌号有 RuT350、RuT400 和 RuT450(图 8-11)。

图 8-11 蠕墨铸铁应用于
汽车制动鼓

8.4 特殊性能铸铁

所谓特殊性能铸铁,就是在普通铸铁的基础上加入某些合金元素,使之具有某种特殊性能,如耐磨性、耐热性或耐腐蚀性等,从而形成一类具有特殊性能的合金铸铁。这类铸铁可用来制造在高温、高摩擦或腐蚀性条件下工作的机器零件。本节将简单介绍耐磨铸铁、耐热铸铁和耐腐蚀铸铁的用途。

8.4.1 耐磨铸铁

根据工作条件的不同,耐磨铸铁可以分为减摩铸铁和抗磨铸铁两类。减摩铸铁用于制造在润滑条件下工作的零件,如机床床身、导轨和汽缸套等。这些零件要求较小的摩擦系数。抗磨铸铁用来制造在摩擦条件下工作的零件,如轧辊、球磨机的磨球等。这类合金铸铁中通常加入的合金元素主要有铬、钼、钒、钛、铜、磷、硼等,以形成硬化相来提高铸铁的耐磨性。硬化相在基体中起支撑骨架的作用,对铸铁的耐磨性影响显著,故要求硬化相不仅具有较高硬度,而且应不易从基体中剥落。常见耐磨铸铁主要有磷系、钒-钛系、铬-钼-铜系、硼系铸铁等,具体如下。

1.磷系铸铁

常见有中磷铸铁、高磷铸铁、稀土磷铸铁、磷铜钛铸铁和磷钒铸铁。当灰口铸铁中磷质量分数超过 0.3% 时,就会在组织中出现硬而脆的磷共晶,硬度为 $600 \sim 800HV$,当这些断续、碎网状的磷共晶均匀分布时,就起着支撑骨架的作用,存在于铸铁基体中,提高了耐磨性。这其中关键在于对磷共晶组织的控制,理想的磷共晶应是断续、碎网状、细小且分布均匀的。为了得到这种组织,控制含磷量是极其重要的,通常磷质量分数控制在 $0.4\% \sim 0.6\%$。这种铸铁的耐磨性比普通灰口铸铁高 $1 \sim 2$ 倍,适于制造机床床身等零件。这种铸铁由于含有磷而降低了液相线及共晶温度,从而延长了保持液态的时间,流动性较好,故熔炼方便。

2.钒-钛系铸铁

常见钒-钛系铸铁有钒-钛铸铁、磷-钒-钛铸铁、磷-铜-钒-钛铸铁和稀土-钒-钛铸铁。钒是强碳化物形成元素,能形成 VC、V_2C、V_4C_3 等,其中 VC 硬度为 $2\,800HV$。钒能细化石墨,有促进形成珠光体的作用。钛也能形成碳化物,与碳、氮亲和力极强,钛的碳化物有很高的硬度,如 TiC 硬度为 $3\,200HV$。钒、钛的碳化物呈细小的质点分布于基体组织中,使铸铁耐磨性能大大提高。除稀土-钒-钛铸铁中钒和钛的质量分数高一些外,一般情况下,钒的质量分数控制在 $0.2\% \sim 0.4\%$,钛的质量分数控制在 $0.1\% \sim 0.2\%$。钒和钛原料在我国来源多、熔炼方便,含钒、钛的铁水流动性较好,但铸件缩松倾向比较大,铸造应力比孕育铸铁大而比磷铜钛铸铁小。钒-钛铸铁的耐磨性比灰口铸铁高 2 倍,也多用于制造机床床身等。

3. 铬-钼-铜系铸铁

常见铬-钼-铜系铸铁有铬-铜铸铁、铬-铜-磷铸铁、铬-铜-钼铸铁。铬是强碳化物形成元素，能形成 Fe-Cr-C 复杂化合物。当铬质量分数为 0.1% 时可使铸铁的硬度提高 8～10HBS；当铬质量分数为 0.2%～0.7% 时可提高铸铁的耐磨性。铬常与铜、钼并用，加入 0.5% 的铜能阻碍凝固过程的石墨化，使组织紧密，细化珠光体和石墨；钼能形成固溶体，并使共析碳质量分数增加，也能提高耐磨性。这种合金铸铁的耐磨性比灰口铸铁高 1 倍，适用于制造机床、缸套、齿轮等。

高铬铸铁是高铬白口抗磨铸铁的简称，是一种性能优良且备受重视的抗磨材料。它比合金钢具有更高的耐磨性，比一般白口铸铁具有更高的韧性和强度，同时它还兼有良好的抗高温和抗腐蚀性能，生产便捷、成本适中，被誉为当代最优良的抗磨材料之一。它是继普通白口铸铁、镍硬铸铁之后发展起来的第三代白口铸铁，其铬质量分数为 11%～30%，碳质量分数为 2.0%～3.6%。高铬铸铁在采矿、水泥、电力、筑路机械、耐火材料等方面应用十分广泛，常用于制造衬板、锤头、磨球等。

4. 硼系铸铁

常见硼系铸铁有硼铸铁、硼-铬铸铁、硼-铜-钼贝氏体铸铁。硼是强碳化物形成元素，强化珠光体。当硼质量分数高于 0.017% 时，会析出硼碳化合物，且随硼质量分数的增加，铸铁的显微硬度亦随之增加；当硼质量分数达 0.027% 时，硬度可达 920HV；当硼质量分数达 0.080% 时，硬度高达 1 150HV。硼与钒、铬、钼等共同添加时，能进一步提高合金铸铁的硬度，且能与珠光体和石墨组成更为优质的耐磨组织。硼系铸铁化学成分对其组织和力学性能影响很大，不同零件和不同工艺条件应合理选择。在诸多硼系铸铁中，硼铸铁是一种优良的耐磨铸铁，应用范围不断扩大，可用于制造内燃机缸套、活塞环、机床导轨、火车闸瓦、水泵叶轮等；其中硼铸铁机床导轨的耐磨性比一般灰口铸铁高 4～6 倍，比磷系铸铁高 2～3 倍。由此，在选用耐磨材料时，首先应搞清零件工作条件和磨损类型。

8.4.2 耐热铸铁

耐热铸铁是指在高温条件下具有一定的抗氧化和抗"生长"性能，并能承受一定载荷的铸铁。"生长"是指由于氧化性气体沿石墨片边界和裂纹渗入铸铁内部造成的氧化，以及因 Fe_3C 分解产生的石墨引起的铸件体积膨胀。向铸铁中加入铝、硅、铬等元素，使其表面形成一层致密的 SiO_2、Al_2O_3、Cr_2O_3 等氧化膜，能明显提高高温下铸铁的抗氧化能力，同时能够使铸铁的基体变为单相铁素体。此外，硅、铝可提高相变点，使铸铁在工作温度下不发生固态相变，可减少由此产生的体积变化和显微裂纹；铬可形成稳定的碳化物，提高铸铁的热稳定性。常用的耐热铸铁有硅系耐热铸铁、铝系耐热铸铁和铬系耐热铸铁等，主要用于制造加热炉附件，如炉底板、送链构件、换热器等。

1. 硅系耐热铸铁

这类铸铁综合性能和铸造性能均较好，得到广泛应用。其中含钼的球墨铸铁(3.5%～

4.5%Si,0.3%～0.7%Mo)不仅常温力学性能好,而且高温短时抗拉强度和伸长率都较好;抗氧化和抗"生长"能力都优于同系其他牌号的耐热铸铁。随着硅质量分数的增加,球墨铸铁中铁素体质量分数也增多,故抗拉强度下降,断后伸长率及冲击韧度上升;但硅质量分数增加到一定值后,铁素体逐渐脆化,伸长率、冲击韧度和抗拉强度都下降。由此,铸铁中的硅质量分数一般控制在5.5%以下,最高也不应超过6.5%。硅能减慢铸铁的氧化速度。硅质量分数每增加1%,奥氏体相变点就会升高50～60 ℃;硅质量分数为5.5%时,其相变点温度约为900 ℃。然而,铸铁相变时产生的相变应力会使铸件变形或微裂,从而降低氧化层的附着力,加速铸件内层的氧化,促进铸铁生长。

2. 铝系耐热铸铁

根据铝质量分数不同,铝系耐热铸铁可分为低铝、中铝和高铝三类耐热铸铁。其中铝质量分数为2%～3%的低铝铸铁,已少量用于制造玻璃模、内燃机排气管及其他薄壁件;铝质量分数为7%～9%的中铝铸铁,可用于制造工作在750～900 ℃条件下的某些耐热件;铝质量分数为20%～24%的高铝铸铁,可用于制造工作在1 000～1 100 ℃条件下的某些耐热件。此外,铝和硅、铝和铬组成的多元合金化耐热铸铁,不但能够明显提高铸铁的抗氧化性能,又可减少合金元素的总量,降低成本。低铝铸铁的基体组织为铁素体+珠光体,中铝铸铁的基体组织是铁素体。低铝及高铝球墨铸铁有较好的综合力学性能。中铝及铝硅铸铁脆性较大。铝系铸铁有优良的抗氧化、抗"生长"性能。若铝质量分数大于10%,在900～950 ℃时已很少被氧化;铝质量分数大于20%的球墨铸铁,在1 100 ℃时也很少被氧化,甚至加热到接近熔点也不掉皮。如果铝与硅或铝与铬合用,则抗氧化性能更好,例如铸铁中Al和Si的总质量分数≥10%,则耐热温度可提高到1 100 ℃。然而,铝系铸铁极易形成铝氧化膜,浇注时有增加夹杂和冷隔的倾向,因此在熔化和浇注过程中都需注意排除夹杂物,使铁液流动平稳。

3. 铬系耐热铸铁

根据铬质量分数不同,铬系耐热铸铁可分为低铬(0.5%～2.0%)、中铬(16.0%～20.0%)和高铬(28.0%～32.0%)三类耐热铸铁,其中铬质量分数较高的耐热铸铁比同类的铝、硅系耐热铸铁强度高,且使用温度随铬质量分数增加而提高。低铬铸铁的组织为片状石墨+珠光体,当铬质量分数增加时,有自由渗碳体出现。铬是缩小奥氏体区的元素,当铸铁中铬质量分数增加时,碳化物质量分数会增加。当铸铁中铬质量分数为12.0%～15.0%时,随铸铁中碳、硅质量分数及冷却速度不同,基体是珠光体或马氏体+残余奥氏体组织;当铬质量分数为25.0%～30.0%时,则形成稳定的铁素体组织,无相变发生,对耐热件是有利的。因此铬质量分数为28.0%～35.0%的耐热铸铁使用较多;如果在铬质量分数为25.0%～35.0%的铸铁中加入10.0%～15.0%的Ni,可以形成更加稳定的奥氏体组织。所有高铬耐热铸铁强度较高,但都很脆,而脆性随温度升高而减弱。壁薄且均匀、尺寸较小的铸件有较好的抗热冲击性能。提高碳、硅质量分数会降低抗热冲击性能;在铸铁中加入少量的铬,既可以细化石墨、提高珠光体的稳定性,又能改善铸铁的耐热性能。当铬质量分数多时,能生成连续的FeO和Cr_2O_3的保护膜,可明显提高铸铁的耐热性能。

8.4.3　耐腐蚀铸铁

耐腐蚀铸铁是能够防止或延缓被某种腐蚀性介质腐蚀的特殊铸铁。耐腐蚀铸铁可根据金相组织、合金成分和适用的介质进行分类。在常见的腐蚀性介质内,铸铁的化学成分比其金相组织对耐腐蚀性的影响更显著。因此,通常多按铸铁的化学成分分类。

1. 高硅铸铁

普通高硅铸铁一般碳质量分数可偏上限,以降低高硅铸铁的硬度,改善铸造工艺性能。含锰量不宜偏高,因其对耐腐蚀性和力学性能均有不良影响。当硅质量分数小于 15.2% 时,其组织为少量片状石墨分布在富硅铁素体上;当硅质量分数大于 15.2% 时,铁素体基体中析出 η 脆性相,随硅质量分数继续增加,η 脆性相相应增多,铸铁变得更脆,而耐酸性则相应地增强。高硅铸铁对各种浓度和温度的硫酸、硝酸,室温下的盐酸以及所有浓度和温度的氧化性混合酸、有机酸均有良好的耐腐蚀性。

合金高硅铸铁主要包括:

(1)稀土中硅铸铁(STSi11Cu2CrRE)

稀土中硅铸铁是将高硅铸铁中的 Si 质量分数降到 10%～12%,加入 0.10%～0.25% 的稀土;其化学成分为:C 质量分数为 1.0%～1.2%,Si 质量分数为 10%～12%,Mn 质量分数为 0.35%～0.60%,Cu 质量分数为 1.8%～2.2%,Cr 质量分数为 0.4%～0.8%,P 质量分数 <0.045%,S 质量分数 <0.018%,RE$_残$ 质量分数为 0.04%～0.10%。其性能与普通高硅铸铁相比,硬度略有下降,脆性及切削加工性能有所改善,可以车削等;耐腐蚀性接近于高硅铸铁。

(2)含铜高硅铸铁

含铜高硅铸铁是在普通高硅铸铁中加入 6.5%～8.5% 或 8%～10% 的铜。铜能改善高硅铸铁的力学性能,提高其强度及韧性,降低硬度。含铜高硅铸铁具有可车削性等。含 6.5%～8.5%Cu 的高硅铸铁在常用介质中除对浓度为 45% 的硝酸耐腐蚀性稍差外,对其他酸均有较好的耐腐蚀性。含 8%～10%Cu 的高硅铸铁在 80 ℃ 的各种浓度的硫酸中都有高的耐腐蚀性,腐蚀率均少于 0.3 mm/a,它可用来制造接触各种浓度的热硫酸的化工机械零件。

(3)含钼高硅铸铁(STSi15Mo3RE)

加钼可以改善高硅铸铁的耐盐酸腐蚀性能,一般钼质量分数为 3%～3.5%。含 14.3% Si 的高硅铸铁,随钼质量分数增多,耐腐蚀性能增加。铸铁钼质量分数为 3% 时,在中低浓度的盐酸中具有很高的耐腐蚀性,但在热浓盐酸中仍然不耐腐蚀。

(4)高硅铬铸铁(STSi15Cr4RE)

化学成分为:C 质量分数 <1.40%,Si 质量分数为 14.25%～15.75%,Mn 质量分数 <0.5%,P 质量分数 <0.10%,S 质量分数 <0.10%,Cr 质量分数为 4.0%～5.0%,RE$_残$ 质量分数 <0.10%。其布氏硬度为 350～450HBS,具有高的耐腐蚀性能,适用于制造保护阴极

用的阳极铸件,如接触海水、淡水等介质的设备零件。

2. 镍奥氏体铸铁

镍奥氏体铸铁是镍质量分数为13.5%～36%的铸铁。改变镍质量分数,并附加少量其他合金元素,可形成不同牌号的铸铁,以适应不同腐蚀性介质和使用条件的需要。如加铬、铜、钼改善耐腐蚀性,加铌改善焊接性等。各类型奥氏体铸铁又可按石墨形态归纳为奥氏体灰铸铁和奥氏体球墨铸铁。镍奥氏体铸铁的金相组织由单一的奥氏体基体与分布其上的片状石墨、球状石墨和少量碳化物组成。石墨形态对耐腐蚀性并无明显影响,但石墨球化后将明显提高奥氏体铸铁的抗磨损腐蚀性。在烧碱、盐卤、海水、海洋大气、还原性无机酸、脂肪酸等介质中镍奥氏体铸铁具有高的耐腐蚀性。在碱性介质中镍奥氏体铸铁的耐腐蚀性极为优越。

3. 高铬铸铁

铬质量分数为24%～35%的白口铸铁称为耐腐蚀高铬铸铁。高铬铸铁的显微组织为奥氏体或铁素体+碳化物。一般说来,对于不含一定数量的稳定奥氏体合金元素(Ni,Cu,N)的高铬铸铁,当碳质量分数低于1.3%时易获得铁素体,碳质量分数略高时易获得奥氏体。耐腐蚀高铬铸铁在具有氧化性的腐蚀性介质中显示出较好的耐腐蚀性,同时在含有固体颗粒的腐蚀性介质中显示出优异的耐腐蚀性和抗冲刷性能。

4. 含铝铸铁

铝质量分数为3.5%～6%的铸铁用于制造输送联碱氨母液、氯化铵溶液、碳酸氢铵母液等腐蚀性介质的泵阀零件。在不含结晶物的联碱氨母液中,含铝铸铁被腐蚀率为0.1～1.0 mm/a。在含结晶物的联碱氨母液中,为提高含铝铸铁的抗磨损腐蚀性能,可在含铝铸铁中加入4%～6%的Si和0.5%～1.0%的Cr,制得铝硅铸铁。

5. 低合金耐腐蚀铸铁

这类耐腐蚀铸铁主要有:

(1)含铜铸铁

加入0.40%的Cu可使铸铁在大气中的腐蚀速率减少25%以上,在含有浓硫酸烟气的大气中效果更佳;用含0.4%～0.5%的Cu的铸铁作为输送硫酸的离心泵,其使用寿命比普通铸铁泵的寿命延长30%。在含硫高的冷或热的重油中,加铜能减少铸铁的腐蚀,故石油工业中可以采用含铜铸铁。此外,含铜铸铁中再加入少量锡或锑又能进一步提高其耐腐蚀性。

(2)低铬铸铁

铸铁中加入0.5%～2.3%的Cr,可减弱铸铁在流动海水中的腐蚀,使腐蚀速率约减少50%。

(3)低镍铸铁

铸铁中加入2%～4%的Ni,可提高铸铁在碱、盐溶液及海水中的耐腐蚀性。

扩展读物

1. 梁戈,时惠英,王志虎.机械工程材料与热加工工艺[M].2版.北京:机械工业出版社,

2015.

2. 徐萃萍,孙方红,齐秀飞. 材料成型技术基础[M]. 北京:清华大学出版社,2013.

思考题

8-1 什么叫作石墨化? 影响石墨化的因素有哪些? 说明铸铁各阶段石墨化过程中的组织变化。

8-2 现有两块金属,已知其中一块是 45 钢,另一块是 HT150 铸铁,通过哪些方法可将它们区分开?

8-3 试指出下列铸件应采用的铸铁种类及热处理方式,并加以说明。

(1)机床床身;

(2)柴油机曲轴;

(3)液压泵壳体;

(4)犁铧;

(5)冷冻机缸套;

(6)球磨机衬板。

8-4 在实际生产中,有些铸铁件表面、棱角和凸缘处常常硬度较高,难以机械加工,为什么? 如何处理?

8-5 灰口铸铁在性能上有哪些特点? 为什么机床床身常用灰铸铁制造?

8-6 为什么灰口铸铁的 σ_b、δ 和 A_K 比碳素钢低? 其在工业上获得广泛应用的原因是什么?

第9章

有色金属及合金

青铜器时代与中国青铜器

青铜时代是以使用青铜器为标志的人类物质文化发展阶段,是继石器时代后人类社会的第二个发展阶段,迄今已经有超过 4000 年的历史。与石器(含陶器)相比,青铜(铜和锡金属的合金)具有强度高、韧性好、耐用又美观等更加优异的综合性能,大大促进了社会进步。

中国的青铜器时代至少可以追溯到 4000 年前,跨越夏、商、周三个朝代。甘肃马家窑文化遗址出土的青铜刀(经鉴定约为前 3000 年—前 2300 年)是我国发现的最早的青铜器。商代晚期至西周前期,中国青铜时代达于鼎盛,青铜铸造工艺相当成熟,出土大量的精美青铜礼器、酒器、食器、乐器、武器等。数量之巨大、品种之繁多、造型及纹饰之美使中国青铜器在世界上独树一帜。其中出土的商代后母戊大方鼎是世界上罕见的大型青铜器,商代四羊方尊制作精美,说明商代的铸造技术已经达到了世界先进水平。此外,商代的很多青铜器中都刻有铭文,其中西周的毛公鼎内部有近 500 个古汉字。这些铭文记述了古代社会礼仪、生活等文化信息,书法精美,具有重要的历史和文化价值。

在工业生产中,通常把铁及其合金称为黑色金属,把其他非铁金属及其合金称为有色金属。有色金属的产量和用量不如黑色金属多,但由于其具有许多优良特性,如特殊的电、磁、热性能,耐腐蚀性能及高的比强度(强度与密度之比)等,所以已成为现代工业中不可缺少的金属材料。本章重点介绍在机械、仪表、飞机制造等工业中广泛使用的四种有色金属及其合金:铝(Al)及铝合金、铜(Cu)及铜合金、钛(Ti)及钛合金和镁(Mg)及镁合金;同时也简单介绍一些在航空航天及军工等行业中使用的其他有色金属及其合金,包括以镍(Ni)、铅(Pb)、锡(Sn)、锌(Zn)、锆(Zr)为基的合金,以及难熔金属、高温合金、贵金属等。

9.1　铝及铝合金

9.1.1　铝及铝合金的特点

纯铝具有银白色金属光泽,密度小($2.72\ \mathrm{g/cm^3}$),熔点低($660.4\ ℃$),导电、导热性能优良;具有面心立方晶格,无同素异构转变,无磁性;在空气中易氧化,表面形成一层致密牢固的氧化膜,因而抗大气腐蚀性能好;具有极好的塑性和低的强度(纯度为 99.99% 时,抗拉强度 $\sigma_\mathrm{b}=45\ \mathrm{MPa}$,伸长率 $\delta=50\%$),易于加工成型;还具有良好的低温塑性,直到 $-253\ ℃$ 时,其塑性和韧性也不降低。纯铝的主要用途是配制铝合金,还可用来制造导线、包覆材料及耐腐蚀器具等。

纯铝的强度、硬度低,不适于制造受力的机械零件。向铝中加入适量的合金元素制成铝合金,可改变其组织结构,提高性能。常加入的元素主要有 Cu、Mn、Si、Mg、Zn 等,此外还有 Cr、Ni、Ti、Zr 等辅加元素。由于这些合金元素的强化作用,使得铝合金既具有高强度又保持了纯铝的优良特性,因此,铝合金可用于制造承受较大载荷的机械零件或构件,成为工业中广泛应用的有色金属材料。由于铝合金具有高的比强度,又使其成为飞机的主要结构材料。

9.1.2　铝合金的分类及热处理

实用铝合金通常形成于以 Al-Si、Al-Cu、Al-Mg 和 Al-Zn 等为基础的合金体系中。图 9-1 为 Al-Si、Al-Cu 二元合金相图,可以看出,合金元素 Si、Cu 在 Al 中都存在一定的固溶度,它们在富 Al 处都体现为典型的有限固溶型共晶相图,如图 9-2 所示。由此,以图 9-2 中的 D 点成分为界可将铝合金分为变形铝合金和铸造铝合金两大类。D 点以左的合金为变形铝合金,其特点是加热到固溶线 DF 以上时为单相 α 固溶体组织,塑性好,适于压力加工;D 点以右的合金为铸造铝合金,其组织中存在共晶体,适于铸造。在变形铝合金中,成分在 F 点以左的合金,其固溶体成分不随温度变化,不能通过热处理强化,为不可热处理强化铝合金;成分在 F、D 两点之间的合金,其固溶体成分随温度变化,可通过热处理强化,为可热处理强化铝合金。对于可热处理强化的变形铝合金,其热处理方法为固溶处理加时效。固溶处理是指将图 9-2 中 F、D 两点之间的合金加热到 DF 线以上,保温并淬火后获得过饱和的单相 α 固溶体组织的处理。时效是指将过饱和的 α 固溶体加热到固溶线 DF 以下某温度保温,以析出弥散强化相的热处理。在室温下进行的时效称为自然时效,在加热条件下进行的时效称为人工时效。

时效强化的实质是第二相从不稳定的过饱和固溶体中析出和长大,当与母相晶格常数不同的第二相与母相共格时,由于晶格畸变严重,位错运动阻力大,强化效果最好;当形成稳定化合物 θ 相,共格被破坏时,强化效果下降,即产生过时效。时效强化效果与加热温度和保温时间有关,如图 9-3 所示。当温度一定时,随时效时间延长,在时效曲线上出现一个峰值,超过峰值时间,析出相聚集长大,合金强度下降,即过时效。随时效温度升高,峰值强度下降,出现峰值的时间提前。

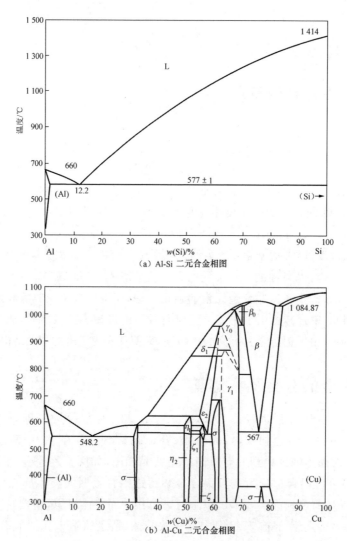

（a）Al-Si 二元合金相图

（b）Al-Cu 二元合金相图

图 9-1　Al-Si 和 Al-Cu 二元合金相图

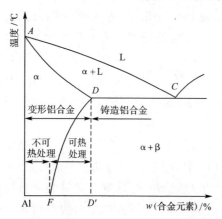

图 9-2　铝合金分类

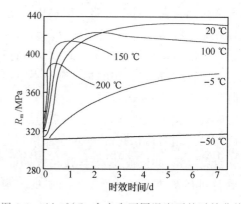

图 9-3　Al-4％Cu 合金在不同温度下的时效曲线

9.1.3　常用铝合金

1.变形铝合金

（1）变形铝及铝合金牌号表示方法

根据国家标准 GB/T 16474—2011《变形铝及铝合金牌号表示方法》的规定,变形铝及铝合金可直接引用国际四位数字体系牌号,其表示方法见表 9-1。另外,国内过去使用的旧牌号仍可继续使用。变形铝合金的旧牌号用 LF(防锈铝合金)、LY(硬铝合金)、LC(超硬铝合金)、LD(锻铝合金)加顺序号表示,其中字母 L、F、Y、C、D 分别为"铝""防""硬""超""锻"汉语拼音的第一个字母。

表 9-1　变形铝及铝合金牌号表示方法(摘自 GB/T 16474—2011)

位数	国际四位数字体系牌号	
	纯铝	铝合金
第一位	阿拉伯数字,表示铝及铝合金的组别。1 表示铝质量分数不小于 99.00% 的纯铝;2~9 表示铝合金,组别按下列主要合金元素划分:2—Cu,3—Mn,4—Si,5—Mg,6—Mg+Si,7—Zn,8—其他元素,9—备用组	
第二位	阿拉伯数字,表示对杂质范围的修改。0 表示该工业纯铝的杂质范围为生产中的正常范围;1~9 表示生产中应对某一种或几种杂质或合金元素加以专门控制	阿拉伯数字,表示对合金的修改。0 表示原始合金;1~9 表示对合金的修改次数
最后两位	阿拉伯数字,表示最低铝质量分数,与最低铝质量分数中小数点后面的两位数字相同	阿拉伯数字,无特殊意义,仅表示同一系列中的不同合金

（2）常用变形铝合金

①防锈铝合金

防锈铝合金主要是 Al-Mn 系和 Al-Mg 系合金。Mn 和 Mg 的主要作用是提高合金的抗蚀性和塑性,并起固溶强化作用。防锈铝合金锻造退火后为单相固溶体组织,抗蚀性好,塑性高,易于变形加工,焊接性能好,但切削性能差。这类合金不能进行热处理强化,常利用加工硬化来提高其强度。常用的 Al-Mn 系合金牌号有 3A21(LF21,1.0%~1.6%Mn),其抗蚀性和强度高于纯铝,用于制造油罐、油箱、管道、铆钉等需要弯曲、冲压加工的零件。常用的 Al-Mg 系合金牌号有 5A05(LF5,4.8%~5.5%Mg),其密度比纯铝小,强度比 Al-Mn 系合金高,在航空工业中得到广泛应用,如制造管道、容器、铆钉及承受中等载荷的零件。

②硬铝合金

硬铝合金主要是 Al-Cu-Mg 系合金,并含少量 Mn。这类合金可进行时效强化,也可进行变形强化。合金中 Cu 和 Mg 的作用是形成强化相 $CuAl_2$(θ 相)和 $CuMgAl_2$(S 相),产生时效硬化;Mn 的作用是提高耐腐蚀性,并起一定的固溶强化作用。硬铝合金的强度和硬度高,加工性能良好,但耐腐蚀性低于防锈铝合金。常用的硬铝合金牌号有 2A11(LY11,3.8%~4.8%Cu,0.4%~0.8%Mg)、2A12(LY12,3.8%~4.9%Cu,1.2%~1.8%Mg)等,用于制造冲压件、模锻件和铆接件,如螺旋桨、铆钉等。

③超硬铝合金

超硬铝合金为 Al-Zn-Mg-Cu 系合金,并含有少量 Cr 和 Mn。其强化相除 θ 相和 S 相外,还有 $MgZn_2$(η 相)和 $Al_2Mg_3Zn_3$(T 相)等。这类合金的时效强化效果超过硬铝合金,是时效后强度最高的一种铝合金。超硬铝合金的热塑性好,但耐腐蚀性差。常用的超硬铝合金牌号有 7A04(LC4,1.4%~2%Cu,1.8%~2.8%Mg,5%~7%Zn)、7A09(LC9,1.2%~2%Cu,2%~3%Mg,5.1%~6.1%Zn)等,主要用于工作温度较低、受力较大的结构件,如飞机的大梁、起落架等。

④锻铝合金

锻铝合金主要有两类,一类是 Al-Cu-Mg-Si 系合金,Mg 和 Si 的作用是形成强化相 Mg_2Si。典型牌号有 2A50(LD5)、2B50(LD6)、2A14(LD10)等。这类合金可锻性好,力学性能高,主要用于制造形状复杂的锻件和模锻件,如喷气发动机的压气机叶轮、导风轮及飞机上的接头、框架、支杆等。另一类是 Al-Cu-Mg-Fe-Ni 系合金,Fe 和 Ni 可形成耐热强化相 Al_9FeNi,为耐热锻铝合金。典型牌号有 2A70(LD7)、2A80(LD8)、2A90(LD9)等。这类合金耐热性较好,主要用于制造在 150~225 ℃下工作的零件,如压气机叶片、超音速飞机的蒙皮等。

2. 铸造铝合金

铸造铝合金主要有 Al-Si 系、Al-Cu 系、Al-Mg 系和 Al-Zn 系四种,其牌号分别用 ZL1、ZL2、ZL3 和 ZL4 加两位数字的顺序号表示(ZL 表示"铸铝")。

铝锭铸造

(1)Al-Si 系铸造铝合金

这类合金又称为硅铝明。其中 ZL102 是硅质量分数为 10%~13% 的 Al-Si 二元合金,称为简单硅铝明。在普通铸造条件下,其组织几乎全部为共晶体,由粗针状的硅晶体和 α 固溶体组成,其强度和塑性都较差。生产上通常用钠盐变质剂对其进行变质处理,得到细小均匀的共晶体加一次 α 相固溶体组织,以提高其性能。加入其他合金元素的 Al-Si 系铸造铝合金称为复杂(或特殊)硅铝明。Al-Si 系铸造铝合金的铸造性能好,具有优良的耐腐蚀性、耐热性和焊接性能。简单硅铝明强度较低,不能热处理强化,用于制造形状复杂但强度要求不高的铸件,如飞机仪表壳体等。复杂硅铝明可热处理强化,常用的牌号有 ZL101、ZL104、ZL105、ZL109 等,用于制造低中强度且形状复杂的铸件,如电动机壳体、汽缸体、风机叶片、发动机活塞等。

(2)Al-Cu 系铸造铝合金

这类合金的耐热性好,强度较高,但密度大,铸造性能、耐腐蚀性能差,强度低于 Al-Si 系铸造铝合金。常用牌号有 ZL201、ZL203 等,主要用于制造在较高温度下工作的高强度零件,如内燃机汽缸头、汽车活塞等。

(3)Al-Mg 系铸造铝合金

这类合金的耐腐蚀性好,强度高,密度小,但铸造性能差,耐热性低。常用牌号有 ZL301、ZL303 等,主要用于制造外形简单,承受冲击载荷,在腐蚀性介质下工作的零件,如舰船配件、氨用泵体等。

（4）Al-Zn 系铸造铝合金

这类合金的铸造性能好，强度较高，可自然时效强化，但密度大，耐腐蚀性较差。常用牌号有 ZL401、ZL402 等，主要用于制造形状复杂、受力较小的汽车、飞机、仪器零件。

铸造铝合金的典型应用是轿车轮毂，大部分采用亚共晶铝硅合金（6.5%～7.5%Si，0.3%～0.45%Mg，0.08%～0.2%Ti）。合金元素 Si 除增加强度外，还有助于提高流动性。Mg 与 Si 会形成 Mg_2Si 强化相。Ti 与 C 形成 TiC，可以阻碍晶粒长大。经常在铝硅合金中加入少量稀土元素，有助于组织细化，称为变质处理。生产过程采用负压铸造，优点是铸件尺寸精度高、表面光洁度高、含气量少、组织致密、晶粒细小、机械性能好、无须后续机械加工就可以装配使用。与钢制轮毂比较，铝合金轮毂的质量比钢制轮毂的质量轻 30%～45%。

应用举例：从轻量化角度考虑，铝合金在车辆、飞机等方面的应用越来越多，并有逐渐取代钢的趋势。如奥迪公司在 2010 年推出的旗舰轿车 A8L 就是一款全铝轿车，车身采用 ASF 全铝空间框架（图 9-4），比同尺寸钢质车身的质量轻 40%。铸造铝合金主要用于制造汽车离合器壳体，后车桥等壳体类零件和发动机部件、制动盘等；形变铝合金主要用于制造保险杠、发动机罩、行李箱盖等车身外覆盖件，制动器总成的保护罩、消声罩等结构件以及仪表盘等装饰件。

图 9-4　轻量化铝合金车身

9.2　铜及铜合金

9.2.1　铜及铜合金的特点

纯铜呈紫红色，故又称紫铜，其密度为 8.9 g/cm³，熔点为 1 083 ℃；具有面心立方晶格，无同素异构转变，无磁性；具有优良的导电性和导热性；在大气、淡水和冷凝水中有良好的耐腐蚀性。纯铜的强度不高（R_m＝200～250 MPa），硬度较低（40～50HB），塑性好（δ＝45%～50%）。经冷变形后，其强度可提高到 400～450 MPa，硬度达 100～200HB，但伸长率下降。纯铜主要用于配制铜合金，制造导电、导热材料及耐腐蚀器件等。

铜合金是在纯铜中加入合金元素制成的，常用合金元素为 Zn、Sn、Al、Mn、Ni、Fe、Be、Ti、Zr、Cr 等。由于合金元素的固溶强化及第二相强化作用，使得铜合金既提高了强度，又保持了纯铜的特性，因此在机械工业中得到了广泛应用。

根据化学成分,可将铜合金分为黄铜、白铜和青铜三大类。

9.2.2 黄 铜

以 Zn 为主要合金元素的铜合金称为黄铜。黄铜按化学成分可分为普通黄铜和特殊黄铜;按工艺可分为加工黄铜和铸造黄铜。

1.普通黄铜

Cu-Zn 二元合金称为普通黄铜。加工普通黄铜的牌号为 H(黄)+表示铜的平均百分质量分数的数字,如 H68。

Cu-Zn 二元合金相图如图 9-5 所示,可见其在室温下的最大溶解度为 39%,低于该溶解度时,合金为 Zn 在 Cu 中的单相 α 固溶体组织,称为 α 黄铜(或单相黄铜);当 Zn 质量分数为 39%~45%时,合金为 α+β′组织,称为 α+β′黄铜(或两相黄铜),β′相是以 CuZn 为基的有序固溶体。

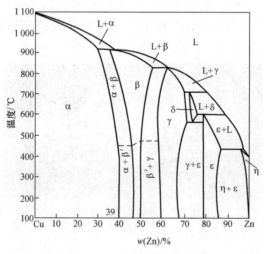

图 9-5　Cu-Zn 二元合金相图

普通黄铜的显微组织如图 9-6 所示。单相黄铜塑性好,常用牌号有 H80、H70、H68,适于制造冷变形零件,如弹壳、冷凝器管等;两相黄铜热塑性好,强度高,常用牌号有 H59、H62,适于制造受力件,如垫圈、弹簧、导管、散热器等。

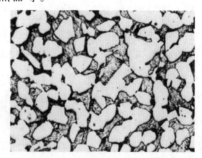

（a）单相黄铜　　　　　　　　　　（b）两相黄铜

图 9-6　普通黄铜的显微组织(400×)

普通黄铜的耐腐蚀性较好,与纯铜接近,但 Zn 质量分数超过 7% 的冷变形黄铜件,在湿气、海水或氨的作用下,易产生应力腐蚀,这种腐蚀称为季裂。因此,须对冷变形件进行去应力退火(250～300 ℃保温 1 h)。

2. 特殊黄铜

在普通黄铜的基础上加入 Al、Fe、Si、Mn、Pb、Sn、Ni 等元素形成特殊黄铜。特殊黄铜的牌号为 H(黄)＋主加元素的元素符号(Zn 除外)＋铜的平均百分质量分数＋主加元素的平均百分质量分数,如 HPb59-1 为含 59%Cu、1%Pb 和 40%Zn 的铜合金。合金元素的加入可影响 α 相和 β′相的相对质量分数,从而提高了黄铜的强度。Al、Mn、Si、Sn 可提高黄铜的耐腐蚀性,Pb 可改善其切削加工性,此外 Si 还可改善其铸造性能。常用牌号有 HPb63-3、HAl60-1-1、HSn62-1、HFe95-1-1、ZCuZn38Mn2Pb2、ZCuZn16Si4 等。特殊黄铜的强度、耐腐蚀性比普通黄铜好,铸造性能也有所改善,主要用于制造船舶及化工零件,如冷凝管、齿轮、螺旋桨、轴承、衬套及阀体等。

9.2.3　白　铜

以 Ni 为主要合金元素的铜合金称为白铜。从 Cu-Ni 二元合金相图(图 9-7)上可以看出,Ni 与 Cu 在高温下可形成无限置换固溶体,因此 Ni 在 Cu 中具有非常高的固溶度。

白铜分普通白铜和特殊白铜。普通白铜的牌号为 B＋Ni 的平均百分质量分数,如 B5 为含 5%Ni 的白铜;特殊白铜的牌号为 B＋主加元素的元素符号(Ni 除外)＋Ni 的平均百分质量分数＋主加元素的平均百分质量分数。如 BMn40-1.5 为含 40%Ni、1.5%Mn 的锰白铜。普通白铜是 Cu-Ni 二元合金,具有较高的耐腐蚀性和抗腐蚀疲劳性能及优良的冷热加工性能;常用牌号有 B5、B19 等,主要用于制造在蒸汽和海水环境下工作的精密机械、仪表中的零件及冷凝器、蒸馏器、热交换器等。特殊白铜

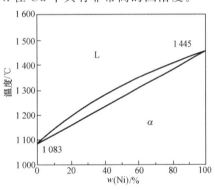

图 9-7　Cu-Ni 二元合金相图

是在普通白铜基础上添加锌、锰、铝等元素形成的,分别称为锌白铜、锰白铜、铝白铜等,其耐腐蚀性、强度和塑性高,成本低。常用牌号有 BMn40-1.5(康铜)、BMn43-0.5(考铜)等,用于制造精密机械、仪表零件及医疗器械等。

图 9-8　铁白铜管用于舰船冷凝管芯

应用举例:冷却设备是舰船海水冷却系统的重要组成部分,目前,舰船冷凝管芯材料主要采用 BFe30-1-1 和 BFe10-1-1 合金(图 9-8)。B30 的含铁量控制在 0.5%～1.0%,B10 的含铁量控制在 1.5%～1.8%,适量的铁除能增强合金的力学性能外,还能促进铜合金表面形成保护层,提高防腐能力。据报道,世界上第一艘核动力船,使用了 30 t 铁白铜冷凝管。

9.2.4 青 铜

除黄铜和白铜外的其他铜合金统称为青铜。根据主加元素锡、铝、铍、硅、铅等的不同，分别称为锡青铜、铝青铜、铍青铜、硅青铜、铅青铜。加工青铜的牌号为 Q＋主加元素的元素符号及其平均百分含量＋其他元素的平均百分含量，如 QSn4-3 为含 4％Sn、3％Zn 的锡青铜。下面分别对锡青铜、铝青铜和铍青铜做简要介绍。

1. 锡青铜

锡青铜是以锡为主加元素的铜合金，锡质量分数一般为 3％～14％。锡质量分数为 5％～7％的锡青铜塑性好，适于冷热加工。锡质量分数大于 10％的锡青铜强度较高，适于铸造。锡青铜铸造时流动性差，易形成成分散气孔，铸件密度低，高压下易渗漏，但体积收缩率很小，适于铸造形状复杂、尺寸精度要求高的零件。锡青铜具有良好的耐腐蚀性，在大气、海水及无机盐溶液中的耐腐蚀性比纯铜和黄铜好，但在硫酸、盐酸和氨水中的耐腐蚀性较差。常用牌号有 QSn4-3、QSn6.5-0.4、ZCuSn10Pb1 等，主要用于制造耐腐蚀承载件，如弹簧、轴承、齿轮轴、涡轮、垫圈等。

2. 铝青铜

铝青铜是以铝为主加元素的铜合金，铝质量分数一般为 5％～11％。铝质量分数为 10％左右时强度最高，多在铸态或经热加工后使用。铝青铜的强度、硬度、耐磨性、耐热性及耐腐蚀性均高于黄铜和锡青铜，铸造性能好，但收缩率比锡青铜大，焊接性能差。常用牌号有 QAl5、QAl7、QAl9-4、QAl10-4-4、ZCuAl8Mn13Fe3Ni2 等。前两者为低铝青铜，塑性、耐腐蚀性好，具有一定的强度，主要用于制造要求高耐腐蚀的弹簧及弹性元件；后三者为高铝青铜，强度、耐磨性、耐腐蚀性高，主要用于制造船舶、飞机及仪器中的高强、耐磨、耐腐蚀件，如齿轮、轴承、涡轮、轴套、螺旋桨等。

3. 铍青铜

铍青铜是以铍为主加元素的铜合金，铍质量分数一般为 1.7％～2.5％。铍青铜是时效强化型合金，经淬火加时效处理后，其抗拉强度达 1 200～1 400 MPa，硬度达 350～400HB。铍青铜具有高的强度、弹性极限、耐磨性、耐腐蚀性，良好的导电性、导热性和耐低温性，无磁性，受冲击时不起火花，并且具有良好的冷热加工性能和铸造性能，但价格较贵。常用牌号有 TBe2、TBe1.7、TBe1.9 等，主要用于制造重要的弹性件、耐磨件等，如精密弹簧、膜片，高速、高压下工作的轴承以及防爆工具、航海罗盘等重要机件。

9.3 钛及钛合金

9.3.1 钛及钛合金的特点

钛（Ti）是灰白色金属，密度小（4.507 g/cm³），熔点高（1 688 ℃），在 882.5 ℃时发生同素异构转变 α-Ti ⟶ β-Ti。β-Ti 存在于 882.5 ℃以上，具有体心立方晶格；α-Ti 存在于

882.5 ℃以下,具有密排六方晶格。纯钛的强度低,比强度高,塑性、低温韧性和耐腐蚀性好,具有良好的加工工艺性能,切削加工性能与不锈钢接近。纯钛的性能受杂质影响很大,少量杂质即可显著提高其强度。纯钛主要用于制造在 350 ℃以下工作、强度要求不高的零件,如石油化工用的热交换器、反应器,海水净化装置及舰船零部件等。

钛合金具有两大优异的特性:比强度高和抗蚀性优异。这也是航空航天工业、化学工业、医药工程和休闲行业优先选用钛合金的原因。只有在 300 ℃以下,碳纤维增强塑料的比强度才高于钛合金。在较高的温度下,钛合金的比强度特别优异。然而,钛的最高使用温度受其氧化特性的限制,因此,传统的高温钛合金只能在略高于 500 ℃的温度下使用。

9.3.2　钛合金的分类

根据对 β 相转变温度的影响,钛的合金元素可分为中性元素、α 相稳定元素和 β 相稳定元素,如图 9-9 所示。α 相稳定元素将 α 相区扩展到更高的温度范围,而 β 相稳定元素则使 β 相区向较低温度移动。中性元素对 β 相转变温度的影响很小。除了常规的合金元素以外,还有一些以杂质形式存在的主要非金属元素,其浓度一般为几百毫克/千克。

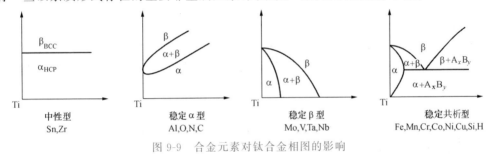

图 9-9　合金元素对钛合金相图的影响

纯钛加入合金元素形成钛合金。根据合金元素对钛同素异构转变的影响,可将其分为三类。

第一类是 α 相稳定元素,能使钛的同素异构转变温度升高,形成 α 固溶体,如 Al、C、N、O 等,其中 Al 是最重要的合金元素,Al 能提高钛合金的强度、比强度和再结晶温度,几乎所有钛合金中都含有 Al。

第二类是 β 相稳定元素,包括 β 同晶型元素(Mo,V,Ta,Nb)和 β 共析型元素(Fe,Mn,Cr,Co,Ni,Cu,Si,H),能使钛的同素异构转变温度降低,形成 β 固溶体,且 β 同晶型元素在钛中的溶解度比 β 共析型元素要高得多。

第三类是中性元素,对钛的同素异构转变温度无显著影响,如 Sn、Zr 等,但就强度而言,Sn 和 Zr 可以显著强化 α 相。

按退火组织不同,钛合金可分为 α 型钛合金、β 型钛合金和 α+β 型钛合金三类,它们的牌号分别用 TA、TB、TC 加顺序号表示,如 TA5、TB2、TC4 等,其中 TA1~TA4 为工业纯钛。

1. 工业纯钛

氧质量分数是各种级别商业纯钛的主要差别,作为间隙型合金元素,O 可以显著提高合金的强度,同时降低塑性。为了使商业纯钛达到要求的强度级别,只有 O 是有意加入的合金元素,而 C 和 Fe 等则被看成是制备过程中进入合金的杂质元素。1~4 级商业纯钛 TA1~TA4 的室温抗拉强度为 240~580 MPa,其中 TA1 的强度最低,但冷变形能力优异,因此被应用于制作深拉件,如钢质反应器的包覆合金以及爆炸包覆用金属薄板等;TA2 是最为常用的一类;TA3 具有中等冷变形能力和较高的强度,故用于需要考虑质量的工件中,可设计成薄壁件;TA4 具有高强度,优先用于固定件和装配件。

2. α 型钛合金

α 型钛合金的主加元素为 Al,还有 Sn、B 等。这类合金不能热处理强化,通常在退火状态下使用,组织为单相 α 固溶体。α 型钛合金的强度低于 β 和 α+β 型钛合金,但高温强度、低温韧性及耐腐蚀性优越。常用牌号有 TA5、TA7 等,以 TA7 最常用,主要用于制造在 500 ℃ 以下工作的零件,如飞机压气机叶片、导弹的燃料罐、超音速飞机的涡轮机匣及飞船上的高压低温容器等。

3. α+β 型钛合金

α+β 型钛合金加入的合金元素有 Al、V、Mo、Cr 等。这类合金可进行热处理强化,兼具 α 型钛合金和 β 型钛合金的优点,强度高,塑性好,具有良好的热强性、耐腐蚀性和低温韧性。α+β 型钛合金共有 9 个牌号,其中 TC4(Ti-6Al-4V)应用最广,用量最大,占钛合金总量的一半以上。该合金经过淬火加时效处理后,组织为 α+β+时效析出的针状 α 相,主要用于制造 400 ℃ 以下工作的飞机压气机叶片、火箭发动机外壳、火箭和导弹的液氢燃料箱部件及舰船耐压壳体等。

4. β 型钛合金

β 型钛合金为亚稳态合金,在过去几十年中,这类合金的重要性逐步提高,主要是由于经强化后,可获得 1 400 MPa 以上的极高强度水平。通常加入的合金元素有 Mo、Cr、V、Al 等。经热处理后,组织为 β 相基体上分布着各种形态的第二相,显微组织复杂,为 β-Ti 基体与板条状的马氏体共存。这类合金强度高,但冶炼工艺复杂,应用受到限制。β 型钛合金有 TB2、TB3、TB4 三个牌号,主要用于制造在 350 ℃ 以下工作的结构件和紧固件,如飞机压气机叶片、轴、弹簧、轮盘等。

应用举例:先进航空发动机朝着高涡轮前温度、高推重比、长寿命和低油耗方向发展,除了先进的设计技术,发动机性能的提高强烈依赖于先进材料及制造技术的发展,与镍基高温合金相比,600 ℃ 高温钛合金在 500~850 ℃ 的比强度、比蠕变强度和比疲劳强度有明显优势,在保持相同服役使用性能的情况下,以钛代替镍可减重 40% 以上。这些新材料与整体叶盘、整体叶环等轻量化结构相结合,在新一代发动机高压压气机和低压涡轮部件应用方面效果显著。图 9-10 为由 TA29 高温钛合金(名义成分为 Ti-5.8Al-4Sn-4Zr-0.7Nb-1.5Ta-0.4Si-0.6C)制备的某发动机压气机整体叶盘零件。TA29 钛合金在 750~800 ℃ 仍能保持较高的抗拉强度,可在此温度区间短时使用,所以也可用于超高声速导弹、火箭、飞行器、空天飞机等装备的机体构件、蒙皮,以及所用发动机的高温部件。

 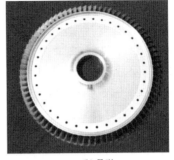

(a) Ⅰ型　　　　　　　　　　　(b) Ⅱ型

图 9-10　TA29 高温钛合金整体叶盘零件

9.4　镁及镁合金

9.4.1　镁及镁合金的特点

纯镁的密度为 1.736 g/cm³,熔点为 650 ℃,具有密排六方晶格。纯镁的强度和室温塑性较低,耐腐蚀性很差,在空气中极易被氧化。纯镁不能用于制造零件,主要用作镁合金原料和脱氧剂。纯镁的牌号以 Mg+表示 Mg 质量分数的数字的形式表示,如 Mg99.95。

纯镁中加入 Al、Mn、Zn、Zr 和 RE 等合金元素可形成镁合金。镁合金的主要优点是密度小,比强度和比刚度高,抗振能力强,可承受较大冲击载荷,切削性能良好。其缺点是化学稳定性和铸造性较差,冶炼工艺复杂。镁合金在航空航天、现代汽车和精密仪表等领域有着广阔的应用前景。

9.4.2　镁合金的分类

按成型工艺,可将镁合金分为变形镁合金和铸造镁合金。

1. 变形镁合金

变形镁合金的牌号为其最主要的合金元素代号(英文字母)+这些元素的大致质量分数(数字)+标识代号(英文字母),如 AZ31B 表示含 Al 和 Zn 分别约为 3%和 1%的镁合金。

变形镁合金主要有 Mg-Mn 系、Mg-Al-Zn 系和 Mg-Zn-Zr 系。ME20M 和 M2M 为 Mg-Mn 系合金,具有良好的耐腐蚀性和焊接性能,用于制造外形复杂、要求耐腐蚀的零件。AZ40M、AZ41M 为 Mg-Al-Zn 系不可热处理强化的合金,焊接性能良好,室温力学性能优于 ME20M,可制造形状复杂的锻件和模锻件。ZK61M 为 Mg-Zn-Zr 系高强度合金,切削加工性能良好,但焊接性能差,主要用于生产挤压制品和锻件。

2. 铸造镁合金

铸造镁合金主要有 Mg-Al-Zn 系、Mg-Zn-Zr 系和 Mg-RE-Zn-Zr 系。ZMgAl8Zn、ZMgAl10Zn 为 Mg-Al-Zn 系合金,具有强度高、流动性和可焊性良好、热裂倾向低等特点,用于制造要求高屈服强度的承力结构件。Mg-Zn-Zr 系合金属于高强度合金系列,主要有 ZMgZn5Zr、含稀土的 ZMgZn4RE1Zr 及含 Ag 的 ZMgZn8AgZr。ZMgZn5Zr 因有疏松和热裂倾向,不易焊接,只能用于铸造形状较简单的零件。ZMgZn4RE1Zr 的铸造性能和焊接性能明显改善,可用于制造在 170～200 ℃下长期工作的零件。ZMgZn8AgZr 的力学性能进一步提高,但铸造性能和焊接性能差,适于制造承受较大载荷的零件。ZMgRE3ZnZr、ZMgRE3Zn2Zr 和 ZMgRE2ZnZr 为 Mg-RE-Zn-Zr 系合金,其中 ZMgRE3ZnZr 和 ZMgRE3Zn2Zr 在 150～250 ℃下具有良好的力学性能,适于制造有温度要求但承载不大的零件。ZMgRE2ZnZr 兼有良好的室温力学性能、高温力学性能及铸造性能,可用于制造常温和 250 ℃下承受较高载荷的零件。

应用举例:在以笔记本电脑、手机和数码相机为代表的 3C(计算机、通讯、消费电子)产品朝着轻、薄、短、小方向发展的推动下,镁合金的应用得到了持续发展。镁合金与传统 3C 产品使用的外壳材料相比,具有轻量化、刚性高、减振性好、电磁屏蔽和散热性良好、可回收等优点;特别是应用于 3C 产品外壳上时,其外观及触摸质感极佳,已成为设计和消费的流行趋势。镁合金同时还具有非常好的压铸工艺性能,采用压铸的方法制造的镁合金 3C 产品外壳,厚度最薄可达 0.4 mm,并且强度和刚度都极为优异。图 9-11 为采用镁合金制造的某单反相机的整个机身,无论是正面、背面还是顶部,相机的耐用性和抗冲击性都非常好。

图 9-11　采用镁合金制造的某单反相机机身

9.5　镍及镍合金

纯镍是银白色金属,密度为 8.9 g/cm³,熔点为 1 455 ℃;具有面心立方晶格,无同素异构转变;具有磁性以及良好的机械强度和延展性;具有好的耐腐蚀性,常温下在潮湿空气中表面形成致密的氧化膜,能阻止本体金属继续氧化,同时又耐强碱腐蚀。纯镍主要用于合金(如镍钢)及用作催化剂,也可用来制造货币等,镀在其他金属上可以防止生锈。

镍合金中通常加入的合金元素有 Cu、Cr、W、Mo、Co、Al、Ti 等。1905 年前后开发出的含 Cu 量约为 30%的蒙乃尔(Monel)合金,是应用较早和较广的镍合金。镍具有良好的力学、物理和化学性能,添加适宜的元素可提高它的抗氧化性、耐腐蚀性、高温强度和改善其某些物理性能。镍合金可作为电子管用材料、精密合金(磁性合金、精密电阻合金、电热合金等)、镍基高温合金以及镍基耐腐蚀合金和形状记忆合金等。在能源开发、化工、电子、航海、航空和航天等部门中,镍合金都有广泛用途。

根据用途,镍合金可分为镍基高温合金、镍基耐腐蚀合金、镍基耐磨合金、镍基精密合金、镍基形状记忆合金。

1. 镍基高温合金

镍基高温合金的主要合金元素有 Cr、W、Mo、Co、Al、Ti、B、Zr 等,其中 Cr 起抗氧化和抗腐蚀作用,其他元素起强化作用。在 650～1 000 ℃下有较高的强度和抗氧化、抗燃气腐蚀能力,是高温合金中应用最广、高温强度最高的一类合金。主要用于制造航空发动机叶片和火箭发动机、核反应堆、能源转换设备上的高温零部件。在先进的发动机上,镍基高温合金已占总质量的一半,不仅涡轮叶片及燃烧室,而且涡轮盘甚至后几级压气机叶片也开始使用镍基高温合金。典型镍基高温合金牌号有 GH3030、GH3039、GH4033、GH4049 等。与铁合金相比,镍基高温合金的优点是:工作温度较高,组织稳定,有害相少及抗氧化腐蚀能力强。

镍基高温合金的制造工艺路线:

(1)变形镍基高温合金:

毛坯→固溶处理→时效→涂、渗防护层→精加工

(2)铸造镍基高温合金:

铸造毛坯→固溶处理→时效→粗加工→涂、渗防护层→精加工

沉淀强化是高温合金提高强度的最主要强化方式,通过时效处理,从过饱和固溶体 γ 基体中析出第二相(γ' 相、γ'' 相、碳化物等),以强化合金。γ' 相与基体 γ 相同,均为面心立方结构,点阵常数与基体相近,并与基体共格,因此 γ' 相在基体中能呈细小颗粒状均匀析出,阻碍位错运动,而产生显著的强化作用。γ' 相是 A_3B 型金属间化合物,A 代表 Ni、Co,B 代表 Al、Ti、Nb、Ta、V、W,而 Cr、Mo、Fe 既可为 A 又可为 B。镍基高温合金中典型的 γ' 相为 $Ni_3(Al,Ti)$。

2. 镍基耐腐蚀合金

镍基耐腐蚀合金的主要合金元素是 Cu、Cr、Mo。镍基耐腐蚀合金具有良好的综合性能,可耐各种酸腐蚀和应力腐蚀。早期应用的是镍-铜合金,又称蒙乃尔合金;此外还有镍-铬合金、镍-钼合金、镍-铬-钼合金等。主要用于制造各种耐腐蚀零部件。

3. 镍基耐磨合金

镍基耐磨合金的主要合金元素是 Cr、Mo、W,还含有少量的 Nb、Ta 和 In。除具有耐磨性能外,镍基耐磨合金的抗氧化、耐腐蚀、焊接性能也好,可制造耐磨零部件,也可作为包覆材料,通过堆焊和喷涂工艺将其包覆在其他基体材料表面。

4. 镍基精密合金

镍基精密合金包括镍基软磁合金、镍基精密电阻合金和镍基电热合金等。最常用的镍基软磁合金是镍质量分数为 80% 左右的玻莫合金,其最大磁导率和起始磁导率高,矫顽力低,是电子工业中重要的铁芯材料。镍基精密电阻合金的主要合金元素是 Cr、Al、Cu,这种合金具有较高的电阻率、较低的电阻率温度系数和良好的耐腐蚀性,用于制作电阻器。镍基电热合金是铬质量分数为 20% 的镍合金,具有良好的抗氧化、耐腐蚀性能,可在 1 000～1 100 ℃下长期使用。

5. 镍基形状记忆合金

钛原子分数为 50% 的镍合金,其回复温度是 70 ℃,形状记忆效果好。少量改变 Ni-Ti 成分比例,可使回复温度为 30～100 ℃。多用于制造航天器上使用的自动张开结构件、宇航

工业用的自激励紧固件、生物医学上使用的人造心脏马达等。

应用举例：航空发动机涡轮叶片由于处于温度最高、应力最复杂、环境最恶劣的部位而被列为第一关键件，并被誉为"皇冠上的明珠"。提高航空发动机的性能就必须提升涡轮叶片的高温性能。先进航空发动机涡轮叶片多为铸造镍基单晶空心涡轮叶片。单晶叶片的运用消除了全部晶界，不必加入晶界强化元素，使合金的初熔温度相对升高，从而提高了合金的高温强度，并进一步改善了合金的综合性能。涡轮发动机燃气进口温度越高，做功越多，但随着温度的升高（1 800～2 000 K），涡轮叶片材料本身难以承受。把涡轮叶片做成空心，对叶片进行内外部的冷却，可以有效提高叶片的承受温度。图9-12为我国研制的某型号航空发动机涡轮叶片，所采用的合金为 DD6 镍基高温合金（名义成分：Ni-9Co-8W-7.5Ta-5.6Al-4.3Cr-2Mo-2RE-0.5Nb-0.1Hf-0.006C）。

镍基单晶空心涡轮叶片

图 9-12　某型号航空发动机涡轮叶片

9.6　钴及钴合金

纯钴是银白色铁磁性金属，其熔点为 1 493 ℃，密度为 8.9g/cm³。纯钴晶体在 417 ℃以下是密排六方结构，在更高温度下转变为面心立方结构。钴本身比较硬而脆，主要用于生产耐热合金、硬质合金和防腐合金。由于钴的居里点为 1 150 ℃，远高于铁、镍的居里点，所以也是磁性合金的重要原料之一。

按用途不同，钴基合金可分为钴基耐磨损合金、钴基高温合金及钴基耐磨损和水溶液腐蚀合金。在我国，主要对钴基高温合金研究的比较深入和透彻。钴资源在全球范围内相对稀缺，钴基高温合金与镍基高温合金相比也明显缺乏沉淀强化机制，但铸造和锻造钴基高温合金之所以仍在继续使用，其主要原因是：钴基高温合金具有更高的熔化温度，其持久曲线相应更平缓，因而在较高的绝对温度下的应力负载能力高于镍基或铁基合金；由于其铬质量分数较高（一般在 20%～30%），钴基高温合金在燃气涡轮机腐蚀性气氛中具有更优越的抗热腐蚀性能；总体上看，钴基高温合金比镍基高温合金具有更好的抗热疲劳性和焊接性能。

钴基高温合金中含有相当数量的 Cr、Ni、W 和少量的 Mo、Nb、Ta、Ti、Zr、Hf 等。与其他高温合金不同，钴基高温合金不是由与基体牢固结合的有序沉淀相来强化，而是由固溶的奥氏体基体和基体中弥散分布的碳化物来强化，因此其中温强度低（只有镍基高温合金的 50%～75%），但在高于 980 ℃时具有较高的强度。钴基高温合金中最主要的碳化物是 MC、$M_{23}C_6$ 和 M_6C 型碳化物。细小、弥散分布的 MC 型碳化物在合金中具有良好的强化作用,被认为是钴基高温合金主要的强化因素。$M_{23}C_6$ 的主要强化作用表现为在基体中的细小粒子的二次沉淀强化作用,这种反应在 704~871 ℃尤其强烈。在铸造钴基高温合金中,$M_{23}C_6$ 主要在晶界和枝晶间析出的,且可能与 γ' 基体相形成板条状共晶组织,这些位于晶界上的碳化物能阻止晶界滑移,从而改善合金的持久强度。钴基高温合金中碳化物的热稳定性较好。温度上升时,碳化物集聚长大速度比镍基合金中的 γ' 相长大速度要慢,重新回溶于基体的温度也较高(最高可达 1 100 ℃),因此在温度上升时,钴基高温合金的强度下降一般比较缓慢。钴基高温合金中 Cr 在形成一系列具有不同 Cr/C 的碳化物中具有主要的作用。为了避免钴基高温合金在使用时发生同素异构转变,大部分钴基高温合金都由 Ni 合金化(质量分数一般在 10%~22%),以便在室温到熔点温度范围内使组织稳定化,且保持奥氏体状态。难熔金属 W 和 Mo 通常是锻造和铸造钴基合金的主要固溶强化元素,而固溶度较低的元素,如 Ta、Nb、Ti、Zr 和 Hf,通常是更强的碳化物形成元素。由于基体的固溶强化和基体中大量弥散分布的碳化物的存在,也使得钴基合金具有较高的耐磨性。

钴基合金在抗热腐蚀性能方面要优于镍基合金,这是因为钴的硫化物熔点(如 $Co\text{-}Co_4S_3$ 共晶,877 ℃)比镍的硫化物熔点(如 $Ni\text{-}Ni_3S_2$ 共晶,645 ℃)高,并且硫在钴中的扩散率比在镍中低得多。而且由于大多数钴基合金铬质量分数比镍基合金高,所以在合金表面能形成抵抗碱金属硫酸盐(如 Na_2SO_4 腐蚀的)的 Cr_2O_3 保护层。但钴基合金抗氧化能力通常比镍基合金低得多。

钴基高温合金的典型牌号有:Hayness188、Haynes25(L-605)、Alloy S-816、UMCo-50、MP-159、FSX-414、X-40、Stellite6B 等。我国相应牌号有:GH5188(GH188)、GH159、GH605、K640、DZ40M 等。根据合金中成分不同,钴基高温合金除了可以制成铸锻件,还可以制成焊丝、粉末,用于硬面堆焊、热喷涂、喷焊等工艺,也可以制成粉末冶金件。此外,钴基高温合金还适于制作航空喷气发动机、工业燃气轮机、舰船燃气轮机的导向叶片和喷嘴导叶以及柴油机喷嘴等。

9.7　难熔金属及合金

难熔金属一般指熔点高于 1 852 ℃并有一定储量的金属(钨、钽、钼、铌、铪、锆等)。以这些金属为基体,添加其他元素形成的合金称为难熔金属合金。制造耐 1 093 ℃以上高温的结构材料所使用的难熔金属主要是钨、钼、钽和铌。在难熔金属合金中钼合金是最早用作结构材料的合金。

难熔金属最重要的优点是有良好的高温强度,对熔融碱金属和水蒸气有良好的耐腐蚀性能。最主要的缺点是高温抗氧化性能差。钨、钼的塑性-脆性转变温度较高,在室温下难以塑性加工;铌和钽的可加工性、焊接性、低温延展性和抗氧化性均优于钼和钨。锆合金在 300~400 ℃的高温高压蒸汽中有良好的耐腐蚀性能、适中的力学性能、较低的原子热中子吸收截面,对核燃料有良好的相容性,因此可用作水冷核反应堆的堆芯结构材料(燃料包壳、压力管、支架和孔道管)。此外,锆对多种酸(如盐酸、硝酸、硫酸和醋酸)、碱和盐有优良的抗蚀性,所以锆合金也用于制作耐腐蚀部件和制药器件。

20 世纪 40 年代中期以前,主要是用粉末冶金法生产难熔金属的。20 世纪 40 年代后期至 60 年代初,航天技术和原子能技术的发展以及自耗电弧炉、电子轰击炉等冶金技术的应用,推动了包括难熔金属在内的、能在 1 093～2 360 ℃ 或更高温度下使用的耐高温材料的研制工作。这是难熔金属及其合金生产发展较快的时期。20 世纪 60 年代以后,难熔金属虽然由于具有韧性、抗氧化性不良等缺陷,在航天工业中应用受到限制,但在冶金、化工、电子、光源、机械工业等部门,仍得到广泛应用。主要用途有:

(1)用作钢铁、有色金属合金的添加剂,钼和铌在这方面的用量约占其总用量的 4/5。

(2)用作制造切削刀具、矿山工具、加工模具等硬质合金,钨在这方面的用量约占其总用量的 2/3;钽、铌和钼也是硬质合金的重要组元。

(3)用作电子、电光源和电气等部门的灯丝、阴极、电容器、触头材料等,其中钽在电容器中的用量占其总用量的 2/3;此外,还用于制造化工部门耐腐蚀部件、高温高真空的发热体和隔热屏、穿甲弹芯、防辐射材料、仪表部件、热加工工具和焊接电极等。

扩展读物

1. 郭建亭. 高温合金材料学:应用基础理论[M]. 上册. 北京:科学出版社,2008.
2. 袁志钟,戴起勋. 金属材料学[M]. 3 版. 北京:化学工业出版社,2019.

思 考 题

9-1 铝合金是如何分类的?各类铝合金可通过哪些途径进行强化?铝合金能像钢一样进行马氏体相变强化吗?为什么?

9-2 铜合金如何分类?各类铜合金如何进行强化?

9-3 黄铜在什么情况下发生应力腐蚀?如何防止?

9-4 普通白铜能否进行时效强化处理?为什么?

9-5 说明下列牌号合金的类别、字母和数字的含义及主要用途:ZL102,ZL201,5A05(LF5),2A12(LY12),7A04(LC4),2A70(LD7),H70,BFe30-1-1,ZCuSn10Pb1,QBe2,TA7,TC4。

9-6 说明钛合金的性能特点及应用。

第10章

陶瓷材料

中国瓷

"陶瓷"包括"陶"和"瓷"两类材料:"陶"通常指胎体没有致密烧结的黏土和瓷石制品;"瓷"是经过高温烧结,胎体烧结程度较为致密、釉色品质优良的黏土和瓷石制品。陶瓷的发明是人类文明史上的重要里程碑,是人类第一次按照自己的意志利用天然材料创造出的新材料。

8 000年前的新石器时代,我国先民就已经能够使用高岭土等烧制粗糙的陶制器皿。前16世纪的商代中期,中国人已掌握了原始瓷器的制作技术,领先欧洲一千多年。秦汉时期,中国人在长期的制陶烧瓷实践中,对原料的选择、坯泥的淘洗、器物的成型、施釉直至烧窑等技术不断改进。东汉晚期,已掌握了青瓷的制造技术。此后的唐、宋、明、清时期,我国的陶瓷烧制技术水平不断提升,涌现了唐三彩、邢窑白瓷、越窑青瓷、长沙窑彩绘瓷、橄榄釉青瓷、龙泉青瓷、景德镇青白瓷、青花瓷、釉里红瓷、釉下黑彩瓷、吉州窑瓷、赣州窑瓷等不同的陶瓷品种,并输出到世界各国,为我国赢得了"瓷之国"的美誉。陶瓷的发明是中华民族对人类文明的伟大贡献之一,英文"china"(瓷器)一词已成为中国的代名词。

普通陶瓷的力学性能较差,在古代主要用作日常的生活器具或工艺品,如瓮、坛、罐、盂、钵、杯、盘、簋、尊、俑等。随着现代材料科学的发展,陶瓷的制作技术迅猛发展,力学性能不断提高,最终产生了工程结构陶瓷,使陶瓷材料从日常生活走向工业生产,揭开了陶瓷材料发展的新篇章。

10.1 陶瓷材料的概况

陶瓷材料是除金属和高聚物以外的无机非金属材料的通称。传统的陶瓷产品包括陶瓷器、玻璃、水泥和耐火材料等。随着现代科学技术的发展,涌现出了许多性能优良的新型陶瓷(又称为精细陶瓷)。传统陶瓷通常是由多种天然氧化物的复合物经成型和烧结而成,而新型陶瓷是由一种或者几种人工合成

陶瓷

的化合物如碳化物、氮化物、氧化物等经成型和烧结而成。常见工业陶瓷材料制品如图 10-1 所示。

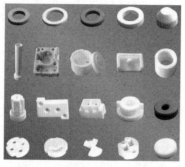

图 10-1　常见工业陶瓷材料制品

10.1.1　陶瓷材料的特点

1. 相组成特点

陶瓷材料通常是由晶体相、玻璃相和气相三种不同的相组成的,如图 10-2 所示。决定陶瓷材料物理化学性质的主要是晶体相,而玻璃相的作用是充填晶粒间隙,黏结晶粒,提高材料致密程度,降低烧结温度和抑制晶粒长大。气相是在工艺过程中形成并保留下来的气孔,它对陶瓷的各种性能包括力学及物理性能影响均很大。

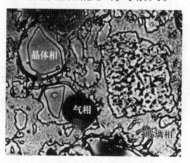

图 10-2　陶瓷的典型微观组织

2. 结合键特点

陶瓷材料的主要成分是氧化物、碳化物、氮化物、硅化物等,其结合键以离子键(如 MgO、Al_2O_3)、共价键(如 Si_3N_4、BN)及离子键和共价键的混合键为主。具体形成的是离子键还是共价键主要取决于两原子间负电性的差异大小。

3. 性能特点

陶瓷材料的结合键为共价键或离子键,因此,陶瓷材料具有高熔点、高硬度、高化学稳定性、耐高温、耐氧化、耐腐蚀等特性。因为微观组织中有气孔的存在,陶瓷材料还具有密度小、弹性模量大、耐磨损、强度高、脆性大等特点。对于功能陶瓷,还具有电、光、磁等特殊性能。

4. 工艺特点

陶瓷是脆性材料。大部分陶瓷通过粉体成型和高温烧结来获得所需的形状,因此,陶瓷是烧结体。烧结体也是晶粒的聚集体,有晶粒和晶界。缺点是难以进行后续变形加工。

10.2　陶瓷材料的分类

1. 按化学成分分类

按化学成分可将陶瓷材料分为氧化物陶瓷、碳化物陶瓷、氮化物陶瓷及其他化合物陶瓷。氧化物陶瓷种类多,应用广,常用的有 Al_2O_3、SiO_2、ZrO_2、MgO、CaO、BeO、Cr_2O_3、CeO_2 等。碳化物陶瓷和氮化物陶瓷熔点高,常用的碳化物陶瓷主要有 SiC、B_4C、WC、TiC 等,常用的氮化物陶瓷主要包括 Si_3N_4、AlN、TiN、BN 等。

2. 按使用的原材料分类

按使用的原材料可将陶瓷材料分为普通陶瓷和特种陶瓷两类。普通陶瓷主要用天然的岩石、矿石、黏土等含有较多杂质或杂质不定的材料做原料。而特种陶瓷则采用化学方法人工合成的高纯度或纯度可控的材料做原料。

3. 按性能和用途分类

按性能和用途可将陶瓷材料分为结构陶瓷和功能陶瓷两类。在工程结构上使用的陶瓷材料称为结构陶瓷。利用陶瓷特有的物理性能制造的陶瓷材料称为功能陶瓷。它们的物理性能差异往往很大,因此,用途很广泛。

10.3　陶瓷材料的制备

陶瓷的制备一般包括坯料制备、成型、烧结等步骤。

10.3.1　坯料制备

坯料是陶瓷原料经配料加工后得到的多相混合物。不同的成型方法要求制备不同的坯料:用于注浆成型的注浆料含水分 28%～35%,用于可塑成型的可塑料含水分 18%～25%,而用于压制成型的压制粉料含水分 8%～15%。坯料的加工流程包括预烧、合成、精选、破碎、脱水、练泥和陈腐等步骤。

10.3.2　成　　型

成型方法主要包括注浆成型、可塑成型和压制粉料成型。

(1)注浆成型

注浆成型适用于制造大型、形状复杂或薄壁制品。具体分为石膏模注浆成型、热压注浆成型及流延注浆成型。

(2)可塑成型

可塑成型是利用泥料的可塑性,将其加工成具有一定形状的制品的方法。该方法尤其适用于制作具有回转中心的圆形制品。具体可分为挤压、旋坯、车坯、轧膜和滚压等成型方法。

（3）压制粉料成型

压制粉料成型包括模压成型和等静压成型。模压成型得到的生坯具有收缩小、尺寸稳定、缺陷少等优点，且成型过程简单，便于机械化，适用于制备形状简单、尺寸小的坯体；等静压成型与模压成型相比，其压力可由各个侧面同时施加，有利于得到更致密的坯体，且内应力小、强度高，对制品的尺寸和形状限制较少。

10.3.3 烧 结

烧结是制备陶瓷产品的重要环节，是生坯在高温下的致密化过程和现象的总称。在烧结的过程中，高温使生坯中的固体颗粒相互键连，晶粒长大，空隙减少，体积收缩，密度增加，最后成为坚硬且具有一定显微结构的多晶烧结体。主要的烧结方法有常压烧结、热压烧结、气氛烧结和反应烧结等。

（1）常压烧结

常压烧结是陶瓷粉末在室温下成型，然后在空气中烧结使其致密化的过程。常压烧结具有工艺简单、成本低等优点；缺点是易出现晶粒长大及形成孔洞，加入稳定剂可抑制晶粒的长大。

（2）热压烧结

热压烧结是陶瓷粉末在一定压力和温度下烧结的工艺过程。与常压烧结相比，热压烧结温度低，气孔率低，晶粒难长大，故热压烧结体更致密，强度较高；缺点是对设备的要求较高，工艺较为复杂。

（3）气氛烧结

气氛烧结用于在空气中难烧结、易氧化的陶瓷粉末。常用的气氛有真空、氮气、稀有气体和氢气等。

（4）反应烧结

反应烧结是将陶瓷粉末均匀混合并压制后，再经高温加热进行反应而生成陶瓷材料的方法，可用于制备氮化硅、碳化硅等陶瓷，其主要缺点是气孔率高，可采用热压烧结和反应烧结并用的方法来降低气孔率。

10.4 常用工程陶瓷

常用工程陶瓷的种类、性能和用途见表 10-1。

表 10-1　常用工程陶瓷的种类、性能和用途

陶瓷种类		性能[①]							用途举例
		密度 $g\cdot cm^{-3}$	抗弯强度 MPa	抗拉强度 MPa	抗压强度 MPa	断裂韧性 $MPa\cdot m^{1/2}$	膨胀系数 $10^{-6}/℃$	弹性模量 MPa	
普通陶瓷	普通工业陶瓷	2.2~2.5	65~85	26~36	460~680	—	3~6	66.3~82	绝缘子,绝缘的机械支撑件,静电纺织导纱器
	化工陶瓷	2.1~2.3	30~60	7~12	80~140	0.98~1.47	4.5~6	45.9~61	受力不大、工作温度低的酸碱容器、反应塔、管道
特种陶瓷	氧化铝陶瓷	3.2~3.9	250~490	140~500	1 200~2 500	4.5	5~6.7	366	熔融金属坩埚、热电偶套管、内燃机火花塞、电子管外壳、金属拉丝模、高速切削刀具、石油化工用泵的密封环等
	氮化硅陶瓷 反应烧结	2.55~2.73	250~340	120	1 200	1.5~2.8	3.2	120~250	农用潜水泵、船用泵、盐酸泵、氯气压缩泵的密封环、热电偶套管、化工球阀的阀芯、炼油厂提升装置中的滑阀等
	氮化硅陶瓷 热压烧结	3.17~3.40	750~1 200	150~275	3 600	4.2~7.0	2.95~3.5	310~330	转子发动机中的刮片、高温轴承、金属切削刀具等
	碳化硅陶瓷 反应烧结	3.08~3.14	530~700	—	—	3.4~4.3	4.3	440	制造高温高强零件,如火箭尾喷嘴、浇注金属用喉管、热电偶套管、炉管等;强热传导零件,如热交换器零件、核燃料的包封材料等;耐磨耐蚀件,如各种泵的密封圈、轴承等;金属材料的切削工具
	碳化硅陶瓷 热压烧结	3.17~3.32	500~1 100	—	—	3.5	4.8	430	
	氮化硼陶瓷	2.15~2.3	53~109	110	233~315	—	1.5~3	83	高温润滑剂、高温绝缘材料、核反应堆结构材料、坩埚、散热片和导热材料,发电机部件、钢坯连铸结晶器的分离环等
	氧化锆陶瓷 立方氧化锆陶瓷	5.6	180	148.5	2 100	2.4	10	150	化工用泥浆泵密封件、叶片及泵体、矿用轴承、拉丝模、刀具、喷嘴、火箭和喷气发动机耐磨耐蚀件、原子反应堆高温结构材料;PSZ 用于绝热内燃机轴承、进排气阀座、汽缸内衬、气门导管、挺杆、凸轮、活塞环等及高温合金涡轮叶片的热障涂层材料;FSZ 用于耐火材料及绝热材料,如绝热纤维及毛毡等
	氧化锆陶瓷 Y-TZP 陶瓷	5.94~6.10	1 000	1 570	2 000	7	10	205	
	氧化锆陶瓷 Y-PSZ 陶瓷[②]	5.00	1 400	—	—	6	10.2	210~238	
	氧化镁陶瓷	3.0~3.6	160~280	60~98.5	780	2.79	13.5	210	高温电绝缘材料,熔炼贵金属、放射性铀、钍及其合金的内坩埚,高温热电偶保护管、高温炉的炉衬等
	氧化铍陶瓷	2.9	150~200	97~130	800~1 620	—	9.0	310	散热器、高温绝缘材料,冶炼稀有金属及高纯铍、铂、钒的坩埚,原子反应堆中的中子减速剂和防辐射材料
	莫来石陶瓷	3.23	128~147	58.8~78.5	687~883	2.45~3.43	5.3	72.4	辊道窑的辊棒、高温(>1 000 ℃)氧化气氛中的长喷嘴、炉管等;ZrO₂ 增韧莫来石用作刀具、电绝缘管、高温炉衬、高压开关等
	赛隆陶瓷	3.10~3.18	400~450	—	—	5~7	2.4~3.2	200~280	金属材料切削刀具、冷热态金属挤压模的内衬;汽车零部件,如针形阀、挺柱垫片;车辆底盘定位销;与许多金属组成摩擦副

注:① 受加工工艺条件、成分及测试方法等影响,陶瓷材料的性能波动较大;② Y-TZP 和 Y-PSZ 陶瓷组成为 $ZrO_2+3\%Y_2O_3$。

10.4.1 普通陶瓷

普通陶瓷又称传统陶瓷,是以黏土($Al_2O_3 \cdot 2SiO_2 \cdot 2H_2O$)、长石($K_2O \cdot Al_2O_3 \cdot 6SiO_2$,$Na_2O \cdot Al_2O_3 \cdot 6SiO_2$)和石英($SiO_2$)为原料,经成型、烧结而成的。其组织中主晶体相为莫来石($3Al_2O_3 \cdot 2SiO_2$),占总体积的 25%~30%;次晶体相为 SiO_2;玻璃相占总体积的 35%~60%,它是以长石为溶剂,在高温下溶解一定量的黏土和石英后得到的;气相占总体积的 1%~3%。这类陶瓷加工成型性好,成本低,产量大,应用广。除日用陶瓷外,大量用于电器、化工、建筑、纺织等工业部门,如耐蚀要求不高的化工容器和管道、供电系统的绝缘子、纺织机械中的导纱零件等。

10.4.2 特种陶瓷

特种陶瓷又称新型陶瓷或精细陶瓷。特种陶瓷材料的组成已超出传统陶瓷材料以硅酸盐为主的范围,除氧化物、复合氧化物和含氧酸盐外,还有碳化物、氮化物、硼化物、硫化物及其他盐类和单质,并由过去以块状和粉末状为主的状态向着单晶化、薄膜化、纤维化和复合化的方向发展。

(1)氧化铝陶瓷

氧化铝陶瓷呈白色,以 Al_2O_3 为主要成分,含有少量 SiO_2,又称高铝陶瓷。根据 Al_2O_3 质量分数不同分为 75 瓷(含 75% Al_2O_3,又称刚玉-莫来石瓷)、95 瓷(含 95% Al_2O_3)和 99 瓷(含 99% Al_2O_3),后两者又称刚玉瓷。Al_2O_3 质量分数对陶瓷性能具有重要影响。以 99 瓷为例,其密度为 3.85 g/cm^3,莫氏硬度为 9.0,抗拉强度为 207 MPa,抗弯强度为 345 MPa,抗压强度为 2 585 MPa,断裂韧度为 4 MPa·$m^{1/2}$,热膨胀系数为 6.4×10^{-6}/℃。氧化铝陶瓷耐高温性能好,在氧化性气氛中可使用到 1 950 ℃,被广泛用作耐火材料,如耐火砖、坩埚、热偶套管等。微晶刚玉的硬度极高(仅次于金刚石),并且其红硬性达到 1 200 ℃,可用于制造淬火钢的切削刀具、金属拔丝模等。氧化铝陶瓷还具有

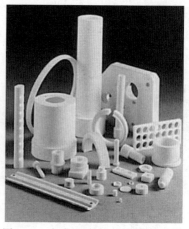

图 10-3 氧化铝密封、气动陶瓷配件

良好的电绝缘性能及耐磨性,强度比普通陶瓷高 2~5 倍,因此,可用于制造内燃机的火花塞、火箭、导弹的导流罩及轴承等。图 10-3 为氧化铝密封、气动陶瓷配件。

(2)氮化硅陶瓷

氮化硅陶瓷粉末呈灰色,晶粒呈长柱状,是由 SiN_4 四面体组成的共价键固体,如图 10-4 所示。

工业上使用的氮化硅陶瓷粉末主要有以下两种合成方法:

工业硅直接氮化

$$3Si + 2N_2 \xrightarrow{\text{1 200~1 500 ℃}} Si_3N_4$$

二氧化硅还原和氮化

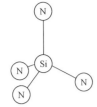

图 10-4　SiN₄ 四面体

$$3SiO_2 + 6C + 2N_2 \longrightarrow Si_3N_4 + 6CO$$

后者可直接得到粉末,纯度可控,且生产成本较低。

氮化硅陶瓷的烧结工艺主要有两种:反应烧结和热压烧结。反应烧结的优点是能得到复杂的形状,缺点是密度低、强度低。热压烧结能得到高密度,但是难以得到形状复杂的零件。

氮化硅陶瓷必须完全致密才能作为优质工程材料使用,可通过烧结进行致密化。为达到致密要求,烧结时常加入一定量的烧结助剂,这些助剂可起充填作用,常用助剂为 MgO 和 Y_2O_3。烧结时压力低,所需烧结助剂量大。

氮化硅陶瓷的强度、比强度、比模量高,硬度也高(仅次于金刚石、碳化硼等),摩擦系数小($0.1\sim0.2$,相当于加油润滑的金属表面),化学稳定性好(除熔融 NaOH 和 HF 外,能耐所有无机酸及某些碱溶液腐蚀,抗氧化温度达 1 000 ℃),热膨胀系数小(反应烧结氮化硅陶瓷热膨胀系数仅为 $2.53\times10^{-6}/℃$)。反应烧结氯化硅陶瓷的室温抗弯强度为 200 MPa,并可一直保持到 1 200~1 350 ℃。热压烧结氮化硅陶瓷气孔率接近零,室温抗弯强度可达 800~1 000 MPa。热压烧结氮化硅陶瓷用于制造形状简单、尺寸精度要求不高的零件,如切削刀具、高温轴承等。反应烧结氮化硅陶瓷强度、韧性低于热压烧结氮化硅陶瓷,多用于制造形状复杂、尺寸精度要求高的零件,如泵的机械密封环(是其他陶瓷寿命的 6~7 倍)、热电偶套管、泥沙泵零件等。氮化硅陶瓷还可用于制造工作温度达 1 200 ℃ 的涡轮发动机叶片(图 10-5)、内燃发动机零件、轴承(图 10-6)、坩埚、火箭喷嘴、核材料的支架和隔板等。

图 10-5　氮化硅陶瓷制造的涡轮发动机叶片　　图 10-6　氮化硅陶瓷制造的轴承

(3)碳化硅陶瓷

碳化硅和氮化硅一样,都是通过键能很高的共价键结合的晶体。碳化硅是用石英砂(SiO_2)加焦炭直接加热至高温还原得到的:

$$SiO_3 + 3C \xrightarrow{1\,900\sim2\,000\,℃} SiC + 2CO$$

碳化硅陶瓷的烧结工艺也有热压烧结和反应烧结两种。由于碳化硅表面有一层薄氧化膜,很难烧结,故需要添加烧结助剂来促进烧结,常加的烧结助剂有硼、碳、铝等。

碳化硅陶瓷的最大特点是高温强度高,在 1 400 ℃ 时抗弯强度仍保持在 500~600 MPa 的较高水平。碳化硅陶瓷有很好的耐磨损、耐腐蚀、抗蠕变性能,其热传导能力很强,仅次于氧化铍陶瓷。

由于碳化硅陶瓷具有高温强度高的特点,故可用于制造火箭喷嘴、浇注金属用的喉管、热电偶套管、炉管、燃气轮机叶片及轴承等。图 10-7 为碳化硅陶瓷零件。碳化硅陶瓷因其良好的耐磨性,可用于制造各种泵的密封圈、拉丝成型模具等。碳化硅陶瓷用作陶瓷发动机材料的研究也在进行中。

图 10-7　碳化硅陶瓷零件

(4)氧化锆陶瓷

高纯氧化锆陶瓷粉末呈白色,含有杂质时略带有黄色或灰色。氧化锆有多种晶型转变:

$$立方相 \xrightleftharpoons{2\,370\,℃} 四方相 \xrightleftharpoons{1\,170\,℃} 单斜相$$

由于由四方相转变为单斜相非常迅速,并会引起很大的体积变化(约 5%)——热缩、冷胀,因此易使制品开裂。可在氧化锆中加入与之有近似结构的某些氧化物(如 CaO、MgO、Y_2O_3 等),在高温下形成立方固溶体,快冷保持到室温,这种固溶体不再发生相变。具有这种结构的氧化锆称为完全稳定氧化锆(FSZ),其力学性能低,抗热冲击性很差,可用作电介质器件或耐火材料。

如果减少加入的氧化物的量,就使一部分氧化物以四方相的形式存在。这种含有四方相的材料只使一部分氧化锆稳定,称其为部分稳定氧化锆(PSZ)。根据添加的氧化物不同,分别称为 Ca-PSZ、Mg-PSZ、Y-TZP(TZP 为四方多晶氧化锆)等。氧化锆中的四方相向单斜相的转变是马氏体相变,金属的马氏体相变特征可直接用于氧化锆,这种相变可通过应力诱发产生。当受到外力作用时,这种相变将吸收能量而使裂纹尖端的应力场松弛,增加裂纹扩展阻力,从而大幅度提高陶瓷材料的韧性。

部分稳定氧化锆的导热系数低(比 Si_3N_4 低 4/5),绝热性好;热膨胀系数大,接近于发动机中使用的金属,因而与金属部件连接比较容易;抗弯强度与断裂韧性高,除在常温下使用外,已成为绝热柴油机的主要候选材料,如发动机的汽缸内衬、推杆、活塞帽、阀座、凸轮、轴承等。

(5)其他

氮化硼(BN)陶瓷具有良好的耐热性、热稳定性、导热性、化学稳定性、自润滑性及高温绝缘性,可进行机械加工。用于制造耐热润滑剂、高温轴承、高温容器、坩埚、热电偶套管、散热绝缘材料、玻璃制品成型模及刀具等。

氧化镁(MgO)陶瓷和氧化钙(CaO)陶瓷抗金属碱性熔渣腐蚀性好,但热稳定性差。MgO 高温下易挥发,CaO 易水化,可用于制造坩埚、热电偶保护套、炉衬材料等。

氧化铍(BeO)陶瓷具有优良的导热性、高的热稳定性及消散高温辐射的能力,但强度不高,可用于制造真空陶瓷、高频电炉的坩埚、有高温绝缘要求的电子元件和核反应堆用陶瓷。

氮化铝(AlN)陶瓷主要用于半导体基板材料、坩埚、保护管等耐热材料以及树脂中高导热填料等。莫来石陶瓷具有高的高温强度、良好的抗蠕变性能及低的导热系数,主要用于制造在 1 000 ℃以上高温氧化气氛下工作的长喷嘴、炉管及热电偶套管。加 ZrO_2、SiO_2 可提高莫来石陶瓷的韧性,用作刀具材料或绝热发动机的某些零件。

赛隆陶瓷是在 Si_3N_4 中加入一定量的 Al_2O_3、MgO、Y_2O_3 等氧化物形成的一种新型陶瓷。它具有很高的强度、优异的化学稳定性和耐磨性,耐热冲击性好,主要用于制造切削刀具、金属挤压模内衬、汽车上的针形阀和底盘定位销等。

扩展读物

卢安贤. 无机非金属材料导论[M]. 4 版. 长沙:中南大学出版社,2015.

思 考 题

10-1　什么叫作陶瓷? 陶瓷的组织由哪些相组成? 它们对陶瓷性能有何影响?

10-2　工程陶瓷材料都可应用于哪些领域? 有何特点?

10-3　讨论高温结构陶瓷材料替代高温金属材料的可行性。

10-4　车床用的陶瓷(Al_2O_3)刀具在安装方式上与高速工具钢有何不同? 为什么?

10-5　说明氮化硅、碳化硅陶瓷的性能特点及用途。

第11章

高分子材料

尼龙的发明

1927 年,美国杜邦公司基于发展基础研究的理念成立了基础化学研究所,每年以 25 万美元的费用聘请化学研究人员。在哈佛大学任教的 32 岁的卡罗瑟斯博士受聘担任该研究所有机化学部的负责人。当时,学术界正对德国化学家施陶丁格提出的高分子理论进行激烈的争论。卡罗瑟斯坚信施陶丁格的理论,因此将高分子的合成作为团队的主要研究方向。通过改进高真空蒸馏器,严格控制反应配比,一年以后,卡罗瑟斯采用缩聚反应合成了相对分子质量为 10 000~20 000 的聚酯分子。1930 年,实验室成员希尔发现熔融的聚酯能像棉花糖那样从反应器中抽出丝来,而且冷却后还能继续拉伸至原来的几倍,拉伸后的聚酯纤维强度和弹性较之前的聚酯显著提高。1935 年 2 月 28 日,卡罗瑟斯团队采用己二胺和己二酸合成出聚酰胺 66。这种聚合物不溶于一般溶剂,熔点高(263 ℃),在结构和性能上接近天然丝,表面光泽、耐磨性及强度超过当时的其他纤维,且原料价格低廉。杜邦公司意识到潜在的商机,迅速研发了熔体丝纺新技术,于 1938 年 7 月首次批量生产出聚酰胺纤维,并以牙刷毛的产品形式投放市场。同年 10 月 27 日,杜邦公司正式宣布世界上第一种合成纤维问世,并将聚酰胺 66 纤维命名为尼龙(nylon),后来该词在英语中成为聚酰胺类合成纤维的通用商品名称。杜邦公司用尼龙制成的丝袜透明耐磨,于 1939 年 10 月上市后引起轰动,抢购的混乱局面迫使政府出动警察来维持秩序。第二次世界大战爆发后,尼龙的应用从民用走向降落伞、飞机轮胎帘子布、军服等工业产品,远销世界各地,至今仍是三大合成纤维之一。可以说,尼龙的合成奠定了合成纤维工业的基础,对高分子化学的创立也具有重要意义。卡罗瑟斯的助手弗洛里随后对缩聚反应动力学和相对分子质量与缩聚反应程度之间的定量关系、高分子溶液的统计力学和高分子模型等进行了研究,于 1974 获得了诺贝尔化学奖。

11.1 高分子材料的概况

高分子通常是指相对分子质量超过 10 000 的分子,一般由大量的一种或几种简单结构的单元组成(图 11-1),也被称为聚合物、高聚物。高分子材料既有天然的,如松香、淀粉、天然橡胶等;也有人工合成的,如塑料、合成橡胶、人造纤维等。虽然高分子材料的兴起只有一百多年的历史,但其在日常生活、工农业生产、国防科技等各领域的方方面面已经成为不可或缺的重要材料。

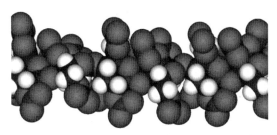

图 11-1　高分子结构

11.1.1　高分子材料的分类

高分子材料的分类方法有很多,常用的有以下几种:

(1)按来源分类

高分子材料按来源不同,可分为天然高分子材料、合成高分子材料和改性高分子材料。

(2)按用途分类

高分子材料按用途不同,可分为塑料、橡胶、纤维、胶黏剂、涂料、功能高分子材料等。

塑料在常温下有固定的形状,强度较高,受力后能产生一定变形;橡胶在常温下具有高弹性;纤维的单丝强度高;胶黏剂、涂料在常温下呈液态;功能高分子材料除了具有力学性能外,还具有一定的电学、磁学、光学、化学等特殊性能。

(3)按聚合反应的方式分类

高分子材料按聚合反应的方式不同,可分为加聚物和缩聚物。

加聚物是由加成聚合反应(简称加聚反应)得到的,其链节结构与单体结构相同,如聚氯乙烯是由氯乙烯通过下面的加聚反应得到的:

$$n\,CH_2 =\!\!=\!CHCl \longrightarrow \{CH_2 -CHCl\}_n \tag{11-1}$$

缩聚物是由缩合聚合反应(简称缩聚反应)得到的,在聚合过程中有小分子副产物生成。缩聚物的链节结构与单体结构不同,如尼龙66,其缩聚反应方程如下:

$$n\,H_2N(CH_2)_6NH_2 + n\,HOOC(CH_2)_4COOH \longrightarrow$$
$$H\{HN(CH_2)_6NHOC(CH_2)_4CO\}_n OH + (2n-1)H_2O \tag{11-2}$$

(4)按主链上的化学组成分

高分子材料按主链上的化学组成不同可分为碳链聚合物、杂链聚合物和元素有机聚合物。

碳链聚合物的主链仅由碳原子一种原子组成,如聚氯乙烯、聚苯乙烯[图 11-2(a)]、聚丁二烯等。杂链聚合物的主链中除碳原子外还有其他原子,如聚酯[图 11-2(b)]、聚氨酯、聚酰胺等。元素有机聚合物的主链不含碳原子,但支链含碳原子,如有机硅树脂、聚硅氧烷[图 11-2(c)]等。

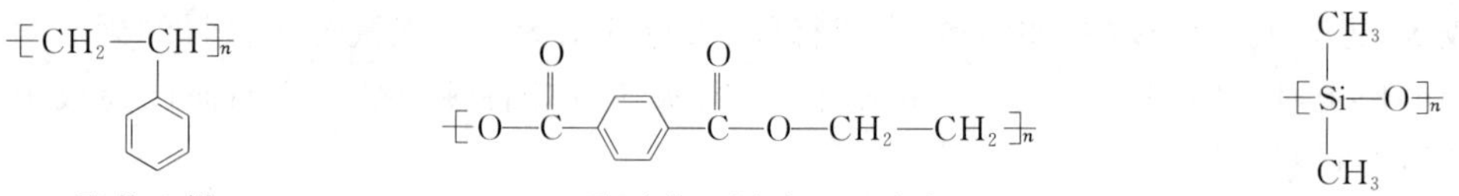

$$+CH_2-CH+_n$$

(a)聚苯乙烯　　　　　　　　(b)聚对苯二甲酸乙二醇酯　　　　　(c)聚硅氧烷

图 11-2　碳链聚合物、杂链聚合物和无素有机聚合物

（5）按聚合物的热行为分

高分子材料按聚合物的热行为不同可分为热塑性聚合物和热固性聚合物。

热塑性聚合物的特点是热软冷硬，如聚乙烯；热固性聚合物受热时固化，成型后再受热不软化，如环氧树脂。

常见的热塑性塑料和热固性塑料的组成及应用范围见表 11-1。

表 11-1　常见热塑性塑料和热固性塑料的组成及应用范围

种类	名称（缩写）	成分	用途
热塑性塑料	聚乙烯（PE）	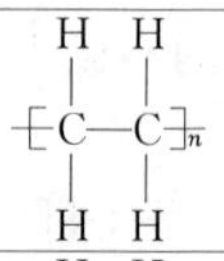	管材、膜、瓶、杯、电绝缘、包装
	聚氯乙烯（PVC）	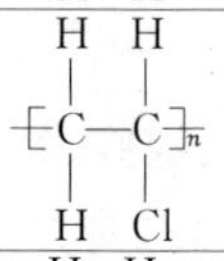	窗框、人造革、软管、衣服、包装膜、浴帘、水瓶、排水管
	聚丙烯（PP）	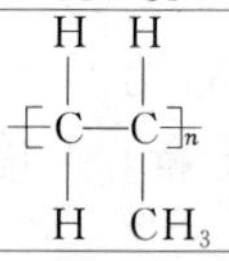	硬质瓶盖、糖果盒、瓶底、喷雾罐
	聚苯乙烯（PS）	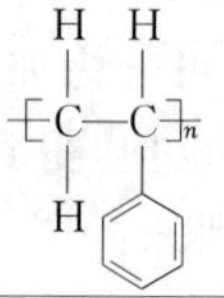	硬质塑料杯、餐具、快餐盒、爆米花包装
	聚甲基丙烯酸甲酯（PMMA）	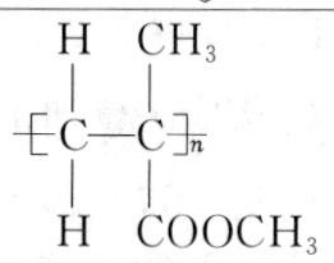	防风玻璃、透明模具、飞机窗
热固性塑料	环氧树脂（EP）	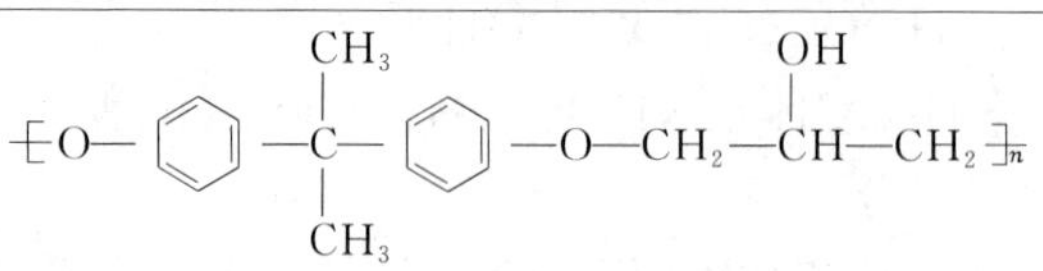	玻璃纤维黏合剂
	不饱和聚酯树脂（UP）	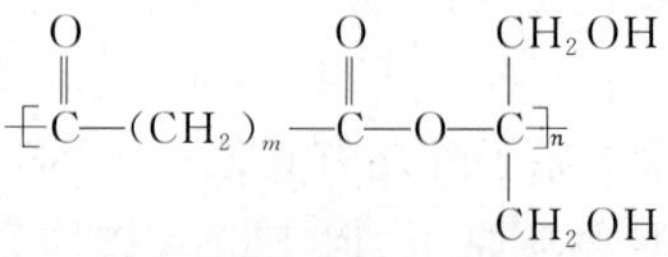	层压复合材料基体
	酚醛树脂（PF）	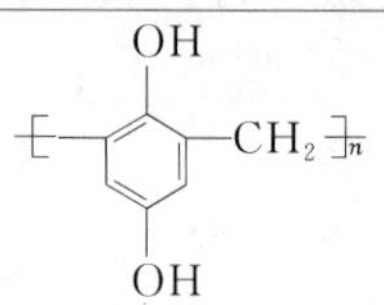	胶木、家具贴面

11.1.2 高分子材料的命名

高分子材料多采用习惯命名。常用的有：

（1）在原料单体名称前加"聚"字，如聚乙烯、聚氯乙烯等。

（2）在原料单体名称后加"树脂"二字，如环氧树脂、酚醛树脂等。

（3）采用商品名称，如聚酰胺称为尼龙或绵纶，聚酯称为涤纶，聚甲基丙烯酸甲酯称为有机玻璃等。

（4）采用英文字母缩写，如聚乙烯用 PE 表示，聚氯乙烯用 PVC 表示等。

11.2 高分子材料的性能

11.2.1 高分子材料的力学状态

线形非晶态高分子材料的力学状态受温度的影响，从低温到高温依次经历玻璃态、高弹态和黏流态，如图 11-3 所示。

1. 玻璃态和玻璃化温度

链段是高分子热运动的基本单元。在低温下，高分子的热运动能量低，链段不能运动，外力作用只能使分子中的键长和键角发生微小的变化，高分子材料表现出少量的弹性形变。此时，高分子材料的力学性质和玻璃相似，形变与受力大小成正比，符合胡克定律，弹性模量为 $1 \times 10^8 \sim 1 \times 10^{10}$ Pa，故称之为玻璃态。高分子呈玻璃态的最高温度称为玻璃化温度，用 T_g 表示。在这种状态下使用的材料有塑料和纤维。

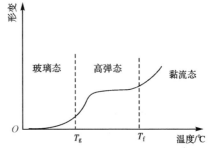

图 11-3 线型非晶态高分子的温度-形变曲线

2. 高弹态

当温度高于线型非晶态高分子材料的玻璃化温度 T_g 时，高分子的热运动能力增强，链段开始发生运动。此时，高分子材料在受力时发生较大的弹性形变，可达 $100\% \sim 1\,000\%$，其弹性模量为 $1 \times 10^5 \sim 1 \times 10^7$ Pa。在这种状态下使用的材料是橡胶。

3. 黏流态和黏流温度

当温度继续升高至某个温度以上时，高分子材料中的各高分子链间开始发生相对滑动。此时，高分子材料表现为可流动的熔融状态，即进入黏流态。黏流态是高分子材料的加工态，高分子链开始发生黏性流动的温度称为黏流温度，用 T_f 表示。在这种状态下使用的材料有胶水和涂料。

一些常见高分子材料的 T_g 和 T_f 见表 11-2。

表 11-2　一些常见高分子材料的 T_g 和 T_f　　　　　　　℃

聚合物	T_g	T_f	聚合物	T_g	T_f	聚合物	T_g	T_f
聚乙烯	-80	$100\sim130$	聚甲醛	-50	165	乙基纤维素	43	—
聚丙烯	-80	170	聚砜	195	—	尼龙 6	75	210
聚苯乙烯	100	140	聚碳酸酯	150	230	尼龙 66	50	260
聚氯乙烯	85	165	聚苯醚	—	300	硝化纤维	53	700
聚偏二氯乙烯	-17	198	硅橡胶	-123	-80	涤纶	67	260
聚乙烯醇	85	240	聚异戊二烯	-73	122	腈纶	104	317
聚乙酸乙烯	29	90	丁苯橡胶	-60	—			
聚甲基丙烯酸甲酯	105	150	丁腈橡胶	-75	—			

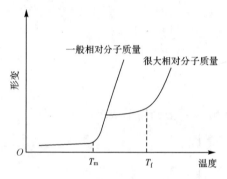

图 11-4　线型晶态高分子的温度-形变曲线

线形晶态高分子材料的形变-温度曲线如图 11-4 所示,图中 T_m 为熔点。相对分子质量较小的晶态高分子材料,在低温(T_m 以下)时链段不能活动,变形小,与非晶态高分子材料的玻璃态类似,而当温度超过 T_m 时则进入黏流态;相对分子质量较大的晶态高分子材料存在高弹态($T_m\sim T_f$),由于高分子材料只是部分结晶,因而在晶区的 T_m 与非晶区的 T_g 之间,非晶区柔性好,晶区刚性好,处于韧性的皮革态。

体形高分子材料的力学状态与其交联点的密度有关。交联点密度小,链段仍可运动,高分子材料具有高弹性,如轻度硫化的橡胶。交联点密度大,则链段不能运动,高分子材料呈现硬而脆的状态,如酚醛塑料。

11.2.2　高分子材料的力学性能

1.高弹性

高弹性是高分子材料,特别是橡胶,所具有的主要力学特征。高弹性具有以下特点:弹性模量小,形变大。橡胶的高弹形变可达 $100\%\sim1\,000\%$,其弹性模量低于 10 MPa;弹性模量随温度的升高明显下降;发生高弹形变时伴有热效应,回缩时吸热,伸长时放热;高弹形变具有松弛特性。

2.黏弹性

高分子材料既有一定的弹性,也有一定的黏性,本质上是其力学松弛行为的反映。黏弹性具体表现为形变和应力对时间的依赖性,具体包括静态黏弹性和动态黏弹性。

典型的静态黏弹性表现为蠕变和应力松弛。蠕变是指在一定温度、一定应力作用下,高分子材料形变随时间的延长而增加的现象;应力松弛是指在一定温度、一定形变条件下,高分子材料内应力随时间延长而逐渐减小的现象。

动态黏弹性是指在应力周期性变化下高分子材料的力学行为。

3. 屈服强度与拉伸强度

塑料的冷拉曲线如图 11-5 所示。起始阶段 OA 为直线,表现为胡克弹性行为,即应力与应变成正比。当应力增大至 B 点时,塑料在应力不变的条件下发生大的变形,此时除去应力,变形不能完全恢复,定义 B 点为屈服点,屈服点对应的应力称为塑料的屈服强度,是塑料作为结构材料的最大使用应力。超过屈服点继续拉伸,塑料会出现细颈。随着形变发展达到 D 点,继续拉伸会发现,应力再度提高,直至达到 E 点发生断裂,对应的应力称为塑料的拉伸强度。在冷拉过程中,高分子材料内部会发生结构、取向、结晶度的改变,从而导致其冷拉曲线的变化。

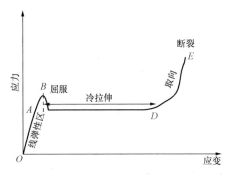

图 11-5 塑料的冷拉曲线

11.3 高分子材料的加工

11.3.1 高分子的聚合

1. 按单体-聚合物结构变化分类

高分子材料的聚合按照反应前后的结构变化分为加聚、缩聚和开环聚合。

加聚是指烯类单体 π 键断裂后加成聚合起来的反应,如聚氯乙烯由氯乙烯通过加聚反应生成,见式(11-1)。加聚物的结构单元与其单体相同,仅电子结构不同。加聚物的相对分子质量是单体相对分子质量的整数倍。

缩聚是指官能团单体多次缩合成聚合物的反应,除形成缩聚物外,还有低分子副产物产生,如水、醇、氨等,故缩聚物的结构单元比单体少若干个原子,其相对分子质量不是单体的整数倍。反应式(11-2)中的尼龙 66 即由己二胺和己二酸通过缩聚反应生成。

除加聚反应和缩聚反应外,还有一类聚合反应,其特点是环状单体 σ 键断裂而后聚合成线形聚合物,这类反应称为开环聚合。从反应过程看,没有低分子副产物产生,类似加聚反应;从产物结构看,主链一般含非碳原子,类似缩聚物。典型的例子是己内酰胺开环聚合生成聚己内酰胺(尼龙 6)。

2. 按聚合机理和动力学分类

按照聚合机理和动力学,聚合反应可分为逐步聚合和连锁聚合。

多数烯类单体的加聚反应属于连锁聚合。根据引发连锁聚合的活性物种的不同分为自由基聚合、阴离子聚合、阳离子聚合和配位聚合。自由基聚合是常见的连锁聚合反应,反应过程包括链引发、链增长、链转移和链终止等基元反应,其特征是慢引发、快增长、易转移、速终止。在连锁聚合过程中,体系由单体和大分子产物两部分组成。

多数缩聚反应属于逐步聚合,其特征是由单体转化为高分子是缓慢逐步进行的,每步反应的速率和活化能基本相同。在逐步聚合过程中,体系由单体和相对分子质量递增的一系列中间产物组成。

11.3.2 高分子材料的成型

高分子材料是以高分子为基体组元的材料,大多数高分子材料除了包含高分子外还含有各种添加剂。不同类型的添加剂具有不同的作用,如增塑剂的作用是改善高分子材料的可塑性和柔软性,硫化剂的作用是使橡胶内部形成交联网络以获得更好的力学性能,防老剂的作用是提高高分子材料的抗老化性。

不同类型的高分子材料有不同的成型加工工艺,对于塑料制品,常采用挤出、注射、压延、压制和吹塑等工艺;对橡胶制品,则采用硫化、开炼、密炼、挤出、注射等工艺。

1. 挤出成型

挤出成型是借助螺杆或柱塞的挤压作用,使受热融化的塑料在压力推动下,强行通过口模而成为具有恒定截面的连续型材的一种成型方法,如图 11-6 所示。挤出成型是高分子材料的一种重要成型方法,约 50% 的热塑性塑料制品采用挤出成型,如塑料管材、板材、薄膜、电线包覆层等。

高分子挤出成型

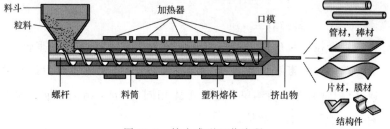

图 11-6 挤出成型工艺流程

2. 注射成型

注射成型就是将塑料(一般为粒料)在注射成型机的料筒内加热熔化,当其呈流动状态时,在柱塞或螺杆加压下塑料熔体被压缩并向前移动,进而通过料筒前端的喷嘴以很快的速度注入温度较低的闭合模具内,经过一定时间冷却定型后,开启模具即得制品。这种成型方法是一种间歇操作过程。注射成型主要用于热塑性塑料的成型,近年来也开始应用于热固性塑料的成型。采用注射成型几乎可以生产各种形状和尺寸的塑料制品。

3. 压延成型

压延成型是将已经塑化的接近黏流温度的热塑性塑料通过一系列相向旋转着的水平辊筒间隙，使物料承受挤压和延展作用，成为具有一定厚度、宽度、表面光洁度的薄片状制品。压延成型主要用于热塑性非晶态的塑料，可用于生产薄膜、片材、人造革等。

4. 压制成型

压制成型包括模压成型和层压成型，主要用于热固性塑料和大尺寸制品的生产。

模压成型又称压缩模塑，是将粉状、粒状、碎屑状或纤维状的塑料放入加热的阴模中，合上阳模后加热使其熔化，并在压力作用下使物料充满模腔，形成与模腔形状一样的模制品，再经加热或冷却，脱模后即得制品。

层压成型是以片状材料作填料，通过压制成型得到层压材料的成型方法。

5. 吹塑成型

吹塑成型是借助于气体压力使闭合在模具中的热熔型坯吹胀形成中空制品的方法。吹塑用的模具只有阴模，与注塑成型相比，设备造价较低，适应性较强，可成型性能好，可成型具有复杂起伏曲线的制品。

除上述主要的成型方法外，高分子材料还可采用铸塑、模压烧结、树脂传递模塑、滚塑、流延等工艺成型。

11.4 常用高分子材料

11.4.1 工程塑料

塑料是以树脂为主要成分，加入各种添加剂塑制成型的。树脂是塑料的主要成分，它对塑料的性能起着决定性作用。添加剂是为改善塑料某些性能而加入的物质，其中，填料主要起增强作用；增塑剂用于提高树脂的可塑性和柔软性；固化剂用于使热固性树脂由线形结构转变为体形结构；稳定剂用于防止塑料老化，延长其使用寿命；润滑剂用于防止塑料成型加工过程中粘在模具上，并使制品表面光亮；着色剂用于塑料制品着色。其他的还有发泡剂、催化剂、阻燃剂、抗静电剂等。

尼龙齿轮

塑料的优点是相对密度小（一般为 $0.9\sim2.3\ \mathrm{g/cm^3}$），耐蚀性、电绝缘性、减摩、耐磨性好，并有消音吸振性能。缺点是刚性差（为钢铁材料的 $1/100\sim1/10$），强度低（强度最高的玻璃纤维强化尼龙也只达到铸铁的强度水平），耐热性差（只有少数塑料可用于 200 ℃以上的温度），热膨胀系数大（是钢铁的 10 倍），导热系数小（只有金属的 $1/600\sim1/200$），蠕变温度低（常温下受力时便会发生蠕变），易老化。

表 11-3 列出了常用工程塑料的综合性能和用途。

表 11-3　常用工程塑料的综合性能和用途

类别	名称(代号)		密度 g·cm⁻³	吸水率 %	抗拉强度 MPa	弹性模量 GPa	断后伸长率 %	抗压强度 MPa	抗弯强度 MPa	缺口冲击强度 kJ·m⁻²	线胀系数 $10^{-5}K^{-1}$	最高使用温度 ℃	成型收缩率 %	用途举例
热塑性塑料	聚乙烯 (PE)	高密度	0.94~0.97	<0.01	21~38	0.4~1.03	20~100	18.6~24.5	—	0.08~1.067	11~13	79~121	1.5~4.0	耐蚀件,如化工管道、涂层、阀件、小载荷齿轮、轴承,电缆护套、薄膜、容器、运矿溜槽和漏斗衬板等
		低密度	0.91~0.93	<0.01	3.9~15.7	0.12~0.24	90~800	—	—	0.853	16~18	82~100	1.2~4.0	
	聚丙烯 (PP)		0.90~0.91	0.03~0.04	35~40	1.1~1.6	200	—	42~56	0.01~0.1	10.8~11.2	88~116	1.0~2.5	一般结构件,如泵叶轮、汽车零件、化工容器、管道、涂层、蓄电池匣等
	聚氯乙烯 (PVC)	硬质	1.30~1.58	0.07~0.4	45~50	3.3	20~40	—	80~90	30.0~40.0(无缺口)	5~6	66~79	0.1~0.5	耐蚀件,如化工管道、通风管、泵、风机,绝缘件,如插头、开关、电缆绝缘层、密封件
		软质	1.16~1.35	0.5~1.0	10~25	—	100~450	—	—	—	7.0~25	60~79	1~5	
	聚苯乙烯 (PS)		1.04~1.10	0.03~0.30	50~60	2.8~4.2	1.0~3.7	—	69~80	0.01~0.08	3.6~8.0	60~79	0.2~0.7	仪器仪表外壳、指示灯罩、汽车灯罩、模型、电讯零件、氢氟酸槽等
	丙烯腈-丁二烯-苯乙烯(ABS)		1.03~1.06	0.20~0.25	21~63	1.8~2.9	23~60	18~70	62~97	0.123~0.454	5.8~8.5	66~99	0.3~0.6	电机外壳、仪表壳、蓄电池槽、汽车零件、齿轮、轴承、泵叶轮、轿车车身等
	聚甲基丙烯酸甲酯[有机玻璃](PMMA)		1.17~1.20	0.20~0.40	50~77	2.4~3.5	2~7	—	84~120	0.0147	5~9	65~95	0.2~0.6	透明件,如油杯、窥镜、管道、车灯、仪表零件、光学镜片、绝缘零件、装饰件、航空玻璃、光学纤维等
	聚酰胺[尼龙](PA)	PA-6	1.13~1.15	1.9~2.0	54~78	—	150~250	60~90	70~100	0.0533~0.064	7.9~8.7	82~121	—	汽车、机械、化工和电气零部件,如轴承、齿轮、凸轮、滚子、泵叶轮、风扇叶片、高压密封圈、阀座、输油管、储油容器等,铸型PA可制大型机械零部件,如轴承、轴瓦、齿轮、涡轮、阀门密封面等
		PA-66	1.14~1.15	1.5	57~83	—	40~270	90~120	60~110	0.043~0.064	9.1~10.0	82~149	0.5~2.2	
		PA-610	1.07~1.09	0.5	47~60	—	100~240	70~90	70~100	3.5~5.5	9.0	—	0.5~2.0	
		PA-1010	1.04~1.07	0.39	52~55	1.6	100~250	65	82~89	4.0~5.0	10.5	—	1.0~2.5	
		铸型 PA-MC	1.10	0.6~1.2	77~92	2.4~3.6	20~30	—	120~150	500~600	8~9		径向 3~4 横向 7~12	
	聚碳酸酯 (PC)		1.18~1.20	0.2~0.3	60~88	2.5~3.0	80~95	—	94~130	0.64~0.83	6~7	121	0.5~0.8	轴承、齿轮、涡轮、凸轮、滑轮、泵叶轮、透镜、灯罩、润滑油管等
	聚甲醛 (POM)	均聚	1.42~1.43	0.20~0.27	58~70	2.9~3.1	15~75	122	98	0.064~0.123	10	91	2.0~2.5	轴承、齿轮、凸轮、阀门、风扇、泵叶轮、球头碗、汽车仪表板、外壳、罩、盖、箱体、化工容器、配电盘等
		共聚	1.41~1.43	0.22~0.29	62~68	2.8	40~75	113	91~92	0.053~0.085	11	100	2.0~3.0	
	聚四氟乙烯 (PTFE)		2.1~2.2	0.01~0.02	14~25	0.4	250~500	—	18~20	0.107~0.16	10~12	288	1~5(模压)	化工耐蚀件,如管道、阀门、齿轮、轴承、反应釜等,电子仪器高频绝缘等
	聚苯醚 (PPO)		1.06~1.36	0.06~0.12	48~66	2.3~2.6	35~60	69~113	57~97	0.214~0.374	3.3~3.7	79~104	0.5~0.8	较高温度下的减摩、耐磨和传动零件,泵和鼓风机叶片,化工阀门等
	聚酰亚胺 (PI)	聚苯型	1.42~1.43	0.2~0.3	94.5	—	6~8	>276	117	—	—	260	—	特殊条件下的精密件,如高温、高真空自润滑轴承,压缩机的活塞环、密封圈等
		醚酐型	1.36~1.38	0.3	120	—	6~10	>230	200~210	—	—	—	0.5~1.0	轴承、齿轮、密封件、活塞环、刹车片、电子电器零件、耐辐射零件等
	聚砜 (PSU)		1.24~1.61	0.3	66~68	2.5~4.5	50~100	276	99~106	0.0347~0.0641	3.4~5.6	149	0.4~0.7	耐热、高强度和抗蠕变的结构件,汽车零件,仪表齿轮、线圈骨架、凸轮等

（续表）

类别	名称(代号)		密度 $g \cdot cm^{-3}$	吸水率 %	抗拉强度 MPa	弹性模量 GPa	断后伸长率 %	抗压强度 MPa	抗弯强度 MPa	缺口冲击强度 $kJ \cdot m^{-2}$	线胀系数 $10^{-5}K^{-1}$	最高使用温度 ℃	成型收缩率 %	用途举例
热固性塑料	酚醛塑料(PF)	木粉	1.37~1.46	0.3~1.2	35~62	5.5~11.7	0.4~0.8	172~214	48~97	0.010 7~0.032	3.0~4.5	149~177	0.4~0.9	一般机械零件、绝缘件、装饰件、水润滑轴承、滑道、一般高低压电器制件、插头、插座、罩壳、齿轮、滑轮、泵叶轮、复合材料基体
		碎布	1.37~1.45	0.6~0.8	41~55	6.2~7.6	1~4	138~193	69~97	0.042 7~0.187	1.8~2.4	104~121	0.3~0.9	
	脲醛塑料(UF)	纤维素	1.47~1.52	0.4~0.8	38~90	6.8~10.3	<1	172~310	69~124	0.013 3~0.021 4	2.2~3.6	94	0.6~1.4	一般机械零件、绝缘件、仪表壳，电插头、开关、手柄
	三聚氰胺塑料(MF)	纤维素	1.47~1.52	0.1~0.8	34~90	7.6~9.6	0.6~1.0	228~310	62~110	0.010 7~0.021 4	4.0~4.5	121	0.5~1.5	耐电弧电器零件；玻纤增强塑料用于高级电工绝缘制品，如防爆电器配件
	环氧塑料(EP)[双酚A型]	无填料	1.11~1.40	0.08~0.15	28~90	2.41	3~6	103~172	90~145	0.010 7~0.053 4	4.5~6.5	121~260	0.1~1.0	环氧树脂用于塑料模，电子元件和线圈的灌封和固定，印制板，纤维增强塑料、浇注料、胶黏剂、涂料
		矿物	1.6~2.1	0.03~0.20	28~69	—	—	124~276	41~124	0.016~0.026 7	6.0	149~260	—	
		玻璃	1.6~2.0	0.04~0.20	35~137	20.7	4	124~276	55~207	0.016~0.053 4	—	149~260	0.1~0.8	
	不饱和聚酯塑料(UP)	硬质	1.10~1.46	0.15~0.6	41~90		<2	90~207	59~159	0.010 7~0.021 4	5.5~10.0	—	—	可作精密复杂小型塑料，如开关外壳、底座、线圈骨架、耐电弧零件等
	有机硅塑料(SI)	浇注料	0.99~1.5			2.4~6.9	100~700				30.0~80.0		0~0.6	电气、电子元件和线圈的灌封和固定；印刷版涂层；耐热零件；绝缘零件；绝缘清漆；胶黏剂
		矿物	1.80~2.05	0.15	28~41			69~110	62~97	0.013 3~0.042 7	2.0~5.0	316	0~0.5	

工程塑料可以分为以下几类：

（1）一般结构用塑料

一般结构用塑料包括聚乙烯、聚氯乙烯、聚苯乙烯、聚丙烯和 ABS 塑料等。

聚乙烯的合成方法有低压、中压、高压三种。低压聚乙烯质地坚硬，适于制造结构件，如化工管道、电缆绝缘层、小负荷齿轮、轴承等。高压聚乙烯质地柔软，适于制造薄膜。

聚氯乙烯成本低，但有一定毒性。根据增塑剂的用量不同分为硬质和软质两种。硬质聚氯乙烯主要用于工业管道系统及化工结构件等；软质聚氯乙烯主要用于薄膜、电缆包覆等。

聚苯乙烯电绝缘性优良，但脆性大，主要用于日用、装潢、包装及工业制品，如仪器仪表外壳、接线盒、开关按钮、玩具、包装及管道的保温层、耐油的机械零件等。

聚丙烯具有优良的综合性能，可用来制造各种机械零件，如法兰、齿轮、接头、把手、各种化工管道、容器，以及医疗器械、家用电器部件等，如图 11-7 所示。

图 11-7　聚丙烯机械零件

ABS 塑料由丙烯腈(A)、丁二烯(B)、苯乙烯(S)三种单体共聚而成，兼具三组元的性能，是具有"坚韧、质硬、刚性"特点的材料,在机械、电气、纺织、汽车、飞机、轮船等制造工业及化学工业中被广泛应用,图 11-8 所示为 ABS 球阀。

(2)摩擦传动零件用塑料

这类塑料主要包括聚酰胺、聚甲醛、聚碳酸酯、聚四氟乙烯等。

聚酰胺又称尼龙或绵纶,品种很多,机械工业常用尼龙 6、尼龙 66、尼龙 610、尼龙 1010、尼龙 MC 等。这类塑料强度较高、耐磨、自润滑性好,广泛用作机械、化工及电气零件,图 11-9 所示为尼龙 6 齿轮。

图 11-8　ABS 球阀　　　　　　　　图 11-9　尼龙 6 齿轮

聚甲醛具有优良的综合性能,广泛用于汽车、机床、化工、电气仪表、农机等方面。

聚碳酸酯具有优良的机械性能,尤以冲击强度和尺寸稳定性最为突出,透明无毒,广泛用于机械、仪表、电信、交通、航空、光学照明、医疗器械等方面。如波音 747 飞机上有 2 500 个零件用聚碳酸酯制造,总质量达 2 t。

聚四氟乙烯俗称"塑料王",具有极优越的化学稳定性、热稳定性以及电性能,几乎不受任何化学药品的腐蚀,摩擦系数极低,只有 0.04。缺点是强度低,加工性差。主要用于减摩密封件、化工耐蚀件、热交换器以及高频或潮湿条件下的绝缘材料。图 11-10 所示为聚四氟乙烯轴承。

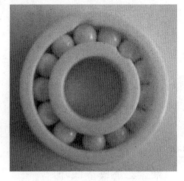

图 11-10　聚四氟乙烯轴承

(3)耐蚀用塑料

耐蚀用塑料主要有聚四氟乙烯、氯化聚醚等。

氯化聚醚的化学稳定性仅次于聚四氟乙烯,但工艺性比聚四氟乙烯好,成本低。在化学工业和机电工业中获得广泛应用,如化工设备零件、管道、衬里等。

(4)耐高温件用塑料

这类塑料主要有聚砜、聚苯醚、聚酰亚胺等。

聚砜的热稳定性高是其最突出的特点。长期使用温度可达 150～174 ℃,且蠕变值极低。它具有优良的机械性能和电性能,可进行一般成型加工和机械加工。广泛用于电气、机械设备、医疗器械、交通运输等方面。

聚苯醚具有良好的综合性能,蠕变值低,且随温度变化小,使用温度范围宽(-190～190 ℃),广泛用于机电、电器、化工、医疗器械等方面。

聚酰亚胺是耐热性最好的塑料,在 260 ℃下可长期使用,在稀有气体保护下,可在 300 ℃下长期使用,但加工性能差,成本高。主要用于制造在特殊条件下使用的精密零件,如喷气发动机供燃料系统的零件,耐高温、高真空的自润滑轴承及电气设备零件等。图 11-11 所示为聚酰亚胺棒。

（5）热固性塑料

热固性塑料是在树脂中加入固化剂并压制成型的体形聚合物,主要有酚醛树脂和环氧塑料等。

酚醛树脂是由酚类和醛类合成的,应用最多的是苯酚和甲醛的聚合物。酚醛塑料是以酚醛树脂为基,加入填料及其他添加剂制成的。这种塑料的性能因填料不同而变化,广泛用于制造各种电信器材和电木制品（如插座、开关等）、耐热绝缘部件及各种结构件,图 11-12 所示为酚醛树脂插座。

图 11-11　聚酰亚胺棒　　　　　　　　　　图 11-12　酚醛树脂插座

环氧塑料是以环氧树脂为基,加入填料及其他添加剂制成的。环氧塑料强度高、耐热、耐蚀、电绝缘性好,主要用于制造仪表构件、塑料模具、黏合剂、复合材料等。

11.4.2　合成橡胶

橡胶是以高分子化合物为基础的具有高弹性的材料。

工业用橡胶由生胶和橡胶配合剂组成。生胶是指无配合剂、未经硫化的橡胶,有天然和合成两种。生胶的性能随温度变化很大,如高温发黏,低温变脆,故必须加入配合剂,经硫化处理后才能制成各种橡胶制品。橡胶的配合剂有硫化剂、硫化促进剂、防老剂、软化剂、填充剂、发泡剂、着色剂等。

橡胶最大的特点是高弹性,它的弹性模量很低,只有 1 MPa。橡胶具有储能、耐磨、隔音、绝缘等性能,广泛用于制造密封件、减振件、轮胎、电线等。

合成橡胶按用途和用量分为通用橡胶和特种橡胶。前者主要用于制造轮胎、运输带、胶管、胶合板、垫片、密封装置等;后者主要用于制造在高低温、强腐蚀、强辐射等特殊环境下工作的橡胶制品。

表 11-4 列出了典型橡胶的综合性能和用途。

表 11-4 典型橡胶的综合性能和用途

类别	名称(代号)	生胶密度 g·cm⁻³	抗拉强度 MPa		伸长率 %		回弹率 %	最高使用温度 ℃	脆化温度 ℃	主要特性	用途举例
			未补强硫化胶	补强硫化胶	未补强硫化胶	补强硫化胶					
普通橡胶	天然橡胶(NR)	0.90~0.95	17~29	25~35	650~900	650~900	70~95	100	-55~-70	高弹、高强、绝缘、耐磨、耐寒、防震	轮胎、胶管、胶带、电线电缆绝缘层及其他通用橡胶制品
	异戊橡胶(IR)	0.92~0.94	20~30	20~30	800~1 200	600~900	70~90	100	-55~-70	合成天然橡胶,耐水、绝缘、耐老化	代替天然橡胶制造轮胎、胶管、胶带及其他通用橡胶制品
	丁苯橡胶(SBR)	0.92~0.94	2~3	15~20	500~800	500~800	60~80	120	-30~-60	耐磨、耐老化,其余同天然橡胶	代替天然橡胶制造轮胎、胶合板、胶管及其他通用橡胶制品
	顺丁橡胶(BR)	0.91~0.94	1~10	18~25	200~900	450~800	70~95	120	-73	高弹、耐磨、耐老化、耐寒	一般和天然橡胶或丁苯橡胶混用,主要用作轮胎胎面、运输带和特殊耐寒制品
	氯丁橡胶(CR)	1.15~1.30	15~20	15~17	800~1 000	800~1 000	50~80	150	-35~-42	抗氧和臭氧、耐酸碱油、阻燃、气密	重型电缆护套、胶管胶带和化工设备衬里、耐燃地下采矿用品及汽车门窗嵌条、密封圈
	丁基橡胶(IIR)	0.91~0.93	14~21	17~21	650~850	650~800	20~50	170	-30~-55	耐老化、耐热、防震、气密、耐酸碱油	主要做内胎、水胎、电线电缆绝缘层、化工设备衬里及防振制品、耐热运输带等
	丁腈橡胶(NBR)	0.96~1.20	2~4	15~30	300~800	300~800	5~65	170	-10~-20	耐油、耐热、耐水、气密,黏结力强	主要用于各种耐油制品,如耐油胶管、密封圈、储油槽衬里等,也可用于耐热运输带
特种橡胶	乙丙橡胶(EPDM)	0.86~0.87	3~6	15~25	—	400~800	50~80	150	-40~-60	密度低、化学稳定、耐候、耐热、绝缘	主要用于化工设备衬里、电线电缆绝缘层、耐热运输带、汽车零件及其他工业制品
	氯磺化聚乙烯橡胶(CSM)	1.11~1.13	8.5~24.5	7~20		100~500	30~60	150	-20~-60	耐臭氧、耐日光老化、耐候	臭氧发生器密封材料、耐油垫圈、电线电缆包皮及绝缘层、耐蚀件及化工设备衬里等
	丙烯酸酯橡胶(AR)	1.09~1.10	—	7~12		400~600	30~40	180	0~-30	耐油、耐热、耐氧、耐日光老化、气密	用作一切需要耐油、耐热、耐老化的制品,如耐热油软管、油封等
	聚氨酯橡胶(UR)	1.09~1.30		20~35		300~800	40~90	80	-30~-60	高强、耐磨、耐油、耐日光老化、气密	用作轮胎及耐油、耐苯零件、垫圈、防振制品及其他要求耐磨、高强度零件
	硅橡胶(SR)	0.95~1.40	2~5	4~10	40~300	50~500	50~85	315	-70~-120	耐高温、耐低温、绝缘	耐高低温制品(如胶管、密封件),耐高温电绝缘制品
	氟橡胶(FPM)	1.80~1.82	10~20	20~22	500~700	100~500	20~40	315	-10~-50	耐高温、耐酸碱油、抗辐射、高真空性	耐化学腐蚀制品,如化工设备衬里、垫圈、高级密封件、高真空橡胶件
	聚硫橡胶(PSR)	1.35~1.41	0.7~1.4	9~15	300~700	100~700	20~40	180	-10~-40	耐油、耐化学介质、耐日光、气密	综合性能较差,易燃,有催泪性气味,工业上很少采用,仅用作密封泥子或油库覆盖层
	氯化聚乙烯橡胶	1.16~1.32		>15	400~500					耐候、耐臭氧、耐酸碱油水、耐磨	电线电缆护套、胶带、胶管、胶辊、化工衬里

乙丙橡胶(EPDM)与聚丙烯(PP)共混或共聚后,材料抗冲击性能优良,熔体流动性好,适宜做汽车保险杠。

11.4.3　合成纤维

纤维是长径比大于 1 000∶1 的纤细物质。高分子纤维的熔点一般为 200～300 ℃，不易变形，伸长率小，弹性模量和抗拉强度较高。

合成纤维具有强度高、耐磨、耐高温、耐酸碱、保暖、质轻、电绝缘性好等特点。合成纤维主要品种有聚酰胺纤维(尼龙或锦纶)、聚酯纤维(涤纶)、聚丙烯腈纤维(腈纶)、聚丙烯纤维(丙纶)以及特种纤维等。

现代的合成纤维不仅应用于纺织工业，也广泛地应用于航空航天、医疗卫生、海洋水产、国防工业、建筑工程、车辆工程等众多领域，如用作轮胎帘子布、运输带、传送带等。特种纤维可用作导弹和雷达的绝缘材料、原子能工业中的特殊防护材料等。

扩展读物

黄丽. 高分子材料 [M]. 2 版. 北京:化学工业出版社,2010.

思 考 题

11-1　热塑性塑料与热固性塑料性能上有何区别？

11-2　如何理解高分子结构的多层次性？高分子的结构与性能具有怎样的关系？

11-3　高分子材料与低分子材料的主要区别有哪些？

11-4　高分子材料的相对分子质量及相对分子质量分布对其力学性能有怎样的影响？

11-5　为什么 T_g 以上的热膨胀系数大于 T_g 以下的？

11-6　T_g 的准确值取决于冷却速度，为什么？

11-7　为什么橡胶在液氮温度(77 K)下是脆性的？

11-8　用热固性塑料制造零件，应采用什么样的工艺方法？

11-9　用全塑料制造的零件有何优缺点？

11-10　用塑料制造轴瓦，应选用什么材料？依据是什么？

第12章

复合材料

玻璃钢

　　玻璃是一种硬而脆的材料,具有耐高温、耐腐蚀等特点。钢材是一种硬而韧的材料,优点是具有高强度和高模量,缺点是耐腐蚀性差、密度大。人们希望找到一种新的材料,既具有玻璃的良好的耐高温、耐腐蚀性,又具有钢材的高强度和高模量。玻璃钢就是这种新型材料之一。玻璃钢既非玻璃也非钢,而是玻璃纤维增强的塑料,通常是指以玻璃纤维为增强材料,以不饱和聚酯树脂、环氧树脂或酚醛树脂为基体的复合材料。玻璃钢一方面继承了高分子材料良好的耐腐蚀性和韧性,另一方面也继承了玻璃纤维的高强度和高模量,更重要的是,其密度仅是碳素钢的 $1/4\sim1/5$,其力学性能可以与钢材媲美,因而得名"玻璃钢"。目前,玻璃钢已在许多领域取代钢材。在航空航天工业中,喷气式飞机的油箱和管道采用玻璃钢后,质量减轻,油耗降低;宇航员携带的氧气瓶也是玻璃钢制成的。在建筑领域,玻璃钢可用来制造冷却塔、围护结构、装饰板,甚至可以取代钢筋。在化工领域,玻璃钢可用来制造耐腐蚀管道、储罐储槽、耐腐蚀输送泵及其附件、耐腐蚀阀门、格栅、通风设施等。在汽车领域,玻璃钢可用来制造汽车壳体、车门、内板、主柱、地板、底梁、保险杠、仪表屏等。在船舶领域,玻璃钢可用来制造捕鱼船,各类游艇、赛艇、救生艇,航标浮鼓等。在能源领域,玻璃钢可用来制造风力发电机的叶片等。在电工领域,玻璃钢可用来制造发电机定子线圈和支撑环及锥壳、绝缘管、绝缘杆、高压绝缘子、电机冷却用套管、绝缘轴天线、雷达罩等。随着人类文明的发展,人们对材料提出了更高的要求,以玻璃钢为代表的复合材料将更广泛地应用于各个领域。

12.1　概　述

　　根据国际标准化组织(International Organization for Standardization,ISO)的定义,复合材料是由两种或两种以上物理性质和化学性质不同的物质组合而成的一种多相固体材料。它既保留了各组元材料的主要性能,又通过复合效应获得了原组元所不具备的性能。

　　通常所说的复合材料主要指结构复合材料,由增强体组元和基体组元构成。增强体是主要的承载组元,基体是连接增强体成为整体并传递力的作用的组元。

与传统材料相比,复合材料具有以下特点:

(1)比强度与比模量高

复合材料的力学性能具有轻质高强的特征,例如玻璃纤维增强聚合物(Glass Fiber Reinforced Polymer,GFRP)的拉伸强度与钢材相当,而密度仅为钢材的 1/4。这一特性有利于材料的减重。

(2)抗疲劳性能好

纤维复合材料中,纤维与基体的界面能够阻止裂纹的扩展,使其具有较高的抗疲劳性能。碳纤维聚酯树脂复合材料的疲劳强度极限是其拉伸强度的 70%～80%,而一般金属材料仅为 40%～50%。

(3)减振性能好

复合材料的比模量高,具有较高的自振频率,不易发生共振;而复合材料中增强体与基体的界面具有较好的吸振能力,进一步提高了其减振性能。

(4)可设计性好

影响复合材料性能的因素很多,包括基体的成分,增强体的成分、形态、分布及质量分数,增强体与基体的界面结合情况,复合材料的结构及成型工艺等。通过调整上述因素,可按对材料性能的需要进行材料的设计和制造。例如,在制备层压复合材料的过程中,通过调整各层纤维的排列方向,可以设计各向异性或层内各向同性的层压构件,图 12-1 为正交层压复合材料结构。

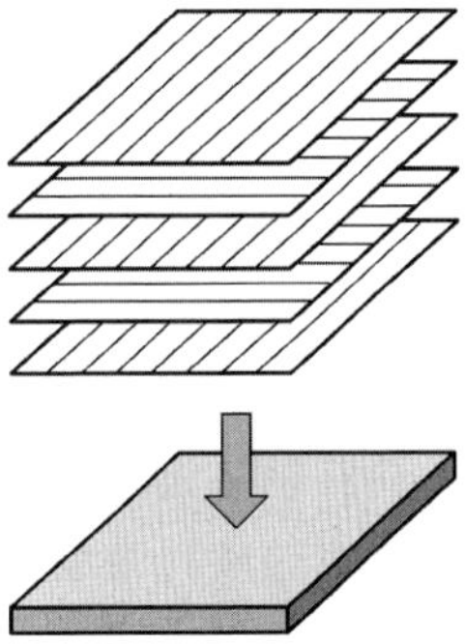

图 12-1 正交层压复合材料结构

(5)容易实现制备与成型一体化

材料制备与制件成型可一次完成,且能制成任意形状。

表 12-1 为典型复合材料与传统材料力学性能的对比。

表 12-1 典型复合材料与传统材料力学性能的对比

材料	密度(ρ) g·cm^{-3}	抗拉强度(R_m) MPa	弹性模量(E) MPa	比强度(R_m/ρ) 10^4 m	比弹性模量(E/ρ) 10^6 m
钢	7.8	1 010	206 000	1.32	2.69
硬铝	2.8	461	74 000	1.68	2.69
钛合金	4.5	942	112 000	2.13	2.54
玻璃钢	2.0	1 040	39 000	5.30	1.99
碳纤维Ⅱ/环氧树脂	1.45	1 472	137 000	10.35	9.63
碳纤维Ⅰ/环氧树脂	1.6	1 050	235 000	6.69	14.98
有机纤维 PRD/环氧树脂	1.4	1 373	78 000	10.00	5.68
硼纤维/环氧树脂	2.1	1 344	206 000	6.67	10.00
硼纤维/铝	2.65	981	196 000	3.77	7.54

复合材料已广泛应用于航空航天、生物医用、建筑工程、汽车、国防、电子通信、体育用品等领域。

12.2 复合材料的分类

12.2.1 按基体材料分类

(1)聚合物基复合材料:以聚合物为基体制成的复合材料,如环氧树脂基复合材料、橡胶基复合材料、不饱和聚酯树脂基复合材料等。

(2)金属基复合材料:以金属为基体制成的复合材料,如钛基复合材料、铝基复合材料等。

(3)陶瓷基复合材料:以陶瓷为基体制成的复合材料。

(4)水泥基复合材料:以水泥为基体制成的复合材料,如混凝土。

(5)碳基复合材料:以炭或石墨为基体制成的复合材料。

12.2.2 按增强体种类分类

(1)玻璃纤维复合材料

玻璃纤维是由熔融的玻璃经快速拉伸、冷却所形成的纤维。其主要成分是 SiO_2 和 Al_2O_3。它是增强纤维中应用最早、用量最大、价格最便宜的一种材料,其不足之处是力学性能较碳纤维等高性能纤维差。玻璃纤维增强聚合物是典型的玻璃纤维复合材料,俗称玻璃钢。

(2)碳纤维复合材料

碳纤维是由碳元素构成的一类纤维,主要由聚丙烯腈纤维、黏胶纤维或沥青纤维等有机纤维经高温碳化而成。碳纤维的化学性能与炭相似,耐酸碱、耐高低温、耐油、抗辐射。根据力学性能特点不同,可细分为高强碳纤维、高模量碳纤维等。碳纤维的不足之处是抗氧化能力差,怕打结。碳纤维增强聚合物(Carbon Fiber Reinforced Polymer,CFRP)是典型的碳纤维复合材料。

(3)有机纤维复合材料

有机纤维主要包括芳香族聚酰胺纤维和超高相对分子质量聚乙烯纤维。芳香族聚酰胺纤维又称芳纶纤维,商品名为 Kevlar。其中 Kevlar-29 用于一般工业,而 Kevlar-49 的强度比玻璃纤维高 45%,密度是钢的 1/6,弹性模量是钢丝的 5 倍,比碳纤维还高,耐热性好,可在−195~260 ℃使用,且耐疲劳性好,易加工,耐腐蚀,电绝缘性好,多用于航空航天等特殊领域。超高相对分子质量聚乙烯纤维韧性极好,密度非常小,强度、弹性模量很高,甚至超过Kevlar,耐腐蚀性好,成本低;缺点是耐温性差,蠕变大。芳纶纤维增强聚合物(Araimd Fiber Reinforced Polymer,AFRP)是典型的有机纤维复合材料。

(4)金属纤维复合材料

金属纤维主要包括高熔点的钨纤维、钼纤维、不锈钢纤维及高强铍纤维等,其中较常用的是不锈钢纤维,由于其具有密度大、价格贵等缺点,因而只在屏蔽电磁波等特殊场合应用。金属纤维的优点是成丝较容易,弹性模量较高,有一定韧性,可获得连续纤维,与金属基体浸润性好;缺点是密度大,高温时容易发生再结晶,或与金属基体之间发生相互扩散及界面反应,从而导致纤维脆化,使强度下降。不锈钢纤维增强聚合物是典型的金属纤维复合材料。

(5)陶瓷纤维复合材料

陶瓷纤维包括碳化硅、碳化硼、氮化硼、氧化锆、二硼化钛、氧化铝等,其中代表性的碳化硅纤维具有强度高、弹性模量高、耐化学腐蚀性好、与金属反应程度低、热膨胀系数小等优点。陶瓷纤维适用于制备耐高温、强度高的复合材料,如氧化铝纤维增强金属基复合材料、碳化硅纤维增强陶瓷基复合材料等。

(6)混杂纤维复合材料

以两种或两种以上不同成分的纤维为增强体制备的复合材料。

部分纤维和晶须的性能见表 12-2。

表 12-2 部分纤维和晶须的性能

分类		密度 g·cm^{-3}	拉伸强度 GPa	弹性模量 GPa	比强度 10^4 m	比弹性模量 10^6 m
E-玻璃纤维		2.6	3.17	72.5	12.4	2.85
高强玻璃纤维		2.5	4.2	83	17.1	3.39
碳纤维	聚丙烯腈 标准模量	1.7	3.2	235	19.2	14.1
	聚丙烯腈 超高模量	1.9	3.8	590	20.4	31.7
	聚丙烯腈 超高强度	1.8	7.0	290	39.7	16.4
	沥青 超高模量	2.2	2.2	895	10.2	41.5
	沥青 超高导热	2.2	2.2	830	10.2	38.5
硼纤维		2.6	3.6	400	14.1	15.7
碳化硅纤维		3.4	3.24	481	9.7	14.4
氧化铝纤维		3.9	1.9	370	5.0	9.7
Kevlar-49		1.44	3.6	130	25.5	9.2
高密度聚乙烯纤维		0.97	3.0	172	31.6	18.1
高强钢纤维		8.0	2.07	193	2.6	2.5
铍纤维		1.83	0.62	241	3.5	13.4
氧化铝晶须		3.9	14~28	700~2 400	36.6~73.3	18.3~62.8
氧化铍晶须		1.8	14~20	700	79.4~113.4	39.7
碳化硼晶须		2.5	7.1	450	29.0	18.4
石墨晶须		2.25	21	1 000	95.2	45.4
碳化硅 α 晶须		3.15	7~35	490	22.7~113.4	15.9
碳化硅 β 晶须		3.15	7.1~35.5	700~1 050	23.0~115.0	22.7~34.0

12.2.3 按增强体形态分类

(1)颗粒增强复合材料:增强体以颗粒的形态分散于基体材料中。

(2)连续纤维增强复合材料:增强体为长度连续的纤维(两端点均位于复合材料边界)。

(3)短纤维增强复合材料:短纤维(不连续纤维)在基体材料中随机或定向排列。

(4)层状复合材料:增强体为二维编织片材,与基体呈叠层排布。

(5)编织复合材料:增强体为二维或三维编织物。

典型复合材料的结构如图 12-2 所示。

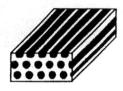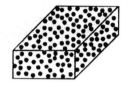

(a)连续纤维增强复合材料　　(b)颗粒增强复合材料　　(c)层状复合材料

图 12-2　典型复合材料结构

12.2.4　按用途分类

(1)结构复合材料：主要用于承受载荷，如 GFRP，CFRP 等；

(2)功能复合材料：具有一种或多种功能特性（如导电、导磁、阻尼、换能、屏蔽、透光等）的复合材料，如压电复合材料、磁致伸缩复合材料等。

12.3　复合材料的成型工艺

12.3.1　聚合物基复合材料的成型工艺

聚合物基复合材料的成型工艺有 20 多种，其中典型的成型工艺有以下几种：

(1)手糊成型

手糊成型是指用手工或在机械辅助下将增强材料和热固性树脂铺覆在模具上，室温下树脂固化成型制品的一种简单、原始的工艺。适用于数量少、体积大的制品。

(2)模压成型

模压成型是将一定量的模压料放入金属对模中，在一定温度、压力下固化成型制品的方法。适用于生产数量多、质量要求高、结构相对简单的制品。

(3)缠绕成型

缠绕成型是将浸胶的连续纤维、布带等增强材料，按照一定规律缠绕在芯模上，然后固化成型制品的方法。适用于生产高性能的回转体形制品，如压力容器（图 12-3）等。

图 12-3　纤维缠绕压力容器

(4)拉挤成型

拉挤成型是将已浸润胶液的连续纤维束或布带在牵引结构拉力作用下，通过成型模成型，在模中或在固化炉中固化，连续引拔出长度不受限制的复合材料型材。拉挤成型制品性能具有明显的方向性，横向强度差，因此挤压成型只限于生产管状或棒状的型材。

(5)注射成型

注射成型是将颗粒状或短切纤维状增强体与树脂混合料从注塑机的料斗投入机筒内，

加热熔化后由柱塞或螺杆加压,通过喷嘴注入温度降低的闭模内,经过冷却定型后,脱模得到制品的工艺。注射成型工艺具有适应性强、周期短、产率高、易于自动化控制等优点。

(6)树脂传递模塑(Resin Transfer Molding,RTM)成型

树脂传递模塑成型是将增强剂置于模具中,形成一定的形状,再将树脂注射到模具中,浸渍纤维并固化的一种闭模成型技术。其特点是污染小、成型效率高。

12.3.2 金属基复合材料的成型工艺

金属基复合材料的成型工艺包括:液相工艺、固相工艺和气相工艺三种。

(1)液相工艺

在金属基复合材料的制备过程中,当金属基体与增强体接触时,基体至少是部分熔化状态。在整个凝固过程中,可以连续加压。这样既可以弥补凝固收缩,也可以控制枝晶生长,材料的晶粒组织较细,密度高。

(2)固相工艺

在金属基复合材料的制备过程中,金属基体与增强体都是固相状态。当增强体为粒子时,又称为粉末冶金法。可以采取与陶瓷材料类似的成型方法,即冷压成型加烧结、热压成型。

金属基复合材料也可以采用放电等离子体烧结。所谓放电等离子体烧结是在样品两端加高压脉冲电,加压瞬间在粉末颗粒间产生高温等离子体,加速原子扩散,瞬时形成颗粒间的冶金结合。

(3)气相工艺

物理气相沉积(PVD)。特别适合制备陶瓷长纤维金属基复合材料。方法是将陶瓷长纤维连续地输送到一个具有高分压的金属(合金)气相区,这种金属(合金)便会沉积到陶瓷纤维表面,形成复合材料。

12.3.3 陶瓷基复合材料的成型工艺

粒子增强陶瓷基复合材料的成型与陶瓷材料类似,大多采用冷压成型加烧结或热压成型。

纤维增强陶瓷基复合材料的成型主要采用化学气相沉积(CVD)。通过化学反应来生成基体。

12.4 典型复合材料

12.4.1 纤维增强聚合物基复合材料

玻璃钢管材

纤维增强聚合物基复合材料由纤维增强体和聚合物基体组成。聚合物基体按热性质不同,可分为热固性聚合物和热塑性聚合物。前者如不饱和聚酯树脂、环氧树脂、酚醛树脂、脲醛、三聚氰胺甲醛、呋喃、有机硅树脂等;后者如聚丙烯、尼龙、聚醚醚酮(PEEK)、聚酰亚胺等。不饱和聚酯树脂具有良好的介电

性、抗电弧性和耐蚀性。环氧树脂黏附力强，韧性好，收缩率低，电性能（介电强度、耐电弧、绝缘性）、热稳定性和耐蚀性好。酚醛树脂的特点是耐热性好（达 315 ℃）。聚醚醚酮是结晶型耐高温工程材料，强度高，电性能、耐化学药品腐蚀性好，耐老化，耐疲劳，耐热水，耐烧性好。纤维增强聚合物基复合材料具有比强度高、比模量高、易成型、耐腐蚀、成本低等优点。典型的纤维增强聚合物基复合材料有玻璃纤维增强聚合物、碳纤维增强聚合物以及芳纶纤维增强聚合物。

1. 玻璃纤维增强聚合物

玻璃纤维和聚合物基体间的界面是影响玻璃纤维增强聚合物性能的主要因素，图 12-4 是玻璃钢断口的扫描电镜照片，可以看出，玻璃纤维与聚合物基体的界面离析是玻璃纤维增强聚合物失效的重要原因。玻璃纤维的表面结构对界面结合强度具有重要的影响。纤维表面磨损等表面缺陷会导致界面结合强度的降低。因此，在玻璃纤维生产过程中通常在其表面包覆一层聚合物以防止其磨损。在制备复合材料前，将包覆层去

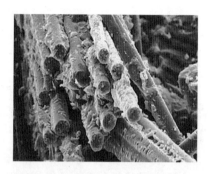

图 12-4　玻璃钢断口扫描电镜照片

除，并对纤维表面进行偶联剂处理，以使玻璃纤维与聚合物基体间形成较强的化学键。

玻璃纤维增强聚合物已广泛用于汽车、造船、石化、机械、电器、军工等工业，但一般聚合物基体的耐高温性较差，制约了其在航天领域的应用。如飞船、卫星等在穿越大气层时会与空气摩擦，产生极大的热量，从而引起聚合物基体的分解。采用高纯熔融石英玻璃纤维和耐高温聚合物（如聚酰亚胺树脂）制备的玻璃纤维增强聚合物具有较高的使用温度，适用于特殊的场合。

2. 碳纤维增强聚合物

与玻璃纤维相比，碳纤维具有更高的强度、弹性模量、耐热性和耐蚀性。碳纤维的直径一般为 4～10 μm。为了增强碳纤维和聚合物基体间的界面结合强度，通常对碳纤维进行预浸处理。作为一种高性能的复合材料，碳纤维增强聚合物被广泛应用于火箭发动机壳体、航天飞机结构件、机械零件（图 12-5）、压力容器、飞机固定翼、桥梁加固（图 12-6）、体育及休闲用品等。

图 12-5　碳纤维增强聚合物复合材料齿轮

图 12-6　碳纤维增强聚合物复合材料加固结构

3. 芳纶纤维增强聚合物

芳纶纤维诞生于 20 世纪 60 年代末，由聚对苯二甲酰对苯二胺纺丝制备而成，具有超高强度、高弹性模量和耐高温、耐酸耐碱、质量轻等优良性能，并具有优异的韧性、抗冲击性、抗

蠕变性和耐疲劳性。芳纶纤维是一种热塑性聚合物,但其耐烧蚀性、耐高温性要远高于一般的高分子材料,其与聚合物基体间的相容性要优于碳纤维和玻璃纤维。环氧树脂和聚酯是常用的芳纶纤维增强聚合物基体。芳纶纤维增强聚合物主要用于制作防弹衣、运动器材、轮胎、绳索、导弹壳体、压力容器和垫圈。

4. 其他纤维增强聚合物

硼纤维、碳化硅纤维、氧化铝纤维也可用来制备纤维增强聚合物复合材料。硼纤维增强聚合物已用于制作军用飞机结构件、直升机旋翼叶片及运动器材。碳化硅纤维和氧化铝纤维增强复合材料已用于制作网球拍、电路板、装甲和火箭前锥体等。

一些单向纤维增强环氧树脂复合材料的室温力学性能见表 12-3。

表 12-3　一些单向纤维增强环氧树脂复合材料的室温力学性能

纤维		弹性模量/GPa		泊松比	拉伸强度/MPa		压缩强度/MPa	
		纵向	横向		纵向	横向	纵向	横向
E-玻璃纤维		45	12	0.28	1 020	40	620	140
芳纶纤维		76	5.5	0.34	1 240	30	280	140
硼纤维		210	19	0.25	1 240	70	3 310	280
碳纤维	聚丙烯腈	标准模量	145	10	0.25	1 520	41	1 380	170
		超高模量	170	10	0.25	3 530	41	1 380	170
		超高强度	310	9	0.20	1 380	41	760	170
	沥青	超高模量	480	9	0.25	900	20	280	100
		超高导热	480	9	0.25	900	20	280	100

12.4.2　纤维增强金属基复合材料

纤维增强金属基复合材料具有金属的弹性、强度和韧性,不易损伤,耐高温,耐磨性好,还具有良好的导电性、导热性,可如金属一样加工成型等,不存在聚合物的老化、变质、尺寸不稳定等缺点。虽然纤维增强金属基复合材料较聚合物基复合材料成本高,但其优良的耐高温性、耐烧蚀性、耐降解性使其可应用于某些特殊的领域,如用作传动轴、挤出平衡杆、传动构件等。

一般用于纤维增强的金属基体有 Al 及 Al 合金、Ti 及 Ti 合金、高温合金及 Cu、Mg、Pb 等。增强纤维有碳纤维、氧化物纤维(Al_2O_3、B_2O_3)、非氧化物纤维(SiC、BN)、金属纤维(W、Mo)等。纤维增强金属基复合材料主要存在纤维与金属基体相容性差、高温下金属与纤维可能发生化学反应等问题。在纤维表面涂覆保护层或改变金属基体成分是解决上述问题的有效途径。

纤维增强金属基复合材料的制备方法很多,有望成为工业化生产而被重视的方法有物理-化学预处理方法、高温加压的焊合法以及熔浸法。熔浸法如图 12-7 所示。

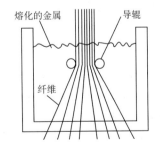

图 12-7　熔浸法(连续拉拔铸造法)

1. 纤维增强铝基复合材料

（1）硼纤维增强铝基复合材料（B/Al）

硼纤维的高温强度好，1 500 ℃时的蠕变性能比 W 还低，但纤维处于 500 ℃以上氧化后强度降低。若预先在硼纤维表面涂覆一层 SiC（硼矽克）或 B_4C，则能防止表面氧化，可用于制造涡轮发动机风扇叶片和飞机机翼等。

（2）SiC 纤维增强铝基复合材料（SiC/Al）

SiC 具有高温强度好、与铝有良好相容性等特点。这种复合材料的强度在高温（500 ℃）时会下降，主要用作耐磨材料。

（3）石墨纤维增强铝基复合材料（Gr/Al）

石墨（Gr）纤维与铝有较好的相容性，石墨纤维增强铝基复合材料导电性高，摩擦系数小，耐磨性能好。500 ℃时的轴向比强度为钛合金的 1.5 倍。这种材料除作为结构材料外，还可作为高强导线材料和轴承材料。石墨纤维表面镀上一层金属，再与铝复合，所得复合材料高温性能极好，接近金属熔点时，强度仍很高。

2. 纤维增强钛基复合材料

钛的主要特点是比强度高，纤维增强钛合金的强度在 815 ℃高温时比镍基高温合金还高两倍，是较理想的涡轮发动机材料。一般采用 SiC 强化 α+β 钛合金。

3. α-Al_2O_3 纤维增强镍基高温合金

单晶的 α-Al_2O_3 纤维（蓝宝石）具有高熔点、高强度、高弹性模量、较低的密度、良好的高温强度和抗氧化性，因此作为高温金属增强纤维受到重视。由于蓝宝石纤维不与液态金属浸润，必须对纤维进行金属涂层处理，但易被液态金属冲刷掉而溶解。粉末冶金法是向纤维间隙充满基体金属粉末，但这种方法易损伤纤维，效果不佳。这种复合材料的制备方法需进一步研究。

一些单向连续纤维增强金属基复合材料的力学性能见表 12-4。

表 12-4 一些单向连续纤维增强金属基复合材料的力学性能

纤维	基体	密度 g·cm^{-3}	弹性模量/GPa 纵向	弹性模量/GPa 横向	拉伸强度/MPa 纵向	拉伸强度/MPa 横向	纵向压缩强度/MPa
沥青基超高模量碳纤维	铝	2.4	450	15	690	15	340
硼纤维	铝	2.6	210	140	1 240	140	1 720
氧化铝纤维	铝	3.2	240	130	1 700	120	1 800
碳化硅纤维	钛	3.6	260	170	1 700	340	2 760

12.4.3 纤维增强陶瓷基复合材料

陶瓷材料耐热、耐磨、耐蚀、抗氧化，但韧性低，难加工。在陶瓷材料中加入增强纤维，能大幅度提高强度，改善韧性，并提高使用温度。几种金属、单相陶瓷和陶瓷基复合材料的断裂韧性见表 12-5。

表 12-5　几种金属、单相陶瓷和陶瓷基复合材料的断裂韧性

基体	增强体	断裂韧性/(MPa·m$^{1/2}$)	基体	增强体	断裂韧性/(MPa·m$^{1/2}$)
铝	无	30~45	氧化铝	氧化锆颗粒	6~15
钢	无	40~65	氧化铝	碳化硅晶须	5~10
氧化铝	无	3~5	碳化硅	连续碳化硅纤维	25~30
碳化硅	无	3~4			

1. SiC 纤维增强陶瓷

在 25 μm 的不锈钢丝上，用热分解法沉积 SiC，可得到 80~100 μm 的连续 SiC 纤维，其所增强的陶瓷韧性显著提高。图 12-8 为 SiC 纤维增强 SiC 复合材料的断口，可以看到 SiC 纤维被从基体中拔出的现象。

2. 碳/碳复合材料

碳纤维增强碳元素的复合材料称为碳/碳复合材料，它几乎 100% 由碳元素组成，是一种新型特种工程材料。碳/碳复合材料强度、刚度都相当好，有极好的耐热冲击能力，温度从 1 000 ℃ 升高到 2 000 ℃，强度反而呈上升趋势，化学稳定性好。由于其造价高，主要用于一般复合材料不能胜任的场合，如刹车片（图 12-9）、重返大气层的导弹外壳、火箭及超音速飞机的鼻锥、喉衬、石化工业的各种反应器等。碳/碳复合材料的缺点是抗氧化性能差，需对其表面进行抗氧化处理。

图 12-8　SiC 纤维增强 SiC 复合材料的断口(SEM)

图 12-9　碳/碳复合材料刹车片

12.4.4　粒子增强金属基复合材料

粒子增强金属基复合材料又称金属陶瓷，是由钛、镍、钴、铬等金属与碳化物、氮化物、氧化物、硼化物等组成的非均质材料。其中，碳化物金属陶瓷作为工具材料已被广泛应用，称为硬质合金。硬质合金通常以 Co、Ni 作为黏结剂，WC、TiC 等作为强化相。图 12-10 为硬质合金的显微组织，图中白色区是 Co 基体，灰色区是 WC。

图 12-10　硬质合金的显微组织

硬质合金硬度极高，且热硬性、耐磨性好，用硬质合金制造的刀具，切削速度比高速工具

钢高 4～5 倍。一般做成刀片,镶在刀体上使用。

硬质合金的牌号由类别号和组别号 01、10、20、30…组成。切削工具用硬质合金的类别号为 P、M、K、N、S、H,分别表示加工长切削材料、通用合金、短切削材料、有色金属及非金属材料、耐热和优质合金材料、硬切削材料的硬质合金。切削工具用硬质合金的牌号、基本成分、力学性能和作业条件见表 12-6。

表 12-6　切削工具用硬质合金的牌号、基本成分、力学性能和作业条件(摘自 GB/T 18376.1—2008)

牌号	基本成分	力学性能(不小于)			作业条件	
		HRA	HV_3	抗弯强度 R_{tr}/MPa	被加工材料	适应的加工条件
P01	以 TiC、WC 为基,以 Co(Ni＋Mo、Ni＋Co)做黏结剂的合金/涂层合金	92.3	1 750	700	钢、铸钢	高切削速度、小切削截面、无震动条件下精车、精镗
P10		91.7	1 680	1 200		高切削速度、中小切削截面条件下的车削、仿形车削、车螺纹和铣削
P20		91.0	1 600	1 400	钢、铸钢、长切削可锻铸铁	中等切削速度、中等切削截面条件下的车削、仿形车削和铣削、小切削截面的刨削
P30		90.2	1 500	1 550		中等或低切削速度、中等或大切削截面条件下的车削、铣削、刨削和不利条件下的加工
P40		89.5	1 400	1 750	钢、含砂眼和气孔的铸钢件	低切削速度、大切削角、大切削截面以及不利条件下的车、刨削、切槽和自动机床上加工
M01	以 WC 为基,以 Co 做黏结剂,添加少量 TiC(TaC、NbC)的合金/涂层合金	92.3	1 730	1 200	不锈钢、铁素体钢、铸钢	高切削速度、小载荷、无震动条件下精车、精镗
M10		91.0	1 600	1 350	不锈钢、铸钢、锰钢、合金钢、合金铸铁、可锻铸铁	中等和高切削速度、中小切削截面条件下的车削
M20		90.2	1 500	1 500		中等切削速度、中等切削截面条件下的车削、铣削
M30		89.9	1 450	1 650		中等和高切削速度、中等或大切削截面条件下的车削、铣削、刨削
M40		88.9	1 300	1 800		车削、切断、强力铣削加工
K01	以 WC 为基,以 Co 做黏结剂,或添加少量 TaC、NbC 的合金/涂层合金	92.3	1 750	1 350	铸铁、冷硬铸铁、短削可锻铸铁	车削、精车、铣削、镗削、刮削
K10		91.7	1 680	1 460	布氏硬度高于 220 的铸铁、短切削的可锻铸铁	车削、铣削、镗削、刮削、拉削
K20		91.0	1 600	1 550	布氏硬度低于 220 的灰口铸铁、短切削的可锻铸铁	用于中等切削速度下,轻载荷粗加工、半精加工的车削、铣削、镗削等
K30		89.5	1 400	1 650	铸铁、短切削的可锻铸铁	用于在不利条件下可能采用大切削角的车削、铣削、刨削、切槽加工,对刀片的韧性有一定的要求
K40		88.5	1 250	1 800		用于在不利条件下的粗加工,采用较低的切削速度,大的进给量

（续表）

牌号	基本成分	力学性能（不小于）			作业条件	
		HRA	HV₃	抗弯强度 R_{tr}/MPa	被加工材料	适应的加工条件
N01	以 WC 为基，以 Co 做黏结剂，或添加少量 TaC、NbC 或 CrC 的合金/涂层合金	92.3	1 750	1 450	有色金属、塑料、木材、玻璃	高切削速度下，有色金属铝、铜、镁、塑料、木材等非金属材料的精加工
N10		91.7	1 680	1 560		较高切削速度下，有色金属铝、铜、镁、塑料、木材等非金属材料的精加工或半精加工
N20		91.0	1 600	1 650	有色金属、塑料	中等切削速度下，有色金属铝、铜、镁、塑料等的半精加工或粗加工
N30		90.0	1 450	1 700		中等切削速度下，有色金属铝、铜、镁、塑料等的粗加工
S01	以 WC 为基，以 Co 做黏结剂，或添加少量 TaC、NbC 或 TiC 的合金/涂层合金	92.3	1 730	1 500	耐热和优质合金：含镍、钴、钛的各类合金材料	中等切削速度下，耐热钢和钛合金的精加工
S10		91.5	1 650	1 580		低切削速度下，耐热钢和钛合金的半精加工或粗加工
S20		91.0	1 600	1 650		较低切削速度下，耐热钢和钛合金的半精加工或粗加工
S30		90.5	1 550	1 750		较低切削速度下，耐热钢和钛合金的断续切削，适于半精加工或粗加工
H01	以 WC 为基，以 Co 做黏结剂，或添加少量 TaC、NbC 或 TiC 的合金/涂层合金	92.3	1 730	1 000	淬硬钢、冷硬铸铁	低切削速度下，淬硬钢、冷硬铸铁的连续轻载精加工
H10		91.7	1 680	1 300		低切削速度下，淬硬钢、冷硬铸铁的连续轻载精加工、半精加工
H20		91.0	1 600	1 650		较低切削速度下，淬硬钢、冷硬铸铁的连续轻载半精加工、粗加工
H30		90.5	1 520	1 500		较低切削速度下，淬硬钢、冷硬铸铁的半精加工、粗加工

扩展读物

冯小明，张崇才. 复合材料［M］. 2 版. 重庆：重庆大学出版社，2011.

思 考 题

12-1　什么是复合材料？复合材料有哪些种类？复合材料的性能有什么特点？

12-2　如何理解复合材料的可设计性？

12-3　纤维复合材料可能的失效模式有哪些？如何避免？

12-4　陶瓷基复合材料常由于复合化而使其韧性大大提高，为什么？

12-5　在玻璃纤维增强聚苯乙烯棒中含玻璃纤维 80%，而且皆为纵向排列。已知玻璃纤维弹性模量为 70 000 MPa，聚苯乙烯的弹性模量为 1 260 MPa。求棒的纵向及横向弹性模量。

12-6　列举一些日常应用的复合材料，并指出其复合强化机制。

参考文献

[1] 冯端,师昌绪,刘志国.材料科学导论[M].北京:化学工业出版社,2002.

[2] 刘国权.材料科学基与工程基础[M].北京:高等教育出版社,2015.

[3] 王正品,李炳,要玉宏.工程材料[M].2版.北京:机械工业出版社,2021.

[4] 方昆凡.工程材料手册[M].北京:北京出版社,2002.

[5] 耿洪滨,吴宜勇.新编工程材料[M].2版.哈尔滨:哈尔滨工业大学出版社,2007.

[6] 周玉.陶瓷材料学[M].2版.北京:科学出版社,2004.

[7] 机械工程师手册编委会.机械工程师手册[M].3版.北京:机械工业出版社,2007.

[8] 李春胜,黄德彬.金属材料手册[M].北京:化学工业出版社,2005.

[9] 朱张校,姚可夫.工程材料[M].5版.北京:清华大学出版社,2011.

[10] 朱中平.中外钢号对照手册[M].北京:化学工业出版社,2011.

[11] 林约利,程芝苏.简明金属热处理工手册[M].2版.上海:上海科学技术出版社,
2003.

[12] 林兆荣.金属超塑性成形原理及应用[M].北京:航空工业出版社,1990.

[13] 马之庚,任陵柏.现代工程材料手册[M].北京:国防工业出版社,2005.

[14] 梅尔·库兹.材料选用手册[M].陈祥宝,戴圣龙,等译.北京:化学工业出版社,
2005.

[15] 边洁,等.机械工程材料学习方法指导[M].哈尔滨:哈尔滨工业大学出版社,2006.

[16] 沈莲,柴惠芬,石德珂.机械工程材料与设计选材[M].西安:西安交通大学出版社,
1996.

[17] 孙鼎伦,陈全明.机械工程材料学[M].上海:同济大学出版社,1992.

[18] 孙桂林.机械安全手册[M].北京:中国劳动出版社,1993.

[19] 陶岚琴,王道胤.机械工程材料简明教程[M].北京:北京理工大学出版社,1991.

[20] 王敬端,肖开淮,刘廷芬.机械工程材料[M].重庆:重庆大学出版社,1994.

[21] 王运炎,朱莉.机械工程材料[M].3版.北京:机械工业出版社,2017.

[22] 王章忠.机械工程材料[M].3版.北京:机械工业出版社,2020.

[23] 袁志钟,戴起勋.金属材料学[M].3版.北京:化学工业出版社,2019.

[24] 徐滨士,刘世参.表面工程[M].北京:机械工业出版社,2000.

[25] 朱征.机械工程材料[M].2版.北京:国防工业出版社,2011.

[26] 中国材料工程大典编委会.中国材料工程大典[M].北京:化学工业出版社,2006.

[27] 王兆华,张鹏,林修洲,等.材料表面工程[M].北京:化学工业出版社,2011.

[28] 曾正明.实用工程材料技术手册[M].北京:机械工业出版社,2001.

[29] 齐民,于永泗.机械工程材料[M].10版.大连:大连理工大学出版社,2017.

[30] 支道光.机械零件材料与热处理工艺选择[M].北京:机械工业出版社,2008.

[31] 杨瑞成,郭铁明,陈奎,等.工程材料[M].北京:科学出版社,2012.

[32] 徐坚,瞿金平,薛忠民,等.高分子材料科学与工程[M].北京:科学出版社,2008.

附　录

附录 1　常用钢种的临界温度

钢号	临界温度(近似值)/℃				
	A_{c1}	A_{c3}	A_{r1}	A_{r3}	M_s
优质碳素结构钢					
08F,08	732	874	680	854	480
10	724	876	682	850	—
15	735	863	685	840	450
20	735	855	680	835	—
25	735	840	680	824	—
30	732	813	677	796	380
35	724	802	680	774	350
40	724	790	680	760	310
45	724	780	682	751	330
50	725	760	690	721	300
60	727	766	690	743	265
15Mn	735	863	685	840	—
20Mn	735	854	682	835	420
30Mn	734	812	675	796	345
40Mn	726	790	689	768	—
50Mn	720	760	660	754	304
低合金高强度钢					
16Mn	736	850	—	—	386
09Mn2V	736	849~867	—	—	—
15MnTi	734	865	615	779	390
15MnVTiRE	725	885	—	—	400
18MnMoNb	736	850	646	756	370
合金结构钢					
20Mn2	725	840	610	740	400
30Mn2	718	804	627	727	380
40Mn2	713	766	627	704	340
45Mn2	715	770	640	720	320
20MnV	715	825	630	750	—
35SiMn	750	830	645	—	330
42SiMn	765	820	645	—	—
20Cr	766	838	702	799	390
30Cr	740	815	670	—	355
40Cr	743	782	693	730	355
45Cr	745	790	660	693	355
50Cr	721	771	660	693	250
20CrV	768	840	704	782	435
40CrV	755	790	700	745	281
38CrSi	763	810	680	755	330
20CrMn	765	838	700	798	360
30CrMnSi	760	830	670	705	285
20CrMnTi	715	843	625	795	360
30CrMnTi	765	790	660	740	—
15CrMo	745	845	—	—	435
20CrMo	743	818	504	746	400
30CrMo	757	807	693	763	345
35CrMo	755	800	695	750	370
42CrMo	730	800	—	—	360
12Cr1MoV	774~803	882~914	761~787	830~895	430
40CrMnMo	735	780	680	—	—
38CrMoAl	795	885	675	740	360
20CrNi	733	804	666	790	410

钢号	临界温度(近似值)/℃				
	A_{c1}	A_{c3} 或 A_{ccm}	A_{r1}	A_{r3} 或 A_{rcm}	M_s
40CrNi	731	769	660	702	305
12CrNi3	715	830	670	726	409
12Cr2Ni4	720	780	575	660	390
20Cr2Ni4	720	780	575	660	295
40Cr2NiMoA	732	774	—	—	308
18Cr2Ni4W	700	810	350	400	310
20Mn2B	730	853	613	736	—
20MnTiB	720	843	625	795	—
20MnVB	720	840	635	770	—
45B	725	770	690	720	—
40MnB	730	780	650	700	285
40MnVB	730	78674	639	681	300
弹簧钢					
65	727	752	696	730	265
70	730	743	693	727	240
85	723	737	—	695	220
65Mn	727	765	689	741	270
60Si2Mn	755	810	700	770	305
50CrVA	752	788	688	746	270
滚动轴承钢					
GCr9	730	887	690	721	170
GCr15	745	900	700	—	185
GCr15SiMn	770	872	708	—	200
碳素工具钢					
T7	730	770	700	—	240
T8	730	740	700	—	230
T10	730	(800)	700	—	210
T11	730	(810)	700	—	220
T12	730	(820)	700	—	170
合金工具钢					
9SiCr	770	(870)	730	—	160
Cr06	770	(950)	730	—	145
9Mn2V	736	(765)	652	690	180
3Cr2W8V	800	(850)	690	750	380
CrWMn	750	(940)	710	—	210
5Cr08MnMo	700	800	680	—	215
5Cr06NiMo	730	780	610	—	230
Cr12	810	(835)	755	770	180
Cr12MoV	830	(855)	750	785	230
高速工具钢					
W18Cr4V	820	860	760	—	210
W6Mo5Cr4V2Al	835	885	770	—	177
W6Mo5Cr4V2	835	885	770	—	177
不锈、耐热钢					
12Cr13	730	850	700	820	350
20Cr13	820	950	780	—	320
30Cr13	820	—	780	—	270
40Cr13	820	—	780	—	270
10Cr17	860	—	810	—	160
95Cr18	830	—	810	—	145
14Cr17Ni2	810	—	780	—	357
42Cr9Si2	900	970	810	870	190

附录 2 金属热处理工艺分类及代号

（摘自 GB/T 12603—2005）

金属热处理工艺分类按基础分类和附加分类两个主层次进行划分，每个主层次中还可以进一步细分。热处理工艺代号标记规定如下：

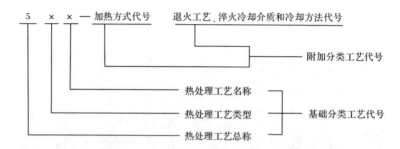

基础分类工艺代号由三位数字组成，第一位数字"5"为机械制造工艺分类与代号中表示热处理的工艺代号，第二、三位数字分别代表基础分类中的第 2、3 层次中的分类代号。附加分类工艺代号接在基础分类工艺代号后面，其中采用两位数字；退火工艺、淬火冷却介质和冷却方法代号则采用英文字头。

基础热处理工艺分类及代号见表 1，附加热处理工艺分类及代号见表 2，常用热处理工艺及代号见表 3。

表 1 基础热处理工艺分类及代号

工艺总称	热处理																			
代号	5																			
工艺类型	整体热处理								表面热处理					化学热处理						
代号	1								2					3						
工艺名称	退火	正火	淬火	淬火和回火	调质	稳定化处理	固溶处理、水韧处理	固溶处理+时效	表面淬火和回火	物理气相沉积	化学气相沉积	等离子体增强化学气相沉积	离子注入	渗碳	碳氮共渗	渗氮	氮碳共渗	渗其他非金属	渗金属	多元共渗
代号	1	2	3	4	5	6	7	8	1	2	3	4	5	1	2	3	4	5	6	7

表 2 附加热处理工艺分类及代号

加热方式	可控气氛（气体）	真空	盐浴（液体）	感应	火焰	激光	电子束	等离子体	固体装箱	流态床	电接触
代号	01	02	03	04	05	06	07	08	09	10	11
退火工艺	去应力退火	均匀化退火	再结晶退火	石墨化退火	脱氢处理	球化退火	等温退火	完全退火	不完全退火		
代号	St	H	R	G	D	Sp	I	F	P		
淬火冷却介质和冷却方法	空气	油	水	盐水	有机聚合物水溶液	盐浴	加压淬火	双介质淬火	分级淬火	等温淬火	形变淬火	气冷淬火	冷处理
代号	A	O	W	B	Po	H	Pr	I	M	At	Af	G	C

表 3　常用热处理工艺及代号

工艺	代号	工艺	代号	工艺	代号
热处理	500	形变淬火	513-Af	离子渗碳	531-08
整体热处理	510	气冷淬火	513-G	碳氮共渗	532
可控气氛热处理	500-01	淬火及冷处理	513-C	渗氮	533
真空热处理	500-02	可控气氛加热淬火	513-01	气体渗氮	533-01
盐浴热处理	500-03	真空加热淬火	513-02	液体渗氮	533-03
感应热处理	500-04	盐浴加热淬火	513-03	离子渗氮	533-08
火焰热处理	500-05	感应加热淬火	513-04	流态床渗氮	533-10
激光热处理	500-06	流态床加热淬火	513-10	氮碳共渗	534
电子束热处理	500-07	盐浴加热分级淬火	513-10M	渗其他非金属	535
离子轰击热处理	500-08	盐浴加热盐浴分级淬火	513-10H＋M	渗硼	535(B)
流态床热处理	500-10	淬火和回火	514	气体渗硼	535-01(B)
退火	511	调质	515	液体渗硼	535-03(B)
去应力退火	511-St	稳定化处理	516	离子渗硼	535-08(B)
均匀化退火	511-H	固溶处理,水韧化处理	517	固体渗硼	535-09(B)
再结晶退火	511-R	固溶处理＋时效	518	渗硅	535(Si)
石墨化退火	511-G	表面热处理	520	渗硫	535(S)
脱氢处理	511-D	表面淬火和回火	521	渗金属	536
球化退火	511-Sp	感应淬火和回火	521-04	渗铝	536(Al)
等温退火	511-I	火焰淬火和回火	521-05	渗铬	536(Cr)
完全退火	511-F	激光淬火和回火	521-06	渗锌	536(Zn)
不完全退火	511-P	电子束淬火和回火	521-07	渗钒	536(V)
正火	512	电接触淬火和回火	521-11	多元共渗	537
淬火	513	物理气相沉积	522	硫氮共渗	537(S-N)
空冷淬火	513-A	化学气相沉积	523	氧氮共渗	537(O-N)
油冷淬火	513-O	等离子体增强化学气相沉积	524	铬硼共渗	537(Cr-B)
水冷淬火	513-W	离子注入	525	钒硼共渗	537(V-B)
盐水淬火	513-B	化学热处理	530	铬硅共渗	537(Cr-Si)
有机水溶液淬火	513-Po	渗碳	531	铬铝共渗	537(Cr-Al)
盐浴淬火	513-H	可控气氛渗碳	531-01	硫氮碳共渗	537(S-N-C)
加压淬火	513-Pr	真空渗碳	531-02	氧氮碳共渗	537(O-N-C)
双介质淬火	513-I	盐浴渗碳	531-03	铬铝硅共渗	537(Cr-Al-Si)
分级淬火	513-M	固体渗碳	531-09		
等温淬火	513-At	流态床渗碳	531-10		

附录 3　变形铝及铝合金的状态代号

（摘自 GB/T 16475—2008）

状态代号	代号释义	状态代号	代号释义
F	自由加工状态	T	不同于F、O或H状态的热处理状态
O	退火状态	T1	高温成型＋自然时效
O1	高温退火后慢速冷却状态	T2	高温成型＋冷加工＋自然时效
O2	热机械处理状态	T3	固溶热处理＋冷加工＋自然时效
O3	均匀化状态	T4	固溶热处理＋自然时效
H	加工硬化状态	T42	将O状态或F状态的材料,进行炉内固溶处理,然后自然时效至稳定状态
H1	单纯加工硬化的状态		
H112	适用于经热加工成形但不经冷加工而获得一些加工硬化的产品,该状态产品对力学性能有要求	T5	高温成型＋人工时效
		T6	固溶热处理＋人工时效
		T62	将O状态或F状态的材料,进行炉内固溶处理,然后人工时效
H2	加工硬化后不完全退火的状态	T7	固溶热处理＋过时效
H3	加工硬化后稳定化处理的状态	T8	固溶热处理＋冷加工＋人工时效
H4	加工硬化后涂漆(层)处理的状态	T9	固溶热处理＋人工时效＋冷加工
W	固溶热处理状态	T10	高温成型＋冷加工＋人工时效
W_h	室温下具体自然时效时间(h)的不稳定状态		

附录 4 有色金属的铸造方法及合金状态代号

铸造方法	代号	铸造铝合金状态	代号	铜合金状态	代号
砂型铸造	S	铸态	F	热加工	R
金属型铸造	J	人工时效	T1	退火(焖火、软)	M
熔模铸造	R	退火	T2	硬	Y
壳型铸造	K	固溶处理加自然时效	T4	3/4硬、1/2(半)硬	Y_1、Y_2
压铸	Y	固溶处理加不完全人工时效	T5	1/3硬、1/4硬	Y_3、Y_4
连续铸造	La	固溶处理加完全人工时效	T6	特硬	T
离心铸造	Li	固溶处理加稳定化处理	T7	弹硬	TY
变质处理	B	固溶处理加软化处理	T8	淬火＋冷加工＋人工时效	CYS

附录 5 力学性能新旧符号对照表

新符号	旧符号	单位	符号说明
拉伸性能			
A	δ	%	断后伸长率
d_0	d_0	mm	圆形横截面试样平行长度的原始直径
e	ε	%	工程应变,延伸率
L_0	l_0	mm	原始标距
L_u	l_1	mm	断后标距
R	σ	MPa	应力
R_e	σ_s	MPa	屈服强度
R_{eH}	—	MPa	上屈服强度
R_{eL}	—	MPa	下屈服强度
R_m	σ_b	MPa	抗拉强度
R_p	—	MPa	规定塑性延伸强度
$R_{p0.2}$	$\sigma_{0.2}$	MPa	规定塑性延伸率为0.2%时的应力
S_0	F_0	mm²	原始横截面积
S_u	F_1	mm²	断后最小横截面积
F_m	—	N	最大力
Z	ψ	%	断面收缩率
k	—	—	比例系数,$k=L_0/\sqrt{S_0}$
$A_{11.3}$	δ	%	原始标距为$11.3\sqrt{S_0}$的断后伸长率
硬度			
HBW	HB、HBS	—	布氏硬度
冲击性能			
K	A_K	J	冲击吸收能量
KU_2	A_{KU_2}	J	U型缺口试样在2mm摆锤刀刃下的冲击吸收能量
KU_8	—	J	U型缺口试样在8mm摆锤刀刃下的冲击吸收能量
KV_2	—	J	V型缺口试样在2mm摆锤刀刃下的冲击吸收能量
KV_8	—	J	V型缺口试样在8mm摆锤刀刃下的冲击吸收能量
疲劳性能			
σ_D	σ_{-1}	MPa	疲劳极限
σ_a,S_a	—	MPa	应力幅

附录 6 国内外部分钢号对照

钢种	中国 GB	美国 ASTM	日本 JIS	德国 DIN EN	英国 BS EN	法国 NF EN	俄罗斯 ГОСТ	韩国 KS
碳素结构钢	Q235A	Grade D	SS400	S235JR (1.0038)			Ст3КП	SS400
低合金高强结构钢	Q345E	Grade 50[345]	SPFC 590	S355NL (1.0546)			345	SEV245
优质碳素结构钢	08F	1008	SPHD,SPHE	DC01 (1.0330)			08КП	SM9CK
	10	1010	S10C	C10E (1.1121)			10	SM10C
	20	1020	S20C	C22E (1.1151)			20	SM20C
	45	1045	S45C	C45E (1.1191)			45	SM45C
	15Mn	1016	SWRCH16K	C16E (1.1148)			15Г	SWRCH16K
合金结构钢	20Cr	5120	SCr420	17Cr3 (1.7016)			20Х	SCr420
	40Cr	5140	SCr440	41Cr4 (1.7035)			40Х	SCr440
	15CrMo	A387 Gr.12	SCM415	18CrMo4 (1.7243)			15ХМ	SCM415
	42CrMo	4142	SCM440	42CrMo4 (1.7225)			42ХМ	SCM440
	40CrNi	3140,G31400	SNC236	40NiCr6	640M40	35NC6	40ХН	SNC236
	38CrMoAlA	AMS6470	SACM645	34CrAlMo5	905M39	40CAD6-12	38Х2МЮА	SCM645
	20CrMnTi	—	SMK22	20MnCr5G	—	20MC5	18ХГТ	SCM421
	40CrNiMoA	4340,E4340	SNCM439	36CrNiMo4 (1.6511)			40ХН2МА	SNCM439
弹簧钢	65	1065	SWRH67B	C66D (1.0612)			65	
	65Mn	1566	SWRH67B	65Mn4	080A67	—	65Г	
	60Si2Mn	9260	SUP6,SUP7	61SiCr7 (1.7108)			60С2Г	SPS3
	50CrVA	6150	SUP10	51CrV4 (1.8159)			50ХФА	SPS6
滚动轴承钢	GCr15	52100	SUJ2	(B1)100Cr6 (1.3505)			ШХ15	STB2
	GCr15SiMn	A 485 (2)	—	(B3)100CrMnSi6-4 (1.3520)			ШХ15СГ	STB3
奥氏体锰钢	ZG120Mn13	A128 Gr.B3	SCMnH1	GX120Mn13			110Г13Л	SCMnH1
碳素工具钢	T8	W1A-8	SK80	C80U			У8	STC6
	T10	W1A-9.5	SK105	C105U (1.1545)			У10	STC4
	T12	W1A-11.5	SK120	C120U (1.1563)			У12	STC2
合金工具钢	9SiCr	—	—	90CrSi5	BH21		9ХС	
	Cr12	D3	SKD1	X210Cr12			Х12	STD1
	Cr12Mo1V1	D2	SKD11	X160CrMoV12-1			Х12МФ	STD11
	CrWMn	—	SKS31				ХВГ	STS31
	3Cr2W8V	H21	SKD5	X30WCrV9-3			3Х2В8Ф	STD5
	5Cr08MnMo	—	SKT5	40CrMnMo7			5ХГМ	—
	5Cr06NiMo	L6	SKT4	55NiCrMoV7			5ХНМ	STF4
高速工具钢	W18Cr4V	T1	SKH2	HS18-0-1			Р18	SKH2
	W6Mo5Cr4V2	M2	SKH51	HS6-5-2 (1.3343)			Р6М5	SKH51
不锈钢	06Cr19Ni10	304	SUS304	X5CrNi18-10 (1.4301)			08Х18Н10	STS304
	022Cr19Ni10	304L	SUS304L	X2CrNi19-11 (1.4306)			03Х18Н11	STS304L
	06Cr18Ni11Ti	321	SUS321	X6CrNiTi18-10 (1.4541)			08Х18Н10Т	STS321
	12Cr13	410	SUS410	X12Cr13 (1.4006)			12Х13	STS410
	20Cr13	420	SUS420J1	X20Cr13 (1.4021)			20Х13	STS420J1
	30Cr13	420	SUS420J2	X30Cr13 (1.4028)			30Х13	STS420J2
	10Cr17	430	SUS430	X6Cr17 (1.4016)			12Х17	STS430
	07Cr17Ni7Al	631	SUS631	X7CrNiAl17-7 (1.4568)			09Х17Н7Ю	STS631
耐热钢	16Cr23Ni13	309	SUH309	X12CrNi23-13 (1.4833)			20Х23Н12	STR309
	06Cr25Ni20	310S	SUS310S	X12CrNi25-20 (1.4842)			10Х23Н18	STS310S
	06Cr17Ni12Mo2	316	SUS316	X5CrNiMo17-12-2 (1.4401)			08Х17Н13М2	STS316
	06Cr18Ni11Nb	347	SUS347	X6CrNiNb18-10 (1.4550)			08Х18Н12Б	STS347
	14Cr17Ni2	431	SUS431	X17CrNi16-2 (1.4057)			14Х17Н2	STS431
	12Cr5Mo	AISI 502	SFVAB5A	X12CrMo5 (1.7362)			15Х5М	SCMV6
	42Cr9Si2	SAE HNV3	SUH1	X45CrSi9-3 (1.4718)			40Х9С2	STR11

资料主要来源:朱中平. 中外钢号对照手册[M]. 北京:化学工业出版社,2011.

附录 7 元素周期表

图例说明：

原子序数 —— 92 U —— 元素符号
元素名称 —— 铀
注*的是人造元素 —— 5f³6d¹7s² —— 外围电子的构型，括号指可能的构型
238.0 —— 相对原子质量（加括号的数据为该放射性元素半衰期最长同位素的质量数）

族 周期	I A 1	II A 2	III B 3	IV B 4	V B 5	VI B 6	VII B 7		VIII 9		I B 11	II B 12	III A 13	IV A 14	V A 15	VI A 16	VII A 17	0 族 18	电子层 电子数
1	1 H 氢 $1s^1$ 1.008																	2 He 氦 $1s^2$ 4.003	K 2
2	3 Li 锂 $2s^1$ 6.941	4 Be 铍 $2s^2$ 9.012											5 B 硼 $2s^2 2p^1$ 10.81	6 C 碳 $2s^2 2p^2$ 12.01	7 N 氮 $2s^2 2p^3$ 14.01	8 O 氧 $2s^2 2p^4$ 16.00	9 F 氟 $2s^2 2p^5$ 19.00	10 Ne 氖 $2s^2 2p^6$ 20.18	L 8 K 2
3	11 Na 钠 $3s^1$ 22.99	12 Mg 镁 $3s^2$ 24.31											13 Al 铝 $3s^2 3p^1$ 26.98	14 Si 硅 $3s^2 3p^2$ 28.09	15 P 磷 $3s^2 3p^3$ 30.97	16 S 硫 $3s^2 3p^4$ 32.06	17 Cl 氯 $3s^2 3p^5$ 35.45	18 Ar 氩 $3s^2 3p^6$ 39.95	M 8 L 8 K 2
4	19 K 钾 $4s^1$ 39.10	20 Ca 钙 $4s^2$ 40.08	21 Sc 钪 $3d^1 4s^2$ 44.96	22 Ti 钛 $3d^2 4s^2$ 47.87	23 V 钒 $3d^3 4s^2$ 50.94	24 Cr 铬 $3d^5 4s^1$ 52.00	25 Mn 锰 $3d^5 4s^2$ 54.94	26 Fe 铁 $3d^6 4s^2$ 55.85	27 Co 钴 $3d^7 4s^2$ 58.93	28 Ni 镍 $3d^8 4s^2$ 58.69	29 Cu 铜 $3d^{10} 4s^1$ 63.55	30 Zn 锌 $3d^{10} 4s^2$ 65.41	31 Ga 镓 $4s^2 4p^1$ 69.72	32 Ge 锗 $4s^2 4p^2$ 72.64	33 As 砷 $4s^2 4p^3$ 74.92	34 Se 硒 $4s^2 4p^4$ 78.96	35 Br 溴 $4s^2 4p^5$ 79.90	36 Kr 氪 $4s^2 4p^6$ 83.80	N 8 M 18 L 8 K 2
5	37 Rb 铷 $5s^1$ 85.47	38 Sr 锶 $5s^2$ 87.62	39 Y 钇 $4d^1 5s^2$ 88.91	40 Zr 锆 $4d^2 5s^2$ 91.22	41 Nb 铌 $4d^4 5s^1$ 92.91	42 Mo 钼 $4d^5 5s^1$ 95.94	43 Tc 锝 $4d^5 5s^2$ [98]	44 Ru 钌 $4d^7 5s^1$ 101.1	45 Rh 铑 $4d^8 5s^1$ 102.9	46 Pd 钯 $4d^{10}$ 106.4	47 Ag 银 $4d^{10} 5s^1$ 107.9	48 Cd 镉 $4d^{10} 5s^2$ 112.4	49 In 铟 $5s^2 5p^1$ 114.8	50 Sn 锡 $5s^2 5p^2$ 118.7	51 Sb 锑 $5s^2 5p^3$ 121.8	52 Te 碲 $5s^2 5p^4$ 127.6	53 I 碘 $5s^2 5p^5$ 126.9	54 Xe 氙 $5s^2 5p^6$ 131.3	O 8 N 18 M 18 L 8 K 2
6	55 Cs 铯 $6s^1$ 132.9	56 Ba 钡 $6s^2$ 137.3	57~71 La~Lu 镧系	72 Hf 铪 $5d^2 6s^2$ 178.5	73 Ta 钽 $5d^3 6s^2$ 180.9	74 W 钨 $5d^4 6s^2$ 183.8	75 Re 铼 $5d^5 6s^2$ 186.2	76 Os 锇 $5d^6 6s^2$ 190.2	77 Ir 铱 $5d^7 6s^2$ 192.2	78 Pt 铂 $5d^9 6s^1$ 195.1	79 Au 金 $5d^{10} 6s^1$ 197.0	80 Hg 汞 $5d^{10} 6s^2$ 200.6	81 Tl 铊 $6s^2 6p^1$ 204.4	82 Pb 铅 $6s^2 6p^2$ 207.2	83 Bi 铋 $6s^2 6p^3$ 209.0	84 Po 钋 $6s^2 6p^4$ [209]	85 At 砹 $6s^2 6p^5$ [210]	86 Rn 氡 $6s^2 6p^6$ [222]	P 8 O 18 N 32 M 18 L 8 K 2
7	87 Fr 钫 $7s^1$ [223]	88 Ra 镭 $7s^2$ [226]	89~103 Ac~Lr 锕系	104 Rf 𬬻* $(6d^2 7s^2)$ [267]	105 Db 𬭊* $(6d^3 7s^2)$ [270]	106 Sg 𬭳* $(6d^4 7s^2)$ [269]	107 Bh 𬭛* $(6d^5 7s^2)$ [270]	108 Hs 𬭶* $(6d^6 7s^2)$ [270]	109 Mt 鿏* $(6d^7 7s^2)$ [278]	110 Ds 𫟼* $(6d^8 7s^2)$ [281]	111 Rg 𬬭* $(6d^{10} 7s^1)$ [281]	112 Cn 鿔* $(6d^{10} 7s^2)$ [285]	113 Nh 鿭* $(7s^2 7p^2)$ [286]	114 Fl 𫓧* $(7s^2 7p^2)$ [289]	115 Mc 镆* [289]	116 Lv 𫟷* $(7s^2 7p^4)$ [293]	117 Ts 础* [293]	118 Og 𬬻* [294]	Q 8 P 18 O 32 N 32 M 18 L 8 K 2

镧系

57 La 镧 $5d^1 6s^2$ 138.9	58 Ce 铈 $4f^1 5d^1 6s^2$ 140.1	59 Pr 镨 $4f^3 6s^2$ 140.9	60 Nd 钕 $4f^4 6s^2$ 144.2	61 Pm 钷 $4f^5 6s^2$ [145]	62 Sm 钐 $4f^6 6s^2$ 150.4	63 Eu 铕 $4f^7 6s^2$ 152.0	64 Gd 钆 $4f^7 5d^1 6s^2$ 157.3	65 Tb 铽 $4f^9 6s^2$ 158.9	66 Dy 镝 $4f^{10} 6s^2$ 162.5	67 Ho 钬 $4f^{11} 6s^2$ 164.9	68 Er 铒 $4f^{12} 6s^2$ 167.3	69 Tm 铥 $4f^{13} 6s^2$ 168.9	70 Yb 镱 $4f^{14} 6s^2$ 173.0	71 Lu 镥 $4f^{14} 5d^1 6s^2$ 175.0

锕系

89 Ac 锕 $6d^1 7s^2$ [227]	90 Th 钍 $6d^2 7s^2$ 232.0	91 Pa 镤 $5f^2 6d^1 7s^2$ 231.0	92 U 铀 $5f^3 6d^1 7s^2$ 238.0	93 Np 镎 $5f^4 6d^1 7s^2$ [237]	94 Pu 钚 $5f^6 7s^2$ [244]	95 Am 镅* $5f^7 7s^2$ [243]	96 Cm 锔* $5f^7 6d^1 7s^2$ [247]	97 Bk 锫* $5f^9 7s^2$ [247]	98 Cf 锎* $5f^{10} 7s^2$ [251]	99 Es 锿* $5f^{11} 7s^2$ [252]	100 Fm 镄* $5f^{12} 7s^2$ [257]	101 Md 钔* $5f^{13} 7s^2$ [258]	102 No 锘* $(5f^{14} 7s^2)$ [259]	103 Lr 铹* $(5f^{14} 6d^1 7s^2)$ [262]

注：相对原子质量录自 2001 年国际全部原子量表，并全部取 4 位有效数字。

附录 8　关键词汉英对照及索引

A

奥氏体/austenite
奥氏体化/austenitizing
α+β 型钛合金/alpha-beta titanium alloy
α 型钛合金/alpha titanium alloy

B

巴氏合金/Babbitt metal
白点/flake
白口铸铁/white cast iron
白铜/cupronickel
板条马氏体/lath martensite
包晶相图/peritectic phase diagram
贝氏体/bainite
变形铝合金/wrought aluminium alloy
变形失效/deformation failure
变质处理/inoculation
变质剂/inoculant
表层细晶区/chill zone
表面淬火/surface hardening
表面热处理/surface heat treatment
表面损伤失效/surface damage failure
玻璃化温度/glass transition temperature
玻璃纤维/glass fiber
不锈钢/stainless steel
布氏硬度/Brinell hardness
部分稳定氧化锆/partially stabilized zirconia
β 型钛合金/beta titanium alloy

C

材料/material
材料科学/materials science
材料老化失效/materials ageing failure
残余奥氏体/retained austenite
残余内应力/residual internal stress
超弹性/superelasticity
超塑性/superplasticity
超塑性合金/superplastic alloy
沉淀强化/precipitation strengthening
齿轮/gear
冲击韧性/impact toughness
初生相/primary phase
船体用结构钢/hull structural steel
磁性/magnetism
脆性断裂/brittle fracture
淬火/quenching
淬透性/hardenability
淬硬性/hardening capacity
C_{60}/fullerene

D

大分子链/large molecular chain
带状组织/banded structure
单晶体/single crystals
单体/monomer
氮化硅/silicon nitride
氮化物/nitride
导电性/electricity conductivity
导热性/thermal conductivity
等温淬火/austempering
等温转变图/isothermal transformation diagram
　　[time-temperature-transformation (TTT)
　　diagram]
等轴晶区/equiaxed zone
低合金钢/low alloy steel
低合金高强度钢/high strength low alloy steel
低碳钢/low carbon steel
点缺陷/point defect
电子化合物/electron compound
电子束淬火/electron beam hardening
电子显微镜/electron microscope
钉扎/pinning
断裂韧性/fracture toughness
断裂失效/fracture failure
断面收缩率/percent reduction in area
锻造/forging
多边形化/polygonization
多晶体/polycrystal

E

二次相/secondary phase
二元相图/binary phase diagram

F

非金属夹杂物/nonmetallic inclusion
非晶态合金/amorphous alloy
非晶体/noncrystal
非均匀形核/heterogeneous nucleation
菲克第二定律/Fick's second law
菲克第一定律/Fick's first law
分级淬火/martempering
分子键/molecular bonding
酚醛树脂/phenolic resin
腐蚀/corrosion
复合材料/composites

G

感应淬火/induction hardening
刚度/stiffness
杠杆定律/lever rule
高弹态/high elastic
高分子材料/polymeric materials
高合金钢/high alloy steel
高级优质钢/hyper steel
高速工具钢/high speed tool steel
高碳钢/high carbon steel
高温合金/superalloy
工程材料/engineering materials
工具钢/tool steel
功能材料/functional materials
共格/coherent
共价键/covalent bonding
共晶成分/eutectic composition
共晶合金/eutectic alloy
共晶体/eutectic
共晶温度/eutectic temperature
共晶相图/eutectic phase diagram
共析反应/eutectoid reaction
共析钢/eutectoid steel
共析体/eutectoid
共析组织/eutectoid microstructure
固溶处理/solid solution treatment
固溶强化/solid solution strengthening
固溶体/solid solution
固溶线/solvus line
固相线/solidus line
光学显微镜/optical microscope
硅铝明/silumin
硅酸盐/silicate
过共晶合金/hypereutectic alloy
过共析钢/hypereutectoid steel
过冷/supercooling
过冷奥氏体/supercooled austenite
过时效/overaging

H

焊接/welding
合成橡胶/synthetic rubber
合金/alloy
合金工具钢/alloy tool steel
合金元素/alloying element
黑色金属/ferrous metal
宏观组织/macrostructure
滑移/sliding

滑移带/slip band
滑移方向/slip direction
滑移面/slip plane
滑移系/slip system
滑移线/slip line
化学成分/chemical composition
化学气相沉积/chemical vapor deposition
化学热处理/chemical thermal treatment
环氧树脂/epoxy resin
黄铜/brass
灰口铸铁/grey cast iron
回复/recovery
回火/tempering
回火脆性/temper brittleness
回火马氏体/tempered martensite
回火索氏体/tempered sorbite
回火托氏体/tempered troostite
火焰淬火/flame hardening

J

基体相/matrix phase
激光淬火/laser hardening
加工铜合金/wrought copper alloy
加工硬化/work hardening
间隙固溶体/interstitial solid solution
间隙化合物/interstitial compound
间隙相/interstitial phase
间隙原子/interstitial atom
交联反应/cross linking reaction
胶黏剂/adhesive
结构/structure
结构钢/structural steel
结构陶瓷/structural ceramics
结晶/crystallization
结晶度/crystallinity
解理断裂/cleavage fracture
金属材料/metallic materials
金属化合物/metallic compound
金属键/metallic bonding
晶胞/unit cell
晶格/lattice
晶格畸变/lattice distortion
晶核/crystal nucleus
晶核长大/nuclei growth
晶核形成/nucleation
晶间断裂/intergranular fracture
晶间腐蚀/intergranular corrosion
晶界/grain boundary

晶粒/grain

晶粒长大/grain growth

晶粒度/grain size

晶粒度级别数/grain size number

晶粒细化/grain refining

晶面指数/crystal plane index

晶面族/family of planes

晶胚/crystal embryo

晶体/crystal

晶体结构/crystal structure

晶体缺陷/crystalline imperfection

晶向指数/crystal direction index

晶向族/family of directions

晶须/whisker

聚苯乙烯/polystyrene

聚丙烯/polypropylene

聚合度/degree of polymerization

聚合物/polymer

聚氯乙烯/polyvinyl chloride

聚四氟乙烯/polytetrafluoroethylene

聚乙烯/polyethylene

均匀形核/homogenous nucleation

K

抗拉强度/tensile strength

抗氧化性/oxidation resistance

可锻铸铁/malleable cast iron

可热处理强化合金/heat-treatable alloy

空位/vacancy

扩散/diffusion

扩散系数/diffusion coefficient

L

莱氏体/ledeburite

冷脆性/cold brittleness

冷加工/cold working

冷却曲线/cooling curve

离子键/ionic bonding

离子注入/ion implantating

粒子增强复合材料/particle reinforced composite

连续冷却转变图/continuous cooling transformation diagram (CCT curve)

链节/chain element

量具钢/gauge steel

裂解反应/cracking reaction

临界变形度/critical deformation

临界冷却速度/critical cooling rate

铝合金/aluminium alloy

铝青铜/aluminium bronze

孪晶/twin

孪生/twinning

孪生面/twinning plane

螺型位错/screw dislocation

洛氏硬度/Rockwell hardness

M

麻口铸铁/mottled cast iron

马氏体/martensite

弥散强化/dispersion strengthening

密度/density

密排方向/close-packed direction

密排六方/hexagonal close packed

密排面/close-packed plane

面缺陷/interfacial defect

面心立方/face centered cubic

模具钢/die steel

磨损/wear

N

纳米材料/nanomaterial

纳米复合材料/nanocomposite material

纳米复相材料/nano-multiphase material

纳米管/nanotube

纳米微晶材料/nanocrystal material

纳米相材料/nanophase material

耐腐蚀性/corrosion resistance

耐磨钢(高锰钢)/austenitic manganese steel

耐热钢/heat-resist steel

尼龙/nylon

P

配位数/coordination number

硼化物/boride

疲劳/fatigue

疲劳断裂/fatigue fracture

片状石墨/flake graphite

偏析/segregation

平衡相图/equilibrium diagram

普通质量钢/plain steel

Q

气孔/gas porosity

强度/strength

切削/cutting

切应力/shear stress

青铜/bronze

氢脆/hydrogen embrittlement

球化剂/nodulizing agent

球墨铸铁/nodular cast iron

球状石墨/spheroidal graphite

球状珠光体/spheroidal pearlite
屈服强度/yield strength
取代基/substituent

R

热处理/heat treatment
热脆性/hot brittleness
热弹性马氏体/thermoelastic martensite
热固性聚合物/thermosetting polymer
热固性塑料/thermosets
热加工/hot working
热喷涂/thermal spraying
热膨胀性/thermal expansion
热疲劳/thermo-fatigue
热塑性聚合物/thermoplastic polymer
热塑性塑料/thermoplastics
热滞后/thermal hysteresis
人工时效/artificial aging
刃具钢/cutlery steel
刃型位错/edge dislocation
韧脆转变/ductile-to-brittle transition
韧性断裂/toughness fracture
溶剂/solvent
溶解度/solubility
溶质/solute
熔点/melting point
蠕虫状石墨/vermicular graphite
蠕化剂/vermiculating agent
蠕墨铸铁/compacted graphite cast iron

S

上贝氏体/upper bainite
上马氏体点(M_s)/martensite start temperature
伸长率/percent elongation
渗氮/nitriding
渗碳/carburizing
渗碳钢/carburizing steel
渗碳体/cementite
失效/failure
失效分析/failure analysis
石墨/graphite
石墨化/graphitization
时效处理/aging treatment
时效脆化/aging embrittlement
疏松/porosity
树枝状长大/dendritic growth
树脂/resin
水韧处理/water toughening
塑料/plastics

塑性/ductility
塑性变形/plastic deformation
缩孔/shrinkage cavity
索氏体/sorbite

T

弹簧钢/spring steel
弹性/elasticity
弹性变形/elastic deformation
弹性模量/elastic modulus
钛合金/titanium alloy
碳氮共渗/carbonitriding
碳化硅/silicon carbide
碳化物/carbide
碳链聚合物/carbon chain polymer
碳素工具钢/carbon tool steel
陶瓷/ceramics
陶瓷材料/ceramic materials
特种陶瓷/special ceramics
体心立方/body centered cubic
体心正方/body centered tetragonal
体型结构/crosslinked structure
铁素体/ferrite
调质/thermal refining
调质钢/improvable steel
同素异构转变/allotropic transformation
铜合金/copper alloy
涂料/paints
团絮状石墨/rosette-shaped graphite
退火/annealing
托氏体/troostite

W

完全稳定氧化锆/full stabilized zirconia
维氏硬度/Vickers hardness
伪弹性/pseudoelasticity
位错/dislocation
位错密度/dislocation density
位向差/orientation difference
无扩散性/diffusionless
无限固溶体/unlimited solid solution
无序固溶体/disordered solid solution
物理气相沉积/physical vapor deposition

X

析出/precipitation
锡青铜/tin bronze
细晶超塑性/micrograin superplasticity
细晶强化/fine grain strengthening
下贝氏体/lower bainite

下马氏体点（M_f）/martensite finished temperature

先共晶奥氏体/proeutectic austenite

先共析铁素体/proeutectoid ferrite

纤维/fiber

纤维增强复合材料/fiber reinforced composite

纤维组织/fibrous structure

显微组织/microstructure

线缺陷/linear defect

线型结构/linear structure

相/phase

相变/phase transformation

相变超塑性/transformation superplasticity

相变诱导塑性/transformation induced plasticity

相图/phase diagram

橡胶/rubber

形核率/nucleation rate

形状记忆合金/shape memory alloy

形状记忆效应/shape memory effect

选材/materials selection

X-射线衍射/X-ray diffraction

Y

亚共晶合金/hypoeutectic alloy

亚共析钢/hypoeutectoid steel

亚晶粒/subgrain

氧化锆/zirconia

氧化铝/alumina

氧化物/oxide

液相线/liquidus line

应变/strain

应力/stress

应力腐蚀/stress corrosion

应力强度因子/stress intensity factor

应力-应变曲线/stress-strain curve

硬度/hardness

优质钢/quality steel

有色金属/nonferrous metal

有限固溶体/limited solid solution

有序固溶体/ordered solid solution

预备热处理/preparing heat treatment

预先变形度/prior deformation

匀晶相图/isomorphous phase diagram

孕育剂/inoculant

孕育期/incubation period

孕育铸铁/inoculated cast iron

Z

杂链聚合物/heterochain polymer

杂质/impurity

再结晶/recrystallization

再结晶温度/recrystallization temperature

择优取向/preferred orientation

增强相/reinforcing phase

黏流态/viscous flow

黏流温度/viscous flow temperature

长大速度/growth rate

针状马氏体/acicular martensite

正常价化合物/normal covalence compound

正方度/tetragonality

正火/normalizing

支链型结构/branched structure

枝晶偏析/dendritic segregation

织构/texture

致密度/atomic packing factor

置换固溶体/substitutional solid solution

置换原子/substitutional atom

中合金钢/medium alloy steel

中碳钢/medium carbon steel

轴/spindle

轴承钢/bearing steel

珠光体/pearlite

柱状晶区/columnar zone

铸铁/cast iron

铸造/casting

铸造铝合金/cast aluminium alloy

铸造铜合金/cast copper alloy

铸造轴承合金/cast bearing alloy

自然时效/natural aging

组元/component

组织组成物/structural constituent

最终热处理/finish heat treatment